时空数据模型原理与应用

曹　闻　朱述龙　张寅宝　王晓蕾　编著

科　学　出　版　社

北　京

内容简介

本书以传统时空数据模型为基础，通过引入马尔可夫链状态转移和时空粒度两个概念描述地理时空对象的时空演变，依据信息论、人工智能和大数据分析等技术理论设计了一种基于马尔可夫链的时空数据范式模型，进而围绕时空数据模型在智能交通系统和地理空间数据综合服务领域内的应用，揭示时空数据模型在时空大数据管理、处理、分析与应用等环节的理论价值和应用价值，从而满足跨学科、跨专业的服务需求，推动信息技术科学的发展。

本书可作为高等院校遥感科学与技术、地理信息科学专业或其他相关专业本科生和研究生教材，也可供从事信息化建设、时空数据处理与分析、智慧城市建设等有关科研、企事业单位的科技工作者阅读参考。

图书在版编目(CIP)数据

时空数据模型原理与应用/曹闻等编著. —北京：科学出版社，2022.4
ISBN 978-7-03-072044-3

Ⅰ. ①时… Ⅱ. ①曹… Ⅲ. ①空间信息系统–数据模型 Ⅳ. ①P208.2

中国版本图书馆 CIP 数据核字(2022)第 057717 号

责任编辑：杨 红 郑欣虹/责任校对：杨 赛
责任印制：张 伟/封面设计：迷底书装

科学出版社 出版
北京东黄城根北街 16 号
邮政编码：100717
http://www.sciencep.com

固安县铭成印刷有限公司 印刷
科学出版社发行 各地新华书店经销
*
2022 年 4 月第 一 版 开本：720×1000 1/16
2022 年 4 月第一次印刷 印张：12 1/2
字数：249 000

定价：79.00 元
(如有印装质量问题，我社负责调换)

前　　言

随着大数据、物联网、第五代通信技术和人工智能等技术的深入推进和广泛应用，人类对与工作和生活相关的大数据日益产生了更高的智能化需求，因此大数据分析也将迎来巨大的发展机遇，这必将对大数据的存储、管理、处理、分析和利用等产生深刻影响，包括其理念、技术、形态和效果。大数据管理、处理与分析的智能化为计算机技术在人们生活各个领域中的应用提供了广阔的前景，是各类科学技术应用的必然要求。

时空数据模型是一种在空间、时间和属性等语义方面构建对时空数据有效组织、统一管理和快速查询的数据模型。本书首先论述了时空数据模型的概念和基本理论；进而详细介绍了一种基于马尔可夫链的时空数据模型，以此发掘现实世界对象内在的秩序与结构；最后详细探讨了时空数据模型在智能交通系统建设领域应用的关键技术。

第 1 章简要指出了时空数据、时空数据模型及其研究动态；第 2 章从地理空间及其语义表达、时间及其语义表达、时空及其语义表达、时空数据模型等方面分析了时空数据模型的基本理论；第 3 章阐释了时空对象的抽象和描述、时空对象的时空变化特性，提出了基于马尔可夫链的时空数据模型，从马尔可夫链状态转移和时空粒度两个层面探讨了时空数据模型的通用性和普适性；第 4 章以城市智能交通为切入点详细描述了基于马尔可夫链的时空数据模型在时空数据管理、处理和分析方面的应用；第 5 章以地理时空数据综合服务平台技术为切入点，针对传统地理空间大数据组织和管理的不足，详细介绍了多源、异构、多分辨率、多时相的地理时空数据的统一管理、动态处理和快速查询等技术。

本书从时空大数据处理与分析的视角出发，将大数据管理、存储、处理与分析一体化设计思想引入时空数据模型构建与应用中，系统概括和描述了时空数据模型的基本原理，着重强调数据分析在行业时空数据模型构建中的普遍性和针对性，以满足跨学科、跨专业的时空大数据服务需求，推动地理信息科学的发展，更好地为国防建设和经济建设的融合发展服务。

在本书编写过程中得到了郑州大学地球科学与技术学院各级领导和教师的大力支持与指导，在此致以衷心的感谢。另外，谨向给予我们资助、支持、理解和帮助的单位、同行、学者表示诚挚的谢意！本书引用了许多学者的研究成果和学术思想，在主要参考文献中未能详细逐一列出，不到之处敬请各位学者和同行谅解！

时空数据模型原理理论体系庞大、覆盖面宽广、发展迅速、应用领域广泛，而作者水平有限，同时在某些方面阐述了本人较为浅薄的认知和理解，疏漏和不足在所难免，敬请各位读者提出批评和指导意见，以便对本书进行完善和修订。

作　者

2022 年 2 月

目　录

第1章 绪 论

1.1 时 空 数 据

1.1.1 时空数据的概念

随着科学技术的快速发展，人类对自身生活环境的探索已经不仅仅局限于周围的世界，而向空间外沿急剧扩展，遍及地球各个圈层、各个角落，并延伸到外太空。因此，表述人类活动的客观世界和人类活动特征，成为科研机构和研究人员的重点工作。计算机技术的发展，使学者利用计算机模拟和表征客观世界及人类活动成为可能。

伴随着人们探索空间的过程，各种信息的获取范围也从局部地面、全球地表、地球各个圈层扩展到地球内外的整个空间，从原有二维平面空间基准(x,y)逐步演变到三维空间基准(x,y,z)，进而演变到反映地理空间对象时空分布的四维空间基准(x,y,z,t)。时空数据(spatio-temporal data，STD)是指具有时间元素并随时间变化而变化的空间数据，是地球环境中地物要素信息的一种表达方式(Rahim et al., 2005)。这些时空数据涉及各式各样的数据，如地球环境地物要素的数量、形状、纹理、空间分布特征、内在联系及规律等的数字、文本、图形和图像等，其不仅具有明显的空间分布特征，而且具有数据量庞大、非线性以及动态变化等特征。

图 1-1 简易描述了时空数据的概念内涵，即 T_1 时刻下地物对象 A 在 T_2 时刻发生了形状变化而演变为地物对象 B，随后地物对象 B 在 T_n 时刻又发生变化演变为地物对象 C。地物要素变化依赖于环境和场景。狭义上讲，时空数据就是该地物对象的变化历程集合。由此可见，时空数据描述地理实体对象 object 空间和属性状态信息随时间的变化信息，其数学模型 $f(\text{std})$ 可定义为(Rahim et al., 2005)

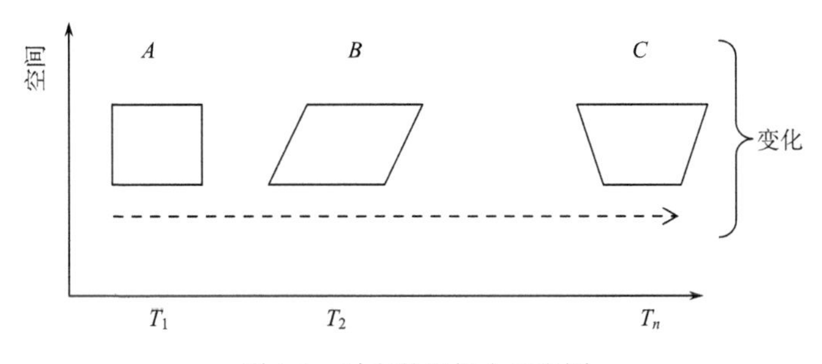

图 1-1 时空数据概念示意图

$$\frac{\mathrm{d}f(\text{object})}{\mathrm{d}t}=\left[\frac{\mathrm{d}f(\text{space, time})}{\mathrm{d}t}\right]\oplus\left[\frac{\mathrm{d}f(\text{attribute, time})}{\mathrm{d}t}\right]\oplus\left[\frac{\mathrm{d}t}{\mathrm{d}t}\right] \tag{1-1}$$

$$f(\text{std})=\left[\frac{\mathrm{d}f(\text{object})}{\mathrm{d}t}\right]_1\oplus\left[\frac{\mathrm{d}f(\text{object})}{\mathrm{d}t}\right]_2\oplus\cdots\oplus\left[\frac{\mathrm{d}f(\text{object})}{\mathrm{d}t}\right]_n \tag{1-2}$$

由时空数据概念内涵可见，时空数据主要由空间特征、时态特征和属性特征组成，这也构成了时空数据的多维结构(姜晓轶, 2006)，如图 1-2 所示。

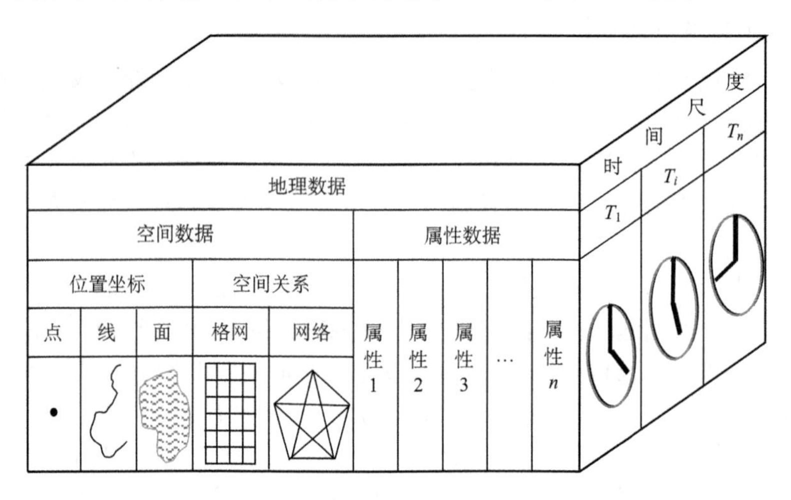

图 1-2　时空数据的多维结构示意图

1.1.2　时空数据的应用需求

随着数字通信技术、遥感技术和全球导航卫星系统等时空数据采集技术的发展，时空数据也在众多应用领域得到了广泛应用，下面简单介绍几种典型的应用需求。

1. 地学分析

地理学是研究地理环境的结构、分布规律、发展变化以及人地关系的学科，其致力于地理现象的定位、定性与定量分析研究(姜晓轶, 2006)。随着各种遥感技术的发展，用以描述地理环境和现象的信息数据也在不断积累，地理信息系统(geographic information system，GIS)为描述、组织和管理这些数据提供了新的思想和技术，同时地理学也成为地理信息系统的理论依托，促进着地理信息系统理论与技术的发展。由此可见，地理信息系统和地理学之间的关系密不可分。

1995 年的国际地图学协会提出了发展概念模型和相关工具来描述时空过程、加强动态地图与时态 GIS(temporal GIS, TGIS)之间的联系以及地学信息的三维或多维动态表达的三个研究目标(王英杰等, 2003)。反映地学各种现象的信息数据具有多维、多尺度、时变等特征，因此传统 GIS 已经难以满足地学对信息数据组织管理的新要求，进而催生了时态 GIS。时态 GIS 是一种采集、存储、管理、分析与显示地学对象随时间变化信息的计算机系统(王家耀等, 2004)。时态 GIS 区别于传统 GIS 的是能够对地学对象的时间维进行表征，并可以通过动态处理分析提供历史总结和趋势预测的决策辅助功能。其中，作为组织管理地学数据的时空数据模型是时态 GIS 的核心基础，如图 1-3 所示(姜晓轶, 2006)。总而言之，在模拟地学各种现象的过程中，时空数据模型是前提和基础，时态 GIS 是手段和途径，应用是目的和归宿。

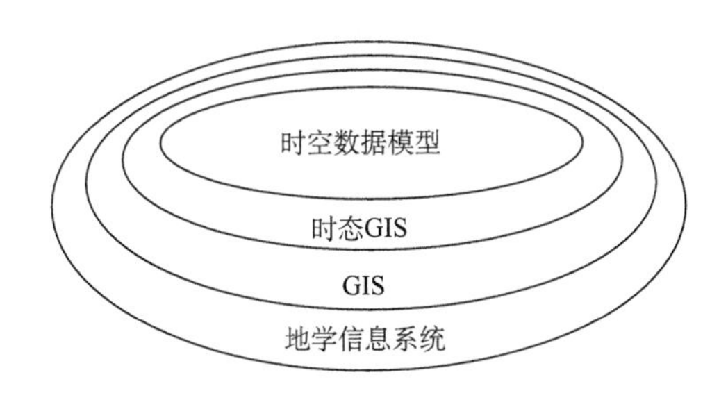

图 1-3 地学信息系统与时空数据模型的层次关系示意图

2. 地籍管理

地籍管理是指国家为取得有关地籍资料和为全面研究土地的权属、自然和经济状况而采取的以地籍调查(测量)、土地登记、土地统计和土地分等定级等为主要内容的措施。地籍管理的对象是作为自然资源和生产资料的土地，地籍管理的核心是土地的权属问题。制定健全的地籍管理制度，不仅可以及时掌握土地形状、数量、质量等属性的动态变化规律，而且可以对土地利用及权属变更进行监测，为土地管理的各项工作提供、保管、更新有关自然、经济、法律方面的信息。地籍管理系统通常被认为是关注土地记录地理信息系统的一个子集，其结构如图 1-4 所示。

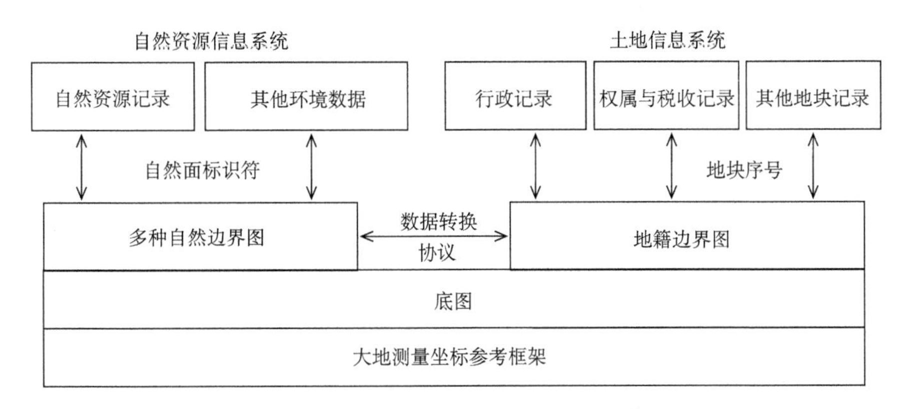

图 1-4 地籍管理系统的结构示意图

地籍信息数据是地籍管理系统主要管理的对象，主要包括地籍专题数据和基础地理数据。其中，反映土地所有权、使用权及利用状态等应用主题的面状地块对象变更最为频繁，即地籍信息数据除具有空间和属性特征之外，更具时变性，如采用多时相的遥感影像对非法建筑进行动态监测。因此，地籍管理系统是典型的通过增加时间维度存储管理对象历史信息的应用系统。地籍管理系统的技术核心就是构建合理科学的时空数据模型对土地时空数据进行组织管理，利用时空分析监测及总结土地的利用历史变化，进一步预测土地利用趋势，为政府部门和研究机构提供决策依据(张山山, 2001; 张祖勋和黄明智, 1995)。

3. 智能交通系统

交通的产生源于人类的出行和活动，是人类社会和经济活动的“纽带”与“动脉”，与社会和谐稳定、经济繁荣发展以及人们物质生活的提高有着密切关系。不同出行工具的更新换代，提高了人们的出行效率并推动了社会的发展，更在潜移默化地改变社会结构。但汽车、火车、飞机等交通工具的迅猛发展，也带来了日益恶化的交通拥塞、交通事故和环境污染等问题。因此，如何通过信息技术提高公共交通管理和规划能力是人们亟待解决的主要问题。随着计算机技术、遥感技术、通信技术、网络技术等科学技术的高速发展，作为解决城市交通管理问题的智能交通系统的概念应运而生，也成为科学理论研究领域的热点。

交通信息数据反映了交通出行者、管理者、交通工具、道路网络等相关信息，智能交通系统就是围绕这些交通信息数据为现代社会交通的设计、规划、运营、维护等环节提供数据支持，从而进行交通信息的可视化分析和交通规划的辅助决策(蔡先华, 2005)。由于对交通现象高度抽象和提炼浓缩，交通信息数据种类繁多，主要包括基础地理信息数据、交通管理信息数据、交通管理者信息数据、交通管理对象信息数据、动态交通数据等，其具有海量、多源、时变、异构等特点。由此可见，智能交通系统的核心和基础是构建一个先进的、科学的以及可操作性强的时空数据模型，为智能交通系统提供数据组织管理手段。

4. 国防军事

随着各国国防军事信息化建设的快速发展，原有战场模式与战场空间都在急剧地发展和变化，尤其是作战空间，已经从地球表面扩展到了地下、水下、空中等地球各个圈层，乃至太空空间。

陆战场空间已经从过去的地表空间扩展到地表之下，如地下掩体、洞库工事、城市人防工程等。各种地下建筑之间的分布、关联十分复杂，如何描述地下三维空间的作战行动、定位作战目标等地下战场环境仍属研究空白，该问题也急需人们解决。空战场和海战场也已经向纵深方向快速发展，其中空战环境从中、低空拓展到平流层；海战环境中深海探测及深海对抗也日趋频繁。同时，宇宙空间探测与空间对抗已经成为当前以及未来的重要军事行动，太空战场已经进入作战环境领域。因为军事活动已经从地球表面扩展到地月空间、太阳系乃至更遥远的太空，所以需要我们准确定位和描述空间飞行器、空间武器和空间碎片的轨道及位置，精确描述月球、火星、其他星球及各星球间的时空数据。随着深空、大气、海洋、地下探测技术的不断深入，人们已经可以获得宇宙空间、地球大气圈不同高度、海洋圈不同深度、地表不同深度的各个截断面及各种性质的海量时空数据。

在海陆空(包含深空)作战环境中需要准确地描述作战实体位置、统一组织管理海陆空一体化战场海量时空数据，实现对圈层内各层面数据的统一组织管理，战场对象、战场过程、态势要素及其相互关系的准确描述，为军事国防提供坚实的技术基础和支撑。

总之，凡是应用集空间、时间和属性三元特性时空数据的领域和部门都需要对时空数据进行统一管理、动态处理、精确分析、快速查询和预测推演，此过程中涉及的时空数据技术研究主要有时空本体(Studer et al., 1998)、时空查询语言、时空数据模型、时空数据存储结构、时空数据索引技术、时空数据查询以及时空数据挖掘等。其中，时空数据模型是时空数据技术研究的核心内容，其是时空数据查询、处理、分析等应用环节的基础。

1.2 时空数据模型及其研究动态

1.2.1 时空数据模型的概念

根据时空数据的特性可以将其抽象为“是什么”、“什么地方”和“什么时候”三个基本要素，要素之间是相辅相成、不可分割的(Allen, 1983)，如图 1-5 所示。“是什么”表示时空对象的属性，如对象属于什么类型的东西，即属性特性；“什么地方”表示对象的空间位置，即空间特性；“什么时候”表示对象存在或发生的时间位置，即时间特性。因此，人们迫切需要一种技术对这些时空数据进行统一管理、动态处理、精确分析和快速查询，即建立合理的空间、时间和属性联合的数据模型——时空数据模型。

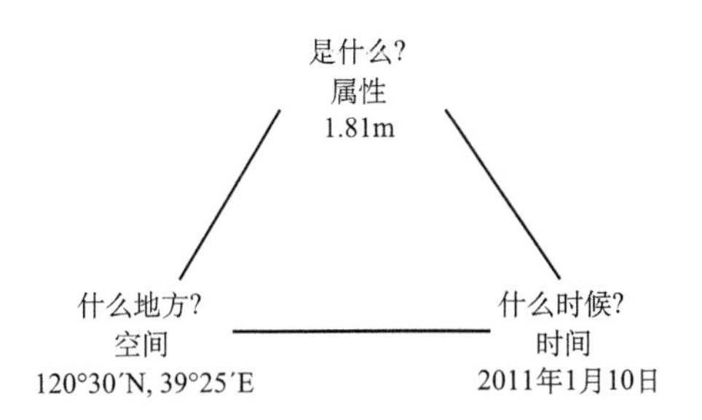

图 1-5　时空对象三元组模型示意图

传统的空间数据模型是基于空间信息中空间和属性两个维度的，将实际动态变化的世界视为静态世界，因此其大多不支持对时间维度的处理和分析功能，而只是将描述地理环境对象的数据看作一个瞬时快照。当这些信息数据发生改变时，传统的空间数据模型就将已有信息数据替换为当前最新的信息数据，此时已有数据也被删除，因此无法对空间地理等现象的历史状态进行处理分析，更不能根据历史信息对未来事件发展趋势进行预测。随着环境监测、地籍管理、遥感动态监测、近景摄影变形监测等应用领域对空间数据时变性的重视，传统的空间数据模型已经远远不能满足人们对时空数据的应用需求。因此，时空数据模型应综合、完整、准确地表征时空数据的空间特性、时间特性和属性特性，这样才能真正实现对时空数据的集成化、一体化和智能化组织管理。

1.2.2　时空数据模型的研究动态

自汤姆林森在 1963 年首次提出地理信息系统(GIS)之后，GIS 的研究便得到了各国政府、研究机构和学者的普遍关注，其中空间数据模型是 GIS 软件组织管理空间数据的方法和理论基础。但随着遥感监测、近景摄影变形监测、地籍管理、灾害应急、交通管理、军事国防等应用领域对空间实体的时间尺度和时态关系的注重以及实体空间、时间和属性一体化管理的需求，传统的 GIS 已经无法有效地表达地理实体的动态特性，因此时态 GIS 或多维 GIS 步入历史舞台，作为理论核心的时空数据模型也成为广大机构和学者的研究重点。

20 世纪 70 年代初，受数据库技术和大容量存储设备的限制，时空数据模型仅停留在对时间语义的描述和表征。到了 80 年代中期，众多学者开展了时间语义和数据库技术的集成和融合，时态数据库及其查询语言方面的研究成为该时期的重点，如 Ben-Zvi 提出的非第一范式的时态数据库①、Clifford 和 Warren(1983)提出的历史关系数据库、Ginsburg(1983)提出的对象历史模型、Snodgrass(1987)提出的时间维度(事务时间、有效时间)和时态查询语言 TQuel，Armstrong 基于栅格和矢量数据两种时空数据库组织模型等。进入 90 年代，随着 Langran(1992)《地理信息系统中的时间》的出版，时态 GIS 也正式成为地理信息学科中重要的一员。该阶段时态 GIS 的研究重点为时空的语义、拓扑关系、查询语言、演变推演及时空数据模型等基本理论，同时侧重点不同的时空数据模型也相继出现。其中，Langran 提出的时空立方体模型、序列快照模型、基态修正模型和时空复合模型最具代表性。随后以 Langran、Peuquet、Yuan、Pelekis、Worboys 等为代表的国外学者以及以陈军、黄明智、龚健雅、舒红、张祖勋、黄杏元等为代表的国内学者陆续推出了侧重点不同的时空数据模型，但这些时空数据模型均在不同程度上参考了如上四个时空数据模型的思想。进入 21 世纪，时空数据模型更趋于从概念模型和原型系统向面向实际应用转变，其中随着面向对象技术的成熟，以面向对象的时空数据模型为理论基础的应用更为广泛；以各业务领域的需求为牵引，结合各种时空数据模型原理和思想，在实际中应用得更为普遍。

虽然经过了 30 多年相关研究机构和学者的不懈努力，时空数据模型在不同应用领域得到了广泛应用，但由于时空数据所反映现实世界的多元性和复杂性以及时空

---

① Ben-Zvi J. 1982. The time relational model. Los Angeles: UCLA.

数据的海量、异构、动态等特点，时空数据模型的研究仍存在较多的缺陷。

1.2.3　时空数据模型的问题

目前的时空数据模型研究可谓百花齐放、百家争鸣，各模型对时空对象及其关系的描述侧重点各不相同，在时空推理和时空解译能力方面也存在着较大的差异，但各类模型都存在一些局限性。现将时空数据模型局限性归纳如下(姜晓轶, 2006; 李晖等, 2008)。

1)理论模型尚需完善，应用更需加强

目前的时空数据模型基本是语义和概念层面上的模型，对不确定性的时空实体描述不够准确和可靠，同时存在着理论研究和实际应用(特别是运动目标管理应用方面，如汽车、海运、航空等)严重脱节现象。综合而言：提出的模型多，实现的原型少；理论观点多，应用研究少；学术研究多，实际应用少(姜晓轶, 2006; 李晖等, 2008; 张祖勋和黄明智, 1996)。因此，如何根据所存储管理的数据进行不确定性的时空分析和数据挖掘、如何以面向应用为导向着重针对时空对象变化状态内部运行机制进行研究和应用、如何促使理论研究和实际应用的无缝对接是今后时空数据模型的研究重点。

2)时空数据模型对海量数据的管理和处理能力还不强

随着时空数据获取技术的高速发展以及时间的推移，时空数据的数据容量也成倍增长，而由此带来的海量数据问题将对时空数据模型的存储、组织、管理、处理及分析能力提出严峻的挑战。大数据时代的到来也预示着时空数据模型的研究迎来了新的机遇和挑战，因此如何有效地组织和管理时空大数据、降低数据冗余和提高数据查询效率等都是时空数据模型今后需要考虑的问题。传统的时空数据模型更侧重于时空大数据的组织和管理，而在时空分析和数据挖掘方面需要进行大量时空数据的查询调阅，会产生巨大的计算量，因此结合实际应用需求和时空数据的特点制订相应的数据压缩算法、结合数据管理模式构建相应的统计分析模型将是时空数据模型今后重要的发展方向。

3)模型对现实连续变化的表达能力有所欠缺

目前的时空数据模型对离散变化的支持能力已经相当成熟，但是由于计算机系统是以离散形式表达和处理时空数据，即使采用较小的时空粒度模拟连续的时空变化，也无法对现实世界中的连续变化进行准确的表达和描述(Peuquet, 2001)。时空数据模型对现实世界中的离散变化和连续变化不能仅仅停留在模型层次方面和功能方面，需要模型支持统一化的查询语言和表达界面，而不是简单的视图切换。

4)模型的应用数据格式集成度和兼容性不高

目前时空数据模型研究中定义的数据结构各不相同，同时科研院所和应用厂商积累了海量的时空数据，这些时空数据在各个时空数据模型中的数据录入、编辑、可视化、处理和分析等环节存在着较大的排斥性。因此，时空数据模型在构建时应充分考虑不同时空数据的差异性，从根本上解决数据的通用性和可移植性，并对多源、多时态、多结构的时空数据进行整理和融合，以进一步提高模型应用数据的集成度和兼容性。

5) 栅格数据和矢量数据的一体化支持程度不高

目前的时空数据模型研究对基于矢量描述的空间数据的支持能力比较成熟，但对基于栅格描述的空间数据的支持能力还存在薄弱环节。总的来说，基于矢量描述的空间数据的模型多，基于栅格描述的空间数据的模型少。随着高分辨率遥感图像、数字高程模型(digital elevation model, DEM)、多媒体等栅格数据的广泛应用，该问题也变得更为突出。同时，现有支持栅格描述空间数据的时空数据模型也存在着数据冗余大、查询效率低、实用性差等缺点。因此，在构建新的时空数据模型时应提高栅格数据和矢量数据的一体化程度和时空语义表达能力。

6) 时间特征和空间特征联系不够紧密

现实世界中各种现象对应的时间特征和空间特征是密不可分的，但现有时空数据模型对时间特征和空间特征的认知也存在着一定的差异，使时空对象或事件在抽象方式、模型定义、数据结构和组织方式方面都存在着差异，因此模型在描述时间特征和空间特征时的紧密关系得到破坏，无法合理、灵活、高效地表达现实世界中的现象及其关系(王家耀等, 2004)。

综上所述，现有时空数据模型大多仅着眼于记录地理对象的变化状态，而缺乏对地理对象变化状态内部运行机制的研究和应用，同时在数据存储容量和数据结构描述上存在着较大的局限性。因此，在地理对象随机变化的表象下发掘其内在的秩序和结构并以此进行时空建模，面向应用构建数据存储、处理和分析的时空数据模型，使其更具实际可操作性和应用性，具有非常重要的现实意义。

第 2 章　时空数据模型的基本理论

2.1　地理空间及其语义表达

2.1.1　空间的概念

空间在不同领域中的定义是不同的，因此古往今来的哲学家和科学家定义了不同含义的空间概念，大致可分为绝对空间论和相对空间论(魏海平, 2007)。绝对空间论认为空间是一个实际存在的实体、容器或者媒介；相对空间论则认为空间是物质的一种存在形式，即把空间作为物质的一个属性看待。在地理学中，空间的概念常用地理空间进行表征，是物质、能量和信息的存在形式在形态、结构、过程和功能关系上的分布方式及格局。

在地理信息系统应用中，通过投影变换将地球椭球面投影到二维平面上，这样空间就变成了包含二维投影平面的三维空间，用二维实数空间 R^2 或三维实数空间 R^3 定量描述。与空间相似，地理空间也具备绝对性和相对性。

根据集合理论可将地理空间进行数学描述：

$$S = \{E, R\} \tag{2-1}$$

式中， $E = \{e_1, e_2, \cdots, e_n\}$ 表示地理空间实体 e_i ($1 \leqslant i \leqslant n$)的集合； R 表示地理空间实体 e_i 之间的关系。

2.1.2　空间结构

空间结构(structure of space)是地理数据存储在计算机中的表达形式，包括基于矢量的地理数据模型和基于栅格的地理数据模型。

基于栅格的地理数据模型是使用二维或三维的离散网格矩阵表示的数据模型，如遥感图像、规则格网的 DEM 和多媒体图像或视频等。基于矢量描述的地理数据模型则是通过记录几何坐标点集合描述空间对象的几何特性，如点、线、面和体等。目前，时空数据领域对开放式地理信息系统(open GIS，OGIS)使用统一建模语言(unified modeling language，UML)定义的几何对象模型更为认同，该模型独立于平台，且可应用于分布式计算系统，如图 2-1 所示。

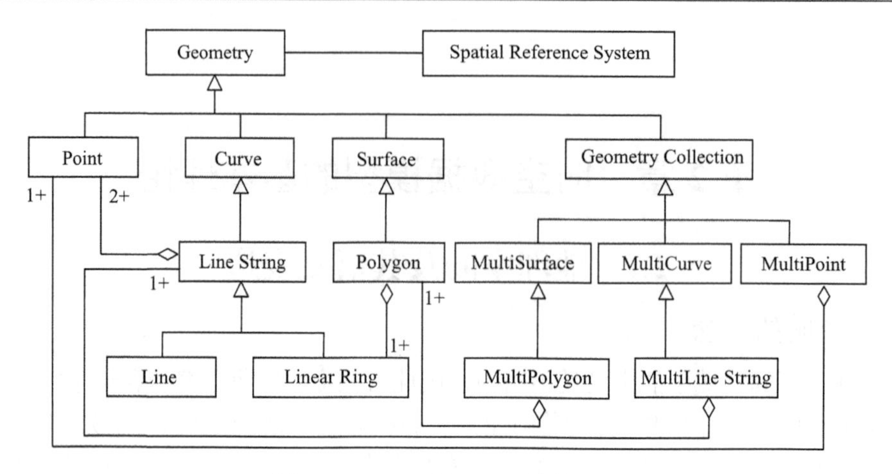

图 2-1　OGIS 几何 UML 符号类图

2.1.3　空间关系

空间关系是指地理空间对象之间的相互关系，包含由对象的几何特性和非几何特性引起的，本书的空间关系仅限于由几何特性所引起的相互关系。空间关系通常由顺序关系、度量关系及拓扑关系组成。顺序关系描述的是地理空间对象之间空间位置的分布关系；度量关系描述的是对象之间的相似程度；拓扑关系描述的是空间数据对象之间的邻接、关联和包含关系。其中，空间拓扑关系在空间数据组织、分析、查询等方面起着至关重要的作用。

1. 顺序关系

顺序关系描述的是地理空间对象在地理空间中整体和局部的某种排序，通常使用方向性名字描述空间对象之间空间位置的分布关系。顺序关系中研究较多的关系主要分为方位关系和方向关系。方位关系描述的是地理空间源目标对象相对于参考目标对象的方位描述，如东、西、南、北等。方向关系则是指人类认知领域中对空间的方向描述，如前后、上下、左右等。

计算机对空间的认知是在地理坐标系下依据位置、方位、运动、地标等空间属性得到的认知，而人类对空间的认知更多指的是依据自身与环境位置、距离、方向和速度等空间属性得到的认知，即方向关系。因此如何统一、关联和整合方位关系和方向关系是地图与空间认知领域的研究热点和难点。例如，某人到了一个未知区域，人们更多的是通过参照物，以方向关系和空间距离对空间进行认知和理解，而计算机通常通过地理坐标系下的方位关系和空间距离进行空间认知，这就需要人们提供人与计算机对空间认知的无缝衔接和映射理解。在地图与空间认知领域研究中，高俊等(2008)认为将人类对于空间的认知模型和语义模型转化为数学或逻辑模型，将人类对于时空推理的概念和方法融合在地理信息系统中，是实现基于朴素地理学的智能化 GIS 的关键。李德仁(2018)认为人工智能和大数据分析是解决地球空间信息学数据处理时效性和智能化水平的技术途径，同时在不久的将来，对地观测脑、智慧城市脑和智能手机脑可以回答何时、何地、何目标发生了何种变化，并在正确的时间和正确的地点把正确的数据、信息、知识推送给需要的人，从而实现将 4W（when、where、what object、what change）信息实时推送给 4R（sending right data/information/knowledge to the right person at right place and right time）用户的地球空间信息服务的最高标准。

在时空数据模型研究中，空间顺序关系更侧重于方位关系，目前地理方位关系的形式化描述主要分为锥形模型、基于投影的模型和基于方向冯罗诺（Voronoi）图的模型等三种类型。

1）锥形模型

锥形模型（cone-based model）是以参考对象的质心为原点，根据用户的需要以方位线对空间范围进行划分，最为常用的有四方位锥形模型和八方位锥形模型，如图 2-2 所示。四方位锥形模型是使用两条垂直的线将空间范围划分为四个无限的锥形平面，记为{东（E）、西（W）、南（S）、北（N）}。八方位锥形模型是利用四条方位线将空间范围平均划分为八个无限的锥形平面，记为{东（E）、东南（SE）、西（W）、西南（SW）、南（S）、东北（NE）、北（N）、西北（NW）}。

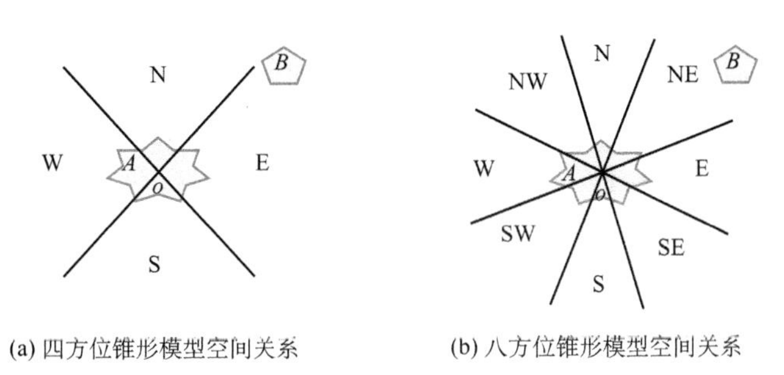

图 2-2　锥形模型空间方位关系示意图

锥形模型原则上可以根据用户的需求进行无限划分，方位数越多，描述空间方位关系就越精细，但对于线状和面状目标对象的方位描述就越不确定，同时当目标对象 *B* 与参考对象 *A* 距离较近时，会出现方位关系描述错误或不确定的现象。

2）基于投影的模型

基于投影的模型（projection-based model）是将空间对象投影到相应的坐标轴上，进而通过投影坐标的大小来区分两个空间对象之间的方位关系（刘大有等, 2004）。

1991 年，Andrew Frank 提出了“十字方向模型”，如图 2-3（a）所示。1992 年，Freksa 通过引入视点进一步提出了“双十字方向模型”，并在机器人导航领域中得到广泛应用，如图 2-3（b）所示。十字方向模型和双十字方向模型是针对点状目标对象的，线状和面状目标对象之间的方向关系则更为复杂，因此 Goyal 和 Egenhofer 采用参照目标对象的最小外接矩形(minimum bounding rectangle, MBR)近似代表区域，构建一种 3×3 的方向关系矩阵模型，如图 2-3(c)所示。方向关系矩阵模型将空间划分为{正东(E)、东北(NE)、正北(N)、西北(NW)、正西(W)、西南(SW)、正南(S)、东南(SE)、中心(C)}，继而通过观察每个部分与参考对象的关系来确定参照对象和参考对象之间的方位关系。

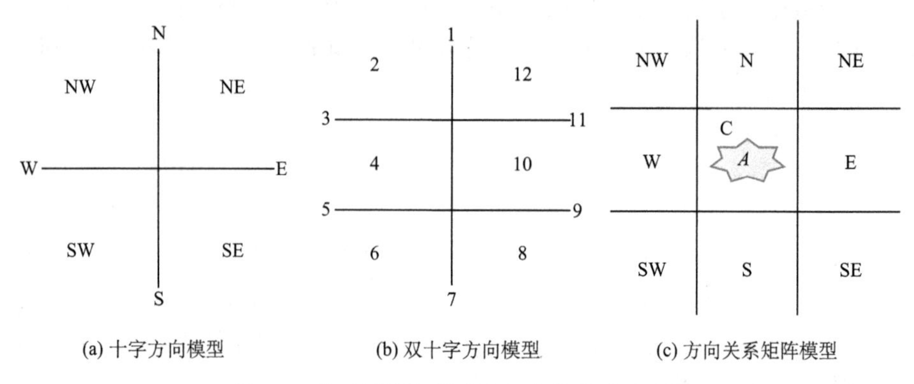

(a) 十字方向模型　　(b) 双十字方向模型　　(c) 方向关系矩阵模型

图 2-3　基于投影的模型空间方位关系示意图

方向关系矩阵模型分为粗糙方向矩阵和详细方向矩阵两种。粗糙方向矩阵中的元素值为空(ϕ)或非空($\neg\phi$)，ϕ 表示目标对象与各方向片无交集，$\neg\phi$ 表示目标对象与各方向片有交集。粗糙方向矩阵可从定性角度对目标对象进行方向描述，计算简单，但不能准确描述。详细方向矩阵元素值为目标对象在各方向片上的交集面积与目标对象面积的比值，可从定量角度对目标对象进行方向描述，计算详细。

假设 $\varphi(x)$ 表示面积函数，则参照对象 B 相对于参考对象 A 的详细方向矩阵 $\mathrm{Dir}(A,B)$ 可以定义为

$$\mathrm{Dir}(A,B)=\begin{bmatrix} \dfrac{\varphi(\mathrm{NW}_A \cap B)}{\varphi(B)} & \dfrac{\varphi(\mathrm{N}_A \cap B)}{\varphi(B)} & \dfrac{\varphi(\mathrm{NE}_A \cap B)}{\varphi(B)} \\ \dfrac{\varphi(\mathrm{W}_A \cap B)}{\varphi(B)} & \dfrac{\varphi(\mathrm{C}_A \cap B)}{\varphi(B)} & \dfrac{\varphi(\mathrm{E}_A \cap B)}{\varphi(B)} \\ \dfrac{\varphi(\mathrm{SW}_A \cap B)}{\varphi(B)} & \dfrac{\varphi(\mathrm{S}_A \cap B)}{\varphi(B)} & \dfrac{\varphi(\mathrm{SE}_A \cap B)}{\varphi(B)} \end{bmatrix} \tag{2-2}$$

为了进一步简化详细方向矩阵 $\mathrm{Dir}(A,B)$ 的计算方法，陈占龙等(2015)利用动态网格划分方法，量化参照对象 B 在各方向片区的网格占用数量进行表达，即

$$\mathrm{Dir}(A,B)=\begin{bmatrix}\dfrac{N(\mathrm{NW}_A\cap B)}{N(B)} & \dfrac{N(\mathrm{N}_A\cap B)}{N(B)} & \dfrac{N(\mathrm{NE}_A\cap B)}{N(B)}\\ \dfrac{N(\mathrm{W}_A\cap B)}{N(B)} & \dfrac{N(\mathrm{C}_A\cap B)}{N(B)} & \dfrac{N(\mathrm{E}_A\cap B)}{N(B)}\\ \dfrac{N(\mathrm{SW}_A\cap B)}{N(B)} & \dfrac{N(\mathrm{S}_A\cap B)}{N(B)} & \dfrac{N(\mathrm{SE}_A\cap B)}{N(B)}\end{bmatrix} \tag{2-3}$$

式中，$N(x)$ 表示网格数目统计函数。

虽然方向关系矩阵模型可以准确地描述空间对象之间的方向关系，但依然存在一些情况下会产生不确定或者不合理描述、忽略目标对象之间的距离对方向关系的影响、与人类空间方向的认知思维方式不符等问题，如当两个目标对象距离过近或者形状大小差异过大时。图 2-4 中，参照对象 B 相对于参考对象 A 的方位关系为 $\mathrm{Dir}(A,B)=\{\mathrm{NE}\}$，但其方向关系 $\mathrm{Dir}(A,B)=\{\mathrm{E}\}$ 应该更为准确。因此一些学者(Wang, 2014；王中辉和杨艳春, 2014)依据视觉心理学原理对方向关系矩阵模型进行了改进，以更好地描述目标对象之间的方向关系。

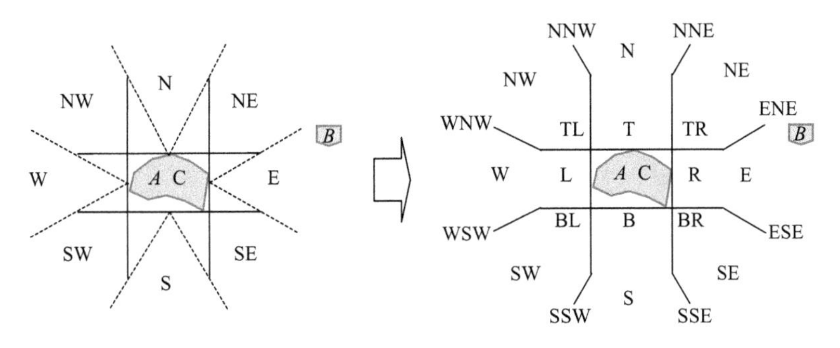

图 2-4　复合表达模型的方向关系描述示意图

3) 基于方向 Voronoi 图的模型

基于方向 Voronoi 图的模型(Yan et al., 2006；闫浩文和郭仁忠, 2003；王占刚等, 2018)是通过计算用于表示目标间指向线法线的 Voronoi 图，得到目标之间精确的方向关系。该模型考虑了两个目标对象之间方向关系的各个侧面，用多个方向的集合来描述目标间的方向关系。基于方向 Voronoi 图的模型有效解决了目标对象形状、大小和距离等因素对目标对象之间方向关系的影响，可以准确地定量描述目标对象之间的方向关系。

基于方向 Voronoi 图的模型基本过程如下：

(1) 对参考目标对象 A 和参照目标对象 B 的所有特征点构造德洛奈(Delaunay)三角网。

(2) 依据 Delaunay 三角网构建可视区域(图 2-5)，参考目标对象 A 的可视链为

$A_1A_2A_3A_4$，参照目标对象 B 的可视链为 $B_1B_2B_3B_5B_6$，可视区域为 $B_1B_2B_3B_5B_6A_4A_3A_2A_1B_1$。

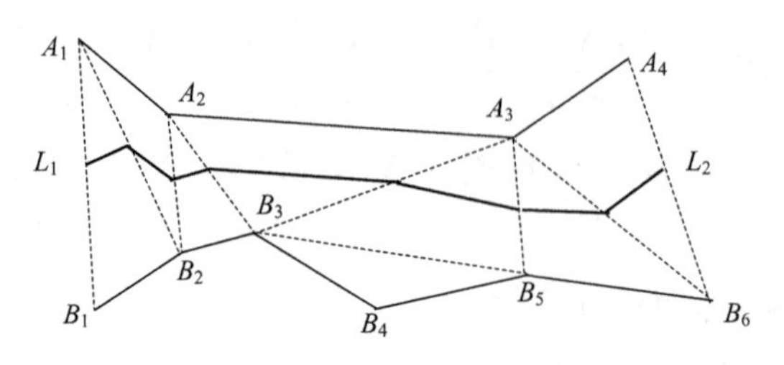

图 2-5　方向 Voronoi 图构建示意图

(3) 根据可视区域中三角形边的中点、边缘第三类三角形边的一腰垂线和另一腰焦点连线、两目标的公共折线等进行连接，生成方向 Voronoi 图 L_1L_2。

(4) 将参照目标对象 B 上的点代入邻近 Voronoi 线段 L_iL_j 方程 $f(x,y)=ax+by+c$ 得到邻近 Voronoi 线段 L_iL_j 的方位角 α_{ij}^L，则参考目标对象 A 指向参照目标对象射线的方位角 α 可以定义为

$$\alpha=\begin{cases}\alpha_{ij}^L-90^\circ & \forall x_i\neq x_j,\alpha_{ij}^L>90^\circ\\ \alpha_{ij}^L+270^\circ & \forall x_i\neq x_j,\alpha_{ij}^L<90^\circ\\ 90^\circ & \forall x_i=x_j,f(x,y)>0\\ 270^\circ & \forall x_i=x_j,f(x,y)<0\end{cases}\tag{2-4}$$

(5) 通过四方向或八方向定性描述将 Voronoi 图 L_1L_2 进行空间方向归类，即将方位角 α 进行方向归类，继而计算各类别方向线段的长度与总长度之比即为参照目标对象 B 相对于参考目标对象 A 在某一方向的百分比。

以八方向描述为例，方位角 α 和方向区界的对应关系是：正北 $(337.5^\circ,0^\circ)\cup[0^\circ,22.5^\circ]$、东北 $(22.5^\circ,67.5^\circ]$、正东 $(67.5^\circ,112.5^\circ]$、东南 $(112.5^\circ,157.5^\circ]$、正南 $(157.5^\circ,202.5^\circ]$、西南 $(202.5^\circ,247.5^\circ]$、正西 $(247.5^\circ,292.5^\circ]$、西北 $(292.5^\circ,337.5^\circ]$。

2. 度量关系

度量关系描述的是对象之间的相似程度，在地理信息系统领域更多指的是两个空间目标之间的地理概念距离，主要包括空间距离和定性距离。空间距离通常是指两个空间目标 A 和 B 之间的距离，如欧氏距离 (Euclidean distance)、曼哈顿距离 (Manhattan distance)、切比雪夫距离 (Chebyshev distance)、闵可夫斯基距离 (Minkowski distance)、马氏距离 (Mahalanobis distance) 等。定性距离是根据空间距离进行划分并进行语义标记，以此对目标对象之间的远近关系进行定性描述，例如，以参考目标对象为中心采用环形区域，可以将空间距离定性地划分为很远 (very far)、远 (far)、一般 (commensurate)、近 (close) 和很近 (very close) 等五个定性距离描述，如图 2-6 所示。

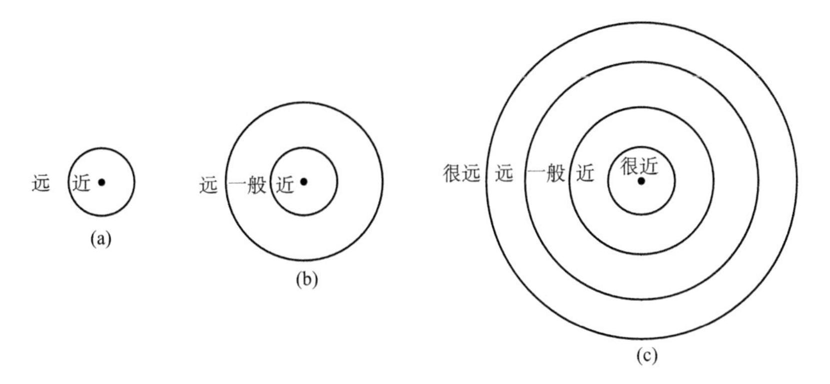

图2-6　定性距离关系模型示意图

1) 欧氏距离

欧氏距离是最为常见的两点或多点之间距离表示方法，又称为欧几里得度量。假设欧几里得空间中有两点 $a(x_1, x_2, \cdots, x_n)$ 和 $b(y_1, y_2, \cdots, y_n)$，则两点之间的欧氏距离 $d(a,b)$ 定义为

$$d(a,b) = \sqrt{(x_1 - y_1)^2 + (x_2 - y_2)^2 + \cdots + (x_n - y_n)^2} \tag{2-5}$$

2) 曼哈顿距离

曼哈顿距离是指两个垂直方向上的距离之和，又称为出租车距离。假设两点 $a(x_1, y_1)$ 和 $b(x_2, y_2)$，则两点之间的曼哈顿距离 $d_{\mathrm{m}}(a,b)$ 定义为

$$d_{\mathrm{m}}(a,b) = |x_1 - x_2| + |y_1 - y_2| \tag{2-6}$$

3) 切比雪夫距离

切比雪夫距离是向量空间中的一种距离度量，两点之间的距离定义为各坐标数值差绝对值的最大值，也称为 L_∞ 度量。假设两点 $a(x_1, x_2, \cdots, x_n)$ 和 $b(y_1, y_2, \cdots, y_n)$，则两点之间的切比雪夫距离 $d_{\mathrm{c}}(a,b)$ 定义为

$$d_{\mathrm{c}}(a,b) = \max_i(|x_i - y_i|) = \lim_{k \to \infty}\left(\sum_{i=1}^{n}|x_i - y_i|^k\right)^{\frac{1}{k}} \tag{2-7}$$

4) 闵可夫斯基距离

闵可夫斯基距离并不是一种距离，而是对多个距离度量公式的概括性表述。假设两个 n 维向量 $\boldsymbol{a}(x_1, x_2, \cdots, x_n)$ 和 $\boldsymbol{b}(y_1, y_2, \cdots, y_n)$，则两向量之间的闵可夫斯基距离 $d_\Delta(\boldsymbol{a}, \boldsymbol{b})$ 定义为

$$d_\Delta(\boldsymbol{a}, \boldsymbol{b}) = \left(\sum_{i=1}^{n}|x_i - y_i|^k\right)^{\frac{1}{k}} \tag{2-8}$$

由式(2-8)可知：当 $k=1$ 时，闵可夫斯基距离又称为曼哈顿距离或绝对值距离；

当 $k=2$ 时，又称为欧氏距离；当 $k=\infty$ 时，又称为切比雪夫距离。

5) 马氏距离

马氏距离是由 Mahalanobis 提出的一种计算两个位置样本集的相似度方法，主要解决欧氏距离、曼哈顿距离、切比雪夫距离和闵可夫斯基距离等度量未考虑各个向分量的量纲和各个分量之间相关性的问题。假设 m 个样本向量 $\{\boldsymbol{X}_1,\boldsymbol{X}_2,\cdots,\boldsymbol{X}_m\}$，其协方差矩阵和均值分别为 $\boldsymbol{S}$ 和 μ，则其中向量 $\boldsymbol{X}_i$ 和 $\boldsymbol{X}_j$ 之间的马氏距离 $d_{\mathrm{M}}(a,b)$ 定义为

$$d_{\mathrm{M}}(a,b)=\sqrt{\left(\boldsymbol{X}_i-\boldsymbol{X}_j\right)^{\mathrm{T}}\boldsymbol{S}^{-1}\left(\boldsymbol{X}_i-\boldsymbol{X}_j\right)} \tag{2-9}$$

由式(2-9)可知：当各个样本向量之间独立同分布，即协方差矩阵 $\boldsymbol{S}$ 为单位矩阵时，马氏距离就是欧氏距离。

3. 拓扑关系

拓扑空间关系是指拓扑变换下的拓扑不变量，如空间目标的相邻和连通关系，以及表示线段流向的关系等(陈军和赵仁亮, 1999)。在众多二维空间目标拓扑关系描述方面，Egenhofer(1993)和 Clementini 等提出的基于点集拓扑理论建立的 4 元组和 9 元组描述框架最为研究学者所采用。他们将空间拓扑关系抽象为相离、相邻、相交、相等、包含、位于内部、覆盖和被覆盖等，如表 2-1 所示。

表 2-1　Egenhofer 基于点集拓扑理论的两个面目标空间拓扑关系

拓扑关系	谓词	图形表达	4 元交集矩阵描述	9 元交集矩阵描述
相离	disjoint		$\begin{bmatrix}\phi & \phi\\ \phi & \phi\end{bmatrix}$	$\begin{bmatrix}\phi & \phi & \phi\\ \phi & \phi & \phi\\ \phi & \phi & \phi\end{bmatrix}$
相邻	meet		$\begin{bmatrix}\neg\phi & \phi\\ \phi & \phi\end{bmatrix}$	$\begin{bmatrix}\phi & \phi & \neg\phi\\ \phi & \neg\phi & \neg\phi\\ \neg\phi & \neg\phi & \neg\phi\end{bmatrix}$
相交	overlap		$\begin{bmatrix}\neg\phi & \neg\phi\\ \neg\phi & \neg\phi\end{bmatrix}$	$\begin{bmatrix}\neg\phi & \neg\phi & \neg\phi\\ \neg\phi & \neg\phi & \neg\phi\\ \neg\phi & \neg\phi & \neg\phi\end{bmatrix}$
相等	equal		$\begin{bmatrix}\neg\phi & \phi\\ \phi & \neg\phi\end{bmatrix}$	$\begin{bmatrix}\neg\phi & \phi & \phi\\ \phi & \neg\phi & \phi\\ \phi & \phi & \neg\phi\end{bmatrix}$
包含	contain		$\begin{bmatrix}\neg\phi & \phi\\ \neg\phi & \phi\end{bmatrix}$	$\begin{bmatrix}\neg\phi & \neg\phi & \neg\phi\\ \phi & \phi & \neg\phi\\ \phi & \phi & \neg\phi\end{bmatrix}$

续表

拓扑关系	谓词	图形表达	4 元交集矩阵描述	9 元交集矩阵描述
位于内部	inside		$\begin{bmatrix}\phi & \neg\phi \\ \phi & \neg\phi\end{bmatrix}$	$\begin{bmatrix}\neg\phi & \phi & \phi \\ \neg\phi & \phi & \phi \\ \neg\phi & \neg\phi & \neg\phi\end{bmatrix}$
覆盖	cover		$\begin{bmatrix}\neg\phi & \phi \\ \neg\phi & \neg\phi\end{bmatrix}$	$\begin{bmatrix}\neg\phi & \neg\phi & \neg\phi \\ \phi & \neg\phi & \neg\phi \\ \phi & \phi & \neg\phi\end{bmatrix}$
被覆盖	covered by		$\begin{bmatrix}\neg\phi & \neg\phi \\ \phi & \neg\phi\end{bmatrix}$	$\begin{bmatrix}\neg\phi & \phi & \phi \\ \neg\phi & \neg\phi & \phi \\ \neg\phi & \neg\phi & \neg\phi\end{bmatrix}$

1)4 元交集模型

4 元交集模型是通过定义两个空间目标 A 和 B，其中两个空间目标均为非空的，则两个目标的内域和边界可以分别定义为 A° 、∂A 、 B° 和 ∂B 。因此，目标 A 的边界、目标 A 的内部、目标 B 的边界和目标 B 的内部两两的交集可以通过建立一个四元交集描述模型框架 $R_4(A,B)$ 表达二者的拓扑空间关系。

$$R_4(A,B)=\begin{bmatrix}\partial A\cap\partial B & \partial A\cap B^\circ \\ A^\circ\cap\partial B & A^\circ\cap B^\circ\end{bmatrix} \tag{2-10}$$

4 元交集模型描述矩阵中的每一个选项均可以为空(ϕ)或者非空($\neg\phi$)，所以可以通过该模型产生 16 种拓扑空间关系，其中最为普遍且具有实际意义的是相离、相邻、相交、相等、包含、位于内部、覆盖和被覆盖等 8 种空间拓扑关系。四元交集描述模型框架简洁直观，在一些商用数据库系统和地理信息系统设计中有较为广泛的应用，但是仍不能较好地描述相离和邻接等面状目标不相交的拓扑空间关系。

2)9 元交集模型

9 元交集模型(简称 9I)是针对 4 元交集模型的不足，利用两个非空空间目标 A 和 B 的边界、内部和外部，通过点集运算定义两个空间物体之间的拓扑关系。

假设两个目标的边界、内部和外部分别为 ∂A 、A° 、A^- 、∂B 、B° 和 B^-，通过比较目标 A 的边界、目标 A 的内部、目标 A 的外部、目标 B 的边界、目标 B 的内部和目标 B 的外部之间的交集建立一个 9 元交集描述模型框架 $R_9(A,B)$ 表达二者的拓扑空间关系。

$$R_9(A,B)=\begin{bmatrix}A^\circ\cap B^\circ & A^\circ\cap\partial B & A^\circ\cap B^- \\ \partial A\cap B^\circ & \partial A\cap\partial B & \partial A\cap B^- \\ A^-\cap B^\circ & A^-\cap\partial B & A^-\cap B^-\end{bmatrix} \tag{2-11}$$

9 元交集模型描述矩阵中的每一个选项均可以为空(ϕ)或者非空($\neg\phi$)，所以可以通过该模型产生 512 种拓扑空间关系。9 元交集模型虽然改进了 4 元交集模型，但是在点-点、点-线、点-面和面-面等拓扑空间关系方面依然存在较大的不足，因此一些学者在此基础上提出了宽边界扩展 9 元交集模型、最大维扩展的 9 元交集模型、基于 Voronoi 图的 9 元交集模型和 25 元交集模型等改进模型。

3) 宽边界扩展 9 元交集模型

宽边界扩展 9 元交集模型(简称 E9I)是在 9 元交集模型基础之上，针对边界不确定性区域，定义宽边界 Δ 描述边界而设计的宽边界扩展 9 元交集模型框架 $R_9^{\Delta}(A,B)$。

$$R_9^{\Delta}(A,B)=\begin{bmatrix} A^{\circ}\cap B^{\circ} & A^{\circ}\cap \Delta B & A^{\circ}\cap B^{-} \\ \Delta A\cap B^{\circ} & \Delta A\cap \Delta B & \Delta A\cap B^{-} \\ A^{-}\cap B^{\circ} & A^{-}\cap \Delta B & A^{-}\cap B^{-} \end{bmatrix} \tag{2-12}$$

4) 最大维扩展的 9 元交集模型

最大维扩展的 9 元交集模型(简称 DE-9I)是 Clementini 等将维数扩展法作为描述两个点集之间拓扑空间关系的描述框架，同时给出最大维扩展的 4 元交集模型描述框架(简称 DE-4I)。例如，如果二维空间平面中的两个目标之间没有交集，则记为 0；两个目标相交于 1 个点记为 0D；两个目标相交于 1 条线记为 1D；两个目标相交于一个区域记为 2D。由此可见，两个目标相交的部分可以是多种情况，其中一处可以相交于 0 维的点，另一处也可以相交于二维的面，总之相交的部分越多则维数就越多。

最大维扩展的 9 元交集模型结合 9 元交集模型，对两个目标的边界、内部和外部之间的交集用目标之间相交部分的最大维数作为描述，则最大维扩展的 9 元交集模型框架 $R_9^{*}(A,B)$ 定义为

$$R_9^{*}(A,B)=\begin{bmatrix} D(A^{\circ}\cap B^{\circ}) & D(A^{\circ}\cap \partial B) & D(A^{\circ}\cap B^{-}) \\ D(\partial A\cap B^{\circ}) & D(\partial A\cap \partial B) & D(\partial A\cap B^{-}) \\ D(A^{-}\cap B^{\circ}) & D(A^{-}\cap \partial B) & D(A^{-}\cap B^{-}) \end{bmatrix} \tag{2-13}$$

式中，$D(X)$ 表示各个元素的运算结果；其取值范围 $\{T,R,*,0,1,2\}$ 表示最大维数扩展的拓扑关系描述模型的拓扑不变性。其取值含义定义为：① $T:D(X)\in\{0,1\}$，则 $X\neq\phi$；② $R:D(X)=1$，则 $X=\phi$；③ $*:D(X)$ 可以是 $\{-1,0,1,2\}$ 中的任何值；④ $0:D(X)=0$，相较于 0 维的点；⑤ $1:D(X)=1$，相较于一维的线；⑥ $2:D(X)=2$，相较于二维的面。

5) 扩展 9 元交集模型

扩展 9 元交集模型(简称 D9I)是 Egenhofer 等(1994)为了解决 4 元交集模型、9 元交集模型、宽边界扩展 9 元交集模型和最大维扩展的 9 元交集模型本质上无法更

好描述带有环状或空洞等复杂面状区域拓扑空间关系问题而提出的。

1994 年，Egenhofer 引入了总区域和空洞两个概念描述带有空洞的复杂面状对象。假设面状对象 A 中存在 n 个空洞 $H_1^*,H_2^*,\cdots,H_n^*$，则面状对象 A 的广义面域 A^* 可定义为 $A^*=A\cup H_1^A\cup H_2^A\cup\cdots\cup H_n^A$，如图 2-7 所示。当面状对象 A 中不存在空洞的时候，广义区域 A^* 是等于面状对象 A 的，即 $A^*=A$。

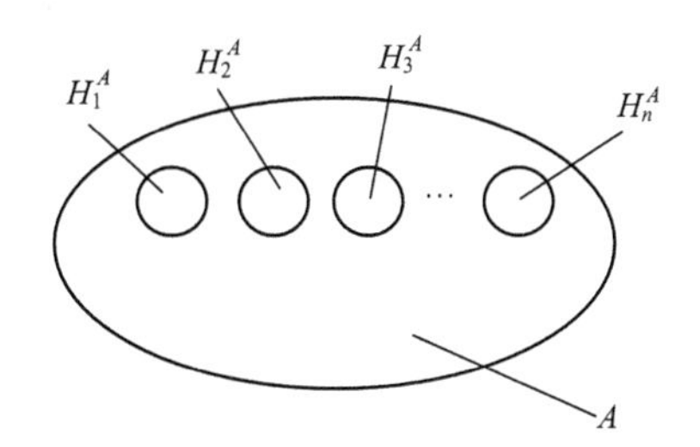

图 2-7　带空洞面状目标对象示意图

由带有空洞面状对象的定义可知，面状目标 A 和 B 之间的拓扑空间关系可转化为 $A^*,H_1^A,H_2^A,\cdots,H_n^A$ 和 $B^*,H_1^B,H_2^B,\cdots,H_m^B$ 之间的拓扑空间关系，继而通过这些简单面域间的边界、内部和外部的交集构建一个 $(n+m+2)\times(n+m+2)$ 的关系矩阵，即关系矩阵中需要描述的元素个数 μ 为 $(n+m+2)\times(n+m+2)$，如表 2-2 所示。

表 2-2　扩展 9 元交集模型空间拓扑关系表

	A^*	H_1^A	…	H_n^A	B^*	H_1^B	…	H_n^B
A^*	相等	包含	包含	包含				
H_1^A	位于内部	相等	位于内部	相离				
⋮	位于内部	相离	相等	相离				
H_n^A	位于内部	相离	相离	相等				
B^*					相等	包含	包含	包含
H_1^B					位于内部	相等	相离	相离
⋮					位于内部	相离	相等	相离
H_n^B					位于内部	相离	相离	相等

由此可见，关系矩阵中的每一个元素即代表着这些简单面状对象所形成的拓扑关系，同时关系矩阵中的元素也存在着大量冗余问题，因此 Egenhofer 通过制定如下的约束条件尽量减少关系矩阵中需要描述的元素个数。

(1) 每一个目标对象与自己必须是“相等”关系。

(2) 两个目标 A 和 B 之间的空间拓扑关系必须与 B 和 A 之间的反向空间拓扑关系相一致。

经过如上两个条件的约束，关系矩阵中需要描述的元素个数 μ' 为

$$\mu' = \frac{(m+n+2)^2 - (m+n+2)}{2} \tag{2-14}$$

(3)关系矩阵中的广义面域与其空洞之间必须是“包含”关系。

(4)关系矩阵中每个目标对象中的两两空洞之间必须是“相离”关系。

经过如上四个条件的约束，关系矩阵中需要描述的元素个数 μ'' 为

$$\mu'' = mn + m + n + 1 \tag{2-15}$$

随后一些学者(王占刚等, 2018; 欧阳继红等, 2009)利用分解之后的简单面域之间的拓扑关系构建了 $pq+1$ 位的二进制编码代替经典 9 元交集模型中的相应交集，即扩展 9 元交集模型描述框架 $R_9^E(A,B)$，其可以定义为

$$R_9^E(A,B) = \begin{bmatrix} R_{11} & R_{12} & R_{13} \\ R_{21} & R_{22} & R_{23} \\ R_{31} & R_{32} & R_{33} \end{bmatrix} \tag{2-16}$$

假设目标对象 A 和 B 经过分解后的空洞个数分别为 k 和 l，其中 $0 \leqslant k < p$，$0 \leqslant l < q$，则用 R_{11} 替代经典 9 元交集模型中的 $A^\circ \cap B^\circ$，其编码方式是利用目标对象 A 的 $p-k$ 个广义面域和目标对象 B 的 $q-l$ 个广义面域之间的交集构成编码，编码长度为 $(p-k)(q-l)$。为了区分整体和细节，R_{11} 中外加一个整体的内部交集 $A^\circ \cap B^\circ$，则编码总长度为 $(p-k)(q-l)+1$，即广义面域 A^* 和 B^* 之间的交集。同理可以定义描述模型中的其他元素。

6)基于 Voronoi 图的 9 元交集模型

基于 Voronoi 图的 9 元交集模型(简称 V9I)是利用 Voronoi 区域定义空间目标的外部替代 9 元交集模型中空间目标的“外部”，以此解决 9 元交集模型中空间外部无限性导致计算和操作困难的问题(Chen et al., 2001)。

假设二维空间 $\boldsymbol{R}$ 中有一空间目标集合 $\boldsymbol{O} = \{o_1, o_2, \cdots, o_n\}$，其中，目标 o_i 的数据类型可以是点、线或面，且面目标不要求为凸域，可以是含洞的面目标，则 o_i 目标的 Voronoi 区域 O^V 定义为

$$O^V = \left\{ A \middle| d(A, B_i) \leqslant d(A, B_j),\quad i \neq j \right\} \tag{2-17}$$

假设两个空间目标 A 和 B 的 Voronoi 区域分别为 A^V 为 B^V，则基于 Voronoi 图的 9 元交集模型 $R_9^V(A,B)$ 定义为

$$R_9^V(A,B) = \begin{bmatrix} A^\circ \cap B^\circ & A^\circ \cap \partial B & A^\circ \cap B^V \\ \partial A \cap B^\circ & \partial A \cap \partial B & \partial A \cap B^V \\ A^V \cap B^\circ & A^V \cap \partial B & A^V \cap B^V \end{bmatrix} \tag{2-18}$$

基于 Voronoi 图的 9 元交集模型使用 Voronoi 区域重新定义了空间目标的外部，

同时考虑了空间目标的边界和内部，因此具有重叠范围小且操作性较强的特点，更为重要的是可以有效描述目标之间的分离关系、交叉与交互相结合、带环或带洞等复杂空间目标之间的拓扑空间关系，为空间关系相关研究提供了一种新思路。

7) 25 元交集模型

25 元交集模型（简称 25I）是通过将两个空间目标 A 和 B 的边界、内部和外部扩展到 5 个拓扑子集，并通过 5 个拓扑子集的交集而设计的 25 元交集模型描述框架 $R_{25}(A,B)$。

假设一个带洞面域将二维空间 R 从内向外划分为面域的内部 A°、所有洞的内部构成的内外部 A^{-1}、除去内外部 A^{-1} 的面域外部点集构成的外外部 A^{+1}、分割内部 A° 和内外部 A^{-1} 的边界构成的内边界 ∂A^{-1}、除去内边界 ∂A^{-1} 的面域边界部分且分割外外部 A^{+1} 空间的外边界 ∂A^{+1} 等 5 个拓扑子集，如图 2-8 所示。

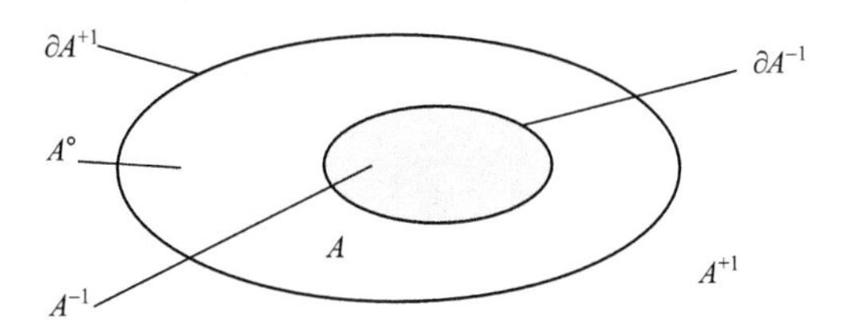

图 2-8　带洞复杂面域的 5 个拓扑子集示意图

由空间目标的 5 个拓扑子集设计的 25 元交集模型（王占刚等, 2018）描述框架 $R_{25}(A,B)$ 定义为

$$R_{25}(A,B)=\begin{bmatrix} A^{-1}\cap B^{-1} & A^{-1}\cap\partial B^{-1} & A^{-1}\cap B^{\circ} & A^{-1}\cap\partial B^{+1} & A^{-1}\cap B^{+1} \\ \partial A^{-1}\cap B^{-1} & \partial A^{-1}\cap\partial B^{-1} & \partial A^{-1}\cap B^{\circ} & \partial A^{-1}\cap\partial B^{+1} & \partial A^{-1}\cap B^{+1} \\ A^{\circ}\cap B^{-1} & A^{\circ}\cap\partial B^{-1} & A^{\circ}\cap B^{\circ} & A^{\circ}\cap\partial B^{+1} & A^{\circ}\cap B^{+1} \\ \partial A^{+1}\cap B^{-1} & \partial A^{+1}\cap\partial B^{-1} & \partial A^{+1}\cap B^{\circ} & \partial A^{+1}\cap\partial B^{+1} & \partial A^{+1}\cap B^{+1} \\ A^{+1}\cap B^{-1} & A^{+1}\cap\partial B^{-1} & A^{+1}\cap B^{\circ} & A^{+1}\cap\partial B^{+1} & A^{+1}\cap B^{+1} \end{bmatrix} \tag{2-19}$$

2.2　时间及其语义表达

时间的起源早于人类的诞生，其无时无刻不存在于我们的日常生活中，但时间的表达却需要我们进一步研究，以建立一个正确、规范、合理的时间描述方式。

2.2.1　时间概念

“现在是什么时间？”这个问题显然再简单不过了。但如果询问“时间是什么”恐怕就没有多少人能够说清楚，事实也确实如此。时间虽然是人类生存环境中的一个不可缺少的元素，但人们对时间却没有一个确切的定义。

时间最早是一个哲学问题。牛顿在其《自然哲学之数学原理》中认为：“绝对、真实的数学时间，就其本身及其本质而言，是永远均匀地流动的，不依赖于任何外界事物，时间与事件和过程无关，事件对应绝对事件中的时刻。”牛顿所提出的“绝对时间”(absolute time)理论在20世纪初是人们普遍接受的科学的、合理的时间概念。随着物理学和天文学等学科的发展，新成果及新发现的出现已经向“绝对时间”的基本观念提出了挑战。

随着爱因斯坦相对论的诞生，“绝对时间”的概念也发生了改变。爱因斯坦狭义相对论指出：时间不能脱离宇宙及其事件的观察者而独立存在，是宇宙与其观察者之间联系的一个方面。由此可知，处于相对匀速运动的不同观察者对同一事件会测出不同的时间。目前多数科学家和研究者都认同爱因斯坦的时间观，认为时间和空间是不能抽象地谈论的，需要具体地谈论时间和空间并和具体对象联系在一起。一维时间和三维空间构建的四维时空坐标系是一种相对论的时空概念，时间和空间密切联系且不可分割，不存在三维空间和一维时间的明确区分，只存在四维的时空连续区。

总而言之，“时间是什么”的问题实质上是探索时间的本质，是少数科学家和哲学家热心研究的课题，至今未得出一个令人满意的结果。在地理信息系统应用中，人们认为时间是时空数据的一维属性，是一条没有端点，向过去和将来无限延伸的轴线，是不可逆的。

2.2.2　时间结构

对于时间抽象描述的另一个问题是时间的结构表示。目前时间的表示结构可以分为三种：线性结构、分支结构和循环结构。

1. 线性结构

线性结构模型(linear model)认为时间是一条没有端点、向过去和将来无限延伸的轴线，如图 2-9(a)所示。线性时间结构模型与空间同样具有通用性、连续性和量测性，并具备自有的运动不可逆性和全序性。依照人们对将来前景向往的思维方式，另一种线性结构模型认为时间是单向指向将来并无限延伸的轴线，如图 2-9 (b)所示。

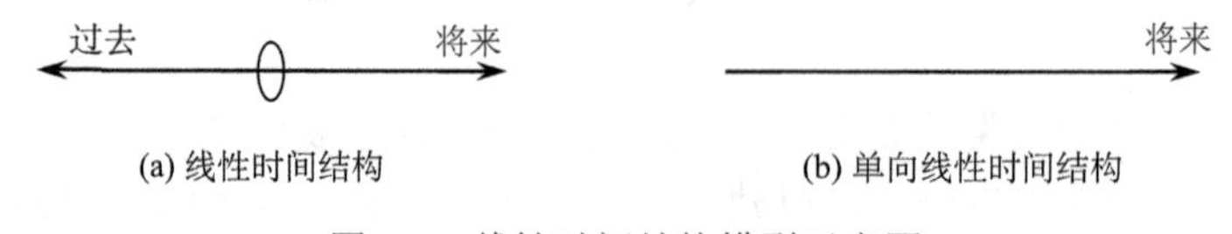

(a) 线性时间结构　　(b) 单向线性时间结构

图 2-9　线性时间结构模型示意图

2. 分支结构

分支结构模型(branching model)认为时间是由过去向现在和将来的可分支的轴线。该模型更适用于多目标在历史时间和将来时间发生变化的现象，发生变化演变成新的分支，各分支具有两两正交性。由此可将其分为三类：

(1)时间由过去向现在的延伸为单调线性递增的，而由现在向将来延伸时发生了多种可能的变化，如图 2-10(a)所示。

(2)时间由过去向现在延伸时发生了多种可能的变化，而由现在向将来的延伸是单调线性递增的，如图 2-10(b)所示。

(3)时间由过去到现在再到将来过程中都可能发生多种可能的变化，如图 2-10(c)所示。

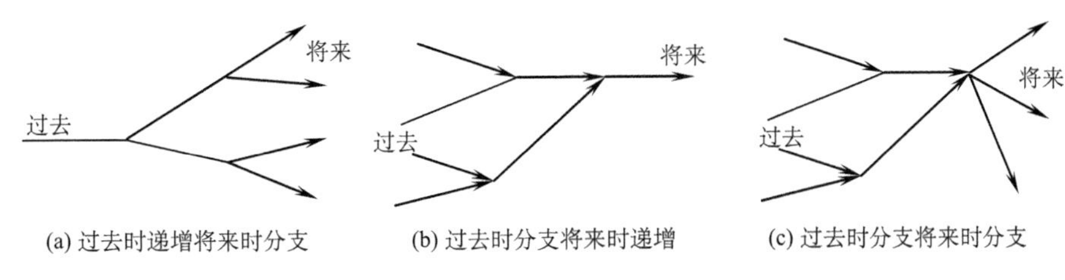

(a) 过去时递增将来时分支　(b) 过去时分支将来时递增　(c) 过去时分支将来时分支

图 2-10　分支时间结构模型示意图

3. 循环结构

循环结构模型(cyclic model)反映了时间的连续性、周期性和稳定性，其来源于自然的交替演变，如日出日落、四季交替、生老病死等循环现象。循环结构和线性结构组成了现实世界在继承中的发展，二者相辅相成，是密不可分的(姜晓轶, 2006)。

2.2.3　时间维度

传统的数据库系统以属性维和元组维构成，在此基础上增加时间维就构成了时态数据库系统。时间维反映了现实世界中状态信息发生变化的事件，其类似地理空间维，可以是多维的。时空的维度可以根据实际应用需求而定，但随着维度的增加势必会增大时态数据库系统的处理难度。目前时态数据库系统中对时间的描述主要由用户自定义时间(user defined time)、有效时间(valid time)和事务时间(transaction time)构成，其中有效时间和事务时间是时态数据库系统的重要概念，且二者是正交的。

1. 用户自定义时间

用户自定义时间是指根据用户实际需求而定义的时间。这种时间通常采用时间点进行描述，其含义由用户进行解译，而数据库系统不负责解译。

2. 有效时间

有效时间是指现实世界中事件或对象实际发生的时间，也称为世界时间。有效时间可以表示过去、现在和将来的任意时间，其含义和数值都由具体实际应用而定。

3. 事务时间

事务时间是指时态数据库操作或记录事件或对象的时间，也称为系统时间或数据库时间。事务时间记录了时态数据库的各种操作历程，由数据库自动处理而独立于应用。

2.2.4　时间密度

时间的数学描述形式有自然数、有理数和实数等，根据时间轴线的密度可以将时间表述为离散模型(discrete model)、步进模型(step model)、连续模型(continuous model)和多维结构模型四种模式(姜晓轶, 2006)，如图 2-11 所示。

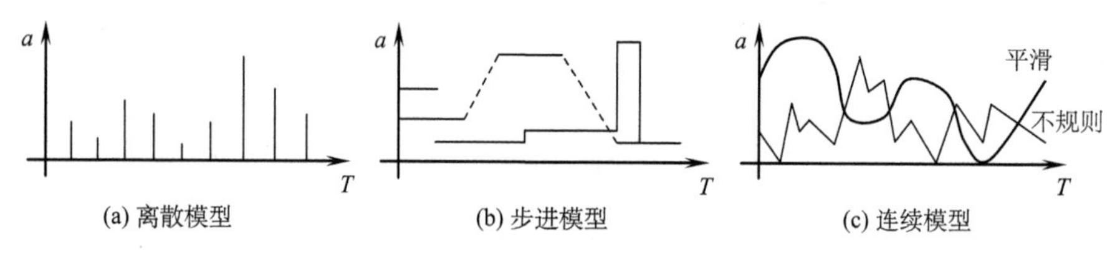

图 2-11　时间密度的三种模式示意图

1. 离散模型

离散模型将时间和自然数进行映射，即一个自然数对应着一个时间点，同时任意两个相邻时间点之间不存在任何其他时间点。每个自然数对应的时间粒度可不同，如年、月、日、小时、分钟、秒等。

2. 步进模型

步进模型将时间和有理数进行映射，将数据的状态视为时间的函数，如地壳岩石位置的变化。该模型中任意两相邻时间点之间均可插入一个新的时间点。

3. 连续模型

连续模型认为时间轴线是没有间隙的，并将时间和实数进行映射，即一个实数对应着一个时间点，同时任意两个时间点之间可以存在其他时间点。虽然连续模型可以精确地描述现实世界时间，但现实应用中离散模型更加符合计算机数字逻辑的工作原理，同时离散模型又能够降低数据冗余，因此时态数据模型研究中一般采用一定合理时间粒度的离散模型。在实时性要求较高的应用中，通常是对连续时间模型进行离散采样，以离散形式对时间建模，但任意两个相邻时间点之间的状态可由差值模拟得到。

4. 多维结构模型

多维结构模型(姜晓轶, 2006)主要用于处理事件或对象历史的多视图概念，其反映的是根据不同时间角度描述对象的演变历程。时间的多维结构模型主要由用户自定义时间、有效时间和事务时间组成。

2.2.5　时间元素单位

时间元素(time element)是指表示时间属性值的元素(唐新明和吴岚, 1999)。时间元素是时态数据信息系统的时间维表征基础。根据实际需要的不同，时间要素单元被分为时间点(time point)、时间区间(time interval)和时间集合(disjointed union of time intervals / time set)(Allen, 1983)，如图 2-12 所示。

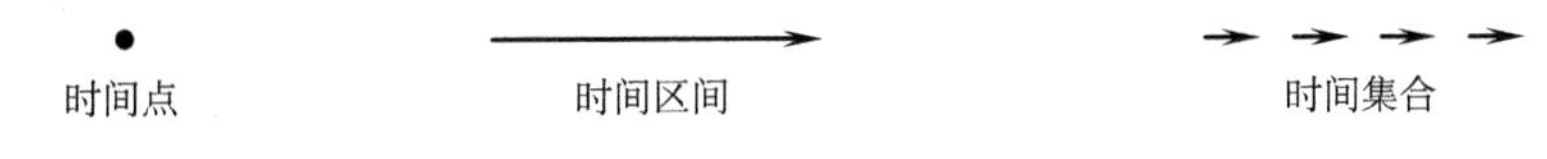

图 2-12　时间元素单位描述示意图

1. 时间点

时间点是指按照特定时间度量单位将时间看作离散点时刻。在时态数据模型中，使用时间点与地理实体对象进行对应，从而表征其状态变化的特征。需要说明的是：时间点与时间粒度是有区别的。例如，对于同一时间点 2011 年 1 月 1 日而言，时间粒度为“天”时，时间点表示为 2011 年 1 月 1 日；而在时间粒度为“秒”时，其表示为 2011 年 1 月 1 日 0 时 0 分 0 秒。

2. 时间区间

时间区间定义为起始时刻到终止时刻之间的时间区间，可用于离散时间表征，也可用于连续时间表征。时间区间的数学描述为$<T_i,T_j>$，其起始和终止时刻对应的端点是否封闭可根据实际需要进行定义。由该数学模型可知，时间点可看作起始时刻等于终止时刻状态下的时间区间，即$<T_i,T_j>$且$T_i=T_j$。

时空数据库中的事务时间通常采用时间点表示，有效时间则由时间区间表示，因此时空数据模型为了支持有效时间和事务时间需包括时间点和时间区间。

3. 时间集合

时间集合定义为多个时间区间的并集，如{[1997, 1998], …, [2011, 2012]}。

2.2.6　时间类型

现实世界的时间是连续的，犹如一条不存在源头且不存在终点的无尽长河，可以将其视为由过去和将来无限延伸的轴线。

1. 绝对时间

绝对时间和绝对时空观早期是由牛顿在其《自然哲学之数学原理》中提出的一种概念。在牛顿看来，用以测量运动的时间是一种均匀流逝的绝对时间，因此我们可以把绝对时间理解为以起始时间为起点，距该起点的时间距离，如“2010 年 8 月 1 日”。绝对时间是地理实体的实际标准时间，因此时空数据模型必然需要支持绝对时间。

2. 相对时间

随着爱因斯坦相对论的提出，人们认识到时间与空间并不是两个相互独立的物理量，时间与对象的运动状态和惯性参考系的选择有关。相对论的提出，否定了经典力学的绝对时空观。牛顿曾经通过水桶实验验证绝对空间的存在，但从未有过任何实验论证绝对时间的存在，因为其认为通过实验所测量得到的时间并不是真实的绝对时间，而是绝对时间的另一种表达形式——相对时间。

相对时间(relative time)则表示两个时间点之间的间隔，如“1 个星期”。相对时间更多在时空数据应用系统中使用。由此可见，绝对时间是相对时间的一种表达方式，二者之间的区别是不明确的。

2.2.7 时间粒度

现实世界的时间是连续的，但在时空数据数字化描述中时间维采用的是离散模型，定义时间域(time domain)为时间参考环境，存在离散时间轴线上的最小单位即可被理解为时间粒度(time granularity)。

Claudio 等(1998)首先对时间粒度相关的概念进行了定义(图 2-13)：假设时间域由偏序集(T;≤)表示，其中，T 为非空时间点集合；≤为时间点集合 T 的排列秩序(如天≤月≤年)，时间粒度 G 即可表示为时间域 T 的子集与整数索引集之间的映射。那么一个粒度 $G(x)$ 应该满足如下两个条件：① 如果 $i<j$，且 $G(i)$ 和 $G(j)$ 均为非空集合，则 $G(i)$ 中的每一个元素均小于 $G(j)$ 中的所有元素；② 如果 $i<k<j$，且 $G(i)$ 和 $G(j)$ 均为非空集合，则 $G(k)$ 也为非空集合。

从时间粒度的定义中可以得到：条件①表明了一个粒度中的元素相互不重叠，元素的索引顺序与其在时间域的映射顺序相同；条件②表明了映射到时间域的非空子集的整数索引集的子集是不间断的。

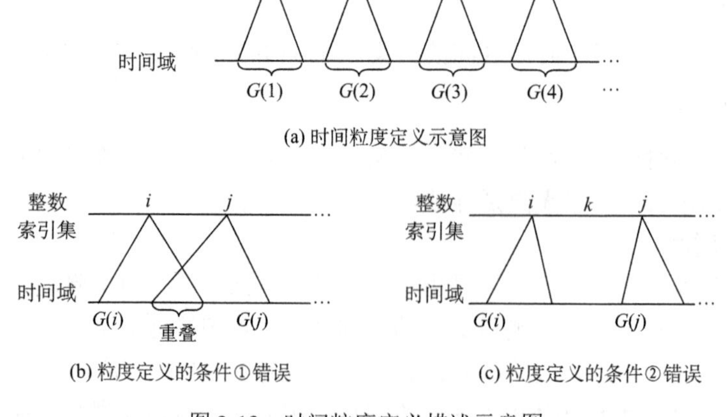

图 2-13 时间粒度定义描述示意图

无论时间域是连续、稠密还是离散，一个时间粒度即可被视为一个可数微粒集合，每一个微粒由一个整数进行索引标识。由此可见，整数索引集合在计算机处理中可以视为天然的时间域编码。在时间维上，时间粒度是一段时间区间，而不是一个时间点，是时间分辨率的衡量标准。时间粒度越小，时间点就越多，意味着描述事件信息变化越精细，同时时空数据量就越大；反之，描述事件信息变化越粗糙，数据量就越小。

时间粒度的选择在面对不同应用领域或同一领域内不同事件时是不同的，其通常由事件状态信息变化的频率而定，同时需根据时间数据精度和系统负荷两方面权衡而定。时间粒度在时空数据应用中的表现形式有两种：单一时间粒度和多时间粒度。

1. 单一时间粒度

单一时间粒度是指数据库系统仅使用一种固定的时间粒度。假设单一时间粒度为τ_t，如果时刻t_i和t_j满足$\left|t_j - t_i\right| \leqslant \tau_t$，则认为$t_i = t_j$；反之$\left|t_j - t_i\right| > \tau_t$则认为$t_i \neq t_j$。$\tau_t$反映了数据库系统对连续时间的离散化程度和记录时间系统的精确程度，通常可以划分为世纪、一百年、年、半年、季度、月、周、天、分、秒、毫秒与微秒等粒度，与数据库系统所管理的应用业务数据有直接的关系。例如，单一描述学校期终考核信息的数据库中使用“半年”为单一时间粒度；单一描述出租车行驶监控的数据库中使用“1 秒”为单一时间粒度。

2. 多时间粒度

为了解决时态数据库使用固定的单一粒度，无法保障多源时空数据精度和数据冗余综合考量的问题，Elisa 等(2003)在对象数据管理组织(object data management group，ODMG)数据模型基础上，通过对时间维度的扩展提出了一种支持多粒度的时间面向对象模型 T-ODMG，分别对时间粒度的参照系完整性、继承性和可替代性等问题进行了研究，并通过 ObjectStore PSE Pro 数据库管理系统进行了原型验证。李东阳等利用多时间粒度的二元时间戳方法对时间多粒度进行扩展，进而利用多尺度对象空间和属性描述扩展空间多粒度，形成了一个时空多尺度的时空数据模型。

多粒度是指数据库系统中使用多个不同的时间粒度，不同粒度的选择则根据指定属性特征及其关系而定。以存储运动目标轨迹监控的数据库为例，如果以空间平面精度 1m 为管理和分析的基准且不考虑定位采样频率的话，那么对于表 2-3 中不同运动目标平均速度而言，数据表需支持的时间粒度也将不同。

表 2-3　某轨迹监控数据库中不同运动目标平均速度与支持时间粒度对比表

运动目标	平均速度/(km/h)	时间粒度/ms
普通人行走	5	720
普通人跑步	10	360
普通人骑行山地自行车	20	180
普通人骑行公路自行车	25	144
一般城市内的车辆	50	72
高速公路上的车辆	100	36

续表

运动目标	平均速度/(km/h)	时间粒度/ms
民航客机	900	4
常规货轮	35	100
直升机	200	18
战斗机	2100	1

从表 2-3 可以看出，运动目标在存储过程中选取了较大的时间粒度将无法保证数据的精度，而选取较小的时间粒度则会造成较大的数据冗余，因此时态数据库应支持多时间粒度的存储、处理与分析能力，并提供多粒度之间的时间转换关系。其中以 Dyreson 等(2000)提出的多粒度时间转换关系最具代表性，如图 2-14 所示。

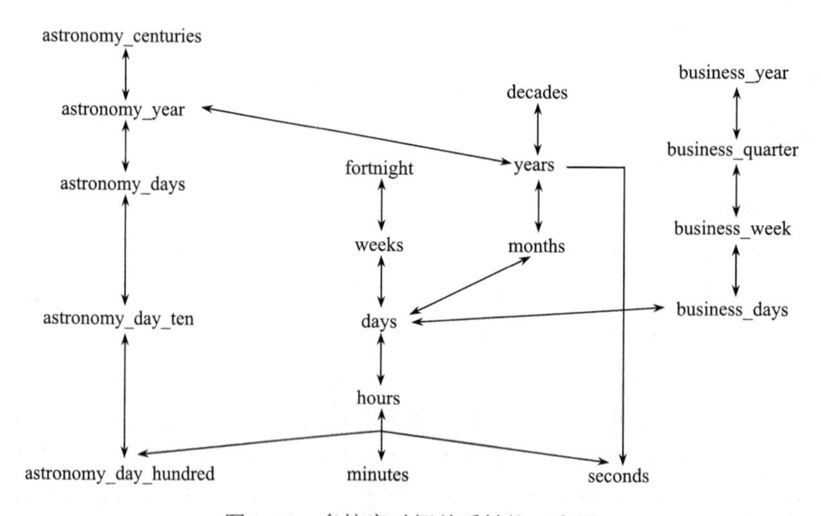

图 2-14　多粒度时间关系转换示意图

时间粒度的确定不仅仅与时空数据的采样频率、更新周期、变化速度、数据大小等数据自身特性有关，还与业务数据库的应用和目的有关。例如，吴政等(2019)在管理对等网络下矢量数据时以数据库内最优分区数据块作为约束条件确定不同对象的时间粒度，充分确保和利用数据库的自动内存管理能力。其基本思想为：假设数据库单个分区数据块最大占用空间为 S_D (MB)，采样时间为 λ_s (ms)，传感器个数为 N_s (个)，存储单条记录所需的空间大小为 S_r (MB)，则自适应时间粒度 τ_t 需满足如下条件：

$$\frac{\tau_t}{\lambda_s} N_s S_r \leqslant S_D \tag{2-20}$$

2.2.8　时间的拓扑关系

早期的时态拓扑关系研究主要集中在对时间戳进行的操作描述上(Allen,

1983)。随后的时态 GIS 模型(Langran, 1992)和地理空间数据标准使用时态拓扑操作符描述地理实体的信息变化。其中以 Allen(1983)的时间拓扑关系区间代数(Allen-13)和舒红(1998)的基于点集拓扑理论的时态拓扑关系描述最为典型。需要注意的是：所有时态拓扑关系的操作必须在统一的时态参考坐标系中。

1983 年 Allen 提出了时间拓扑关系区间代数以描述两个时间区间的拓扑关系，如图 2-15 所示(黑色实线表示区间 X，灰色实线表示区间 Y)。表 2-4 中列举了 Allen 时间拓扑关系区间代数的 13 个基础时间区间关系的含义。

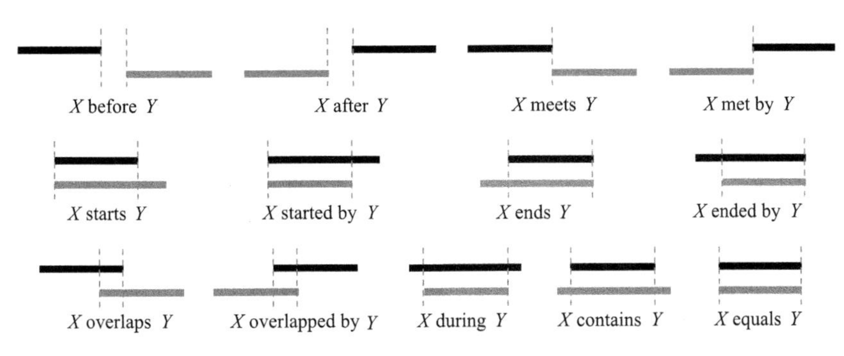

图 2-15　Allen 时间区间拓扑关系示意图

表 2-4　Allen 时间拓扑关系区间代数

时间区间关系	谓语	语义	含义
X before Y	before	早于	$X.start<Y.start \ \&\ X\cap Y=\varnothing$
X after Y	after	晚于	$X.start>Y.start\wedge X\cap Y=\varnothing$
X meets Y	meets	相接	$X.start<Y.start\wedge Y.end=X.start+1$
X met by Y	met by	被相接	$X.start>Y.start\wedge X.start=Y.end+1$
X overlaps Y	overlaps	相交	$X.start<Y.start\wedge X\cap Y\neq\varnothing$
X overlapped by Y	overlapped by	被相交	$X.start>Y.start\wedge X\cap Y\neq\varnothing$
X during Y	during	在……期间	$X.start>Y.start\wedge X.end<Y.end$
X contains Y	contains	包含	$X.start<Y.start\wedge X.end>Y.end$
X starts Y	starts	同始早终	$X.start=Y.start\wedge X.end<Y.end$
X started by Y	started by	同始晚终	$X.start=Y.start\wedge X.end>Y.end$
X ends Y	ends	晚始同终	$X.end=Y.end\wedge X.start>Y.start$
X ended by Y	ended by	早始同终	$X.end=Y.end\wedge X.start<Y.start$
X equals Y	equals	相等	$X.start=Y.start\wedge X.end=Y.end$

Allen 时间拓扑关系区间代数虽然为区间时态关系的推理奠定了基础，但其存在三个主要缺点(邓立国等, 2007)：①区间关系计算量比较大；②答解时态关系的一致性解较为复杂；③无法表征模糊时态区间的事件。

针对 Allen 模型的缺点，一些学者(Nagypal, 2003; Ohlbach, 2004; 莫孙冶等, 2005; 邓立国等, 2007; 程海涛等, 2019)使用模糊集重新定义了时间点、时间区间和时态拓扑关系等概念，有效地对 Allen 时间拓扑关系区间代数模型进行了扩展，有效解决了其对不精确、不确定时空演变和模糊事件表征的缺陷。舒红(1998)在 Egehofer 等的点集拓扑理论基础上建立了基于点集拓扑理论的时态拓扑关系描述框架，其时间拓扑关系如表 2-5 所示。陈旭等(2018)结合地籍变更实例利用统一建模语言 UML 对 Allen-13 时间拓扑关系进行了形式化表示和语义解释，进一步提高了时间拓扑关系的规范化。

表 2-5　两时态目标间的时间拓扑关系

图示				
矩阵	$\begin{bmatrix}\phi & \phi\\ \phi & \phi\end{bmatrix}$	$\begin{bmatrix}\neg\phi & \phi\\ \phi & \phi\end{bmatrix}$	$\begin{bmatrix}\neg\phi & \neg\phi\\ \neg\phi & \neg\phi\end{bmatrix}$	$\begin{bmatrix}\neg\phi & \phi\\ \neg\phi & \neg\phi\end{bmatrix}$
谓词	*T*_disjoint	*T*_meet	*T*_overlap	*T*_cover
语义	*XY* 间隔出现	*XY* 相遇出现	*XY* 部分同时出现	*X* 变化期间 *Y* 出现
图示				
矩阵	$\begin{bmatrix}\neg\phi & \neg\phi\\ \phi & \neg\phi\end{bmatrix}$	$\begin{bmatrix}\neg\phi & \phi\\ \phi & \neg\phi\end{bmatrix}$	$\begin{bmatrix}\neg\phi & \neg\phi\\ \phi & \phi\end{bmatrix}$	$\begin{bmatrix}\neg\phi & \phi\\ \neg\phi & \phi\end{bmatrix}$
谓词	*T*_covered by	*T*_equal	*T*_inside	*T*_contain
语义	*X* 在 *Y* 变化期间出现	*XY* 完全同时出现	*X* 在 *Y* 出现期间出现	*X* 出现过程中 *Y* 出现

2.2.9　事件和状态

事件(event)和状态(state)是时空数据库研究领域的一对重要概念。一个对象的生命周期(lifespan)可以被看作由不同状态组成，而事件即反映对象由一个状态变化到另一不同状态的过程，如空间形状、属性特征值等的变化(张军, 2002)。通常在数据库中，事件采用时刻表示，而状态则由时间段表示。

事件和状态的区分不是绝对的，而是相对的，二者在不同时间粒度下可以相互转换。当一个事件基于相对小的时间粒度进行描述时，事件将演变为一个状态；反之，状态也可演变成事件。因此，在时空数据库中一旦基于一定时间粒度定义了事件，则不应轻易更改该时间粒度，否则事件的含义将发生变化。

2.2.10　时态数据库类型

数据库系统中的事态属性支持两种时间模式：有效时间和事务时间。二者是正交的，因此在同一时间点支持有效时间和事务时间的模式称为双时态模型(bitemporal model)。按照两类时间的表达能力可以将数据库分为四种类型：静态数据库(static database)、回滚数据库(rollback database)、历史数据库(historic database)和时态数据库(temporal database)(Snodgrass, 1987)，如图 2-16 所示。

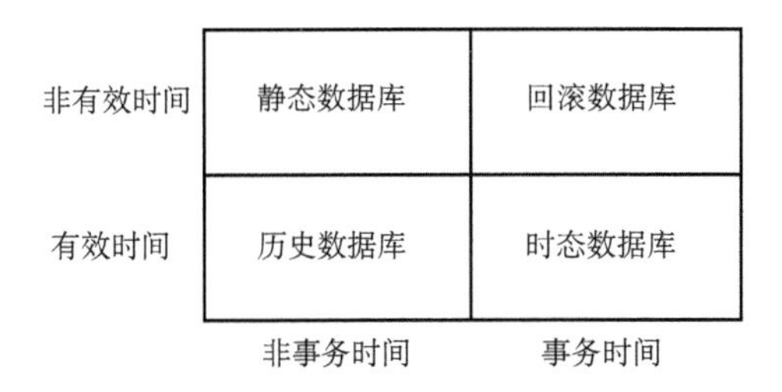

图 2-16　基于有效时间和事务时间表达能力的数据库种类

1. 静态数据库

静态数据库表示现实世界中某一特定时刻的瞬间快照，又称为快照数据库(snapshot database)。静态数据库由属性维和元组维组成，通过关系表进行连接。静态数据库无法处理属性和时间之间的关系。由此可见，静态数据库不能表达有效时间和事务时间。例如，用户可以查询“××路 12 号那块土地的所有人是谁”，可以查询“××路 12 号那块土地的所有人的生日是什么时候”，但不能查询“2010 年 1 月 1 日，谁拥有××路 12 号那块土地”。

2. 回滚数据库

回滚数据库存储了历史过程中所有时刻对应静态数据库的状态信息，并使用事务时间连接静态数据库。相对于静态数据库而言，回滚数据库是由属性维、元组维和事务时间维组成的。回滚数据库支持事务时间，每个事务时间对应着一个静态数据库。因此，回滚数据库通过事务时间可以查询历史任意时刻或时间段的状态信息。例如，用户可以查询“2010 年 1 月 1 日，××路 12 号那块土地所有人记录的是谁”。

目前的数据库管理系统(database management system，DBMS)均是通过事务时间日志支持多个回滚数据库，使得其数据冗余相对比较大，而且元组数据不能更新只能浏览。

3. 历史数据库

历史数据库仅支持有效时间。历史数据库记录了地理对象在有效时间点的状态变化历程。历史数据库不支持事务时间，即不能像回滚数据库一样检索以前的某个状态。但在许多应用领域，用户更需要了解现实世界某个时间的状态信息而不关心数据库中某个事务时间的状态信息，因此有效时间比事务时间更为重要。

4. 时态数据库

时态数据库集成了回滚数据库和历史数据库的优点，既支持有效时间又支持事务时间，又称双时态数据库(bitemporal database)。时态数据库不仅存储了现实世界中的属性数据，而且记录了数据库的变迁信息，从而导致其数据存储量非常庞大。

2.3　时空及其语义表达

2.3.1　时空数据类型

时空数据类型是指某个时空模型采用的空间、时态或时空的数据类型，可分为连续型时空数据类型和离散型时空数据类型。例如，时空数据类型中的时间点或时间区间是时间维的数据类型，而点、线、面或体则是空间维的数据类型。当空间数据类型为点时，离散型时空数据类型相当于离散时间上的一个离散空间版本序列；而连续型时空数据类型相当于移动时空对象。目前移动数据库的应用比较广泛，如车辆管理系统、基于浮动车的城市路况系统、海上航行管理系统、空中管控系统等。

2.3.2　时空对象及其标识

现实世界中的各种现象(事物及其联系)被概念性地抽象为实体(entity)，而在计算机系统中实体的数字化形式称为对象(object)，并将具有空间属性的实体称为时空对象(spatio-temporal object)。当时空对象(张军, 2002)发生了一定的状态变化时，会引出一个问题：状态变化的时空对象是对应着相同的对象，还是意味着新的时空对象的产生？依据面向对象的设计思想，将随时间变化而变化的空间属性和专题属性作为时空对象的自身特性，然后通过唯一编码对其进行标识，这样时空演变就和时空对象紧密关联在一起，由此解决该问题。

时空对象 o 的一般结构定义为

$$o=\left\{\mathrm{id},S(t),P(t),T\left(T_{\mathrm{v}},T_{\mathrm{d}}\right),A\right\} \tag{2-21}$$

式中，id 表示时空对象 o 的对象标识码，该标识码是唯一的；$S(t)$ 表示对象随时间变化的空间特性；$P(t)$ 表示对象随时间变化的属性特性；$T\left(T_{\mathrm{v}},T_{\mathrm{d}}\right)$ 表示对象的状态发生改变的时态性，如产生、消亡，T_{v} 和 T_{d} 分别表示有效时间和数据库时间；A 表示对象的行为操作，即对象的时间、空间和属性的运算操作。

2.3.3　时空演变

时空演变表征了时空对象的形态、拓扑和属性随时间流逝而变化或维持原状的过程，进一步衡量时空数据模型是否具备支持现实世界中时空对象的连续变化或离散变化的能力。根据空间实体演变的速度或周期可将其分为长期(如龙门石窟佛像的自然侵蚀)、中期(如农村城市化建设)、短期(如地震、海啸、泥石流等自然灾害)等。根据空间实体演变的节奏又可将其分为离散型变化和连续型变化。

地理实体对象的时空演变过程具有如下特点：

(1) 时间性。时间性反映的是其描述现象或过程与时间的密切关系。空间数据和属性数据等均以时间戳作为标记，相同时间断面上的数据具有一般静态数据集相同的特性。

(2) 空间性。空间性反映的是其描述的现象或过程与空间位置、分布和差异之间的密切关系。

(3) 多维性。多维性反映的是其描述的现象或过程所在坐标系的维度：三维空间和四维时空。目前的时空演变研究更趋于二维或三维模型，需进一步发展时空四维模型。

(4) 复杂性。复杂性反映的是其涉及多种复杂的因素，没有一种数学模型可以对过程全面、准确和定量地描述。

不少学者(Clarnunt, 1996; 舒红, 1998; Yattaw, 1999; Roshanne, 1999; Renolen, 2000)对时空演变进行了区分和总结。其中，Clarnunt 定义了地学对象的三种时空演变过程：单个实体演变、实体之间具有函数关系的演变及多个实体的空间结构演变和重建过程，其演变过程如图 2-17 所示。

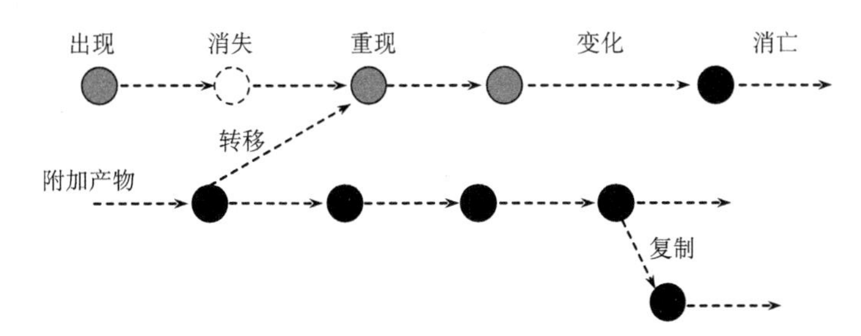

图 2-17　时空对象演变过程示意图

随后，Yuan 根据对象的空间、时间、属性三维上的变化特性将时空演变概括为 6 种；Yattaw 根据时间维的三种变化类型(连续、间断和离散)和四种空间数据结构(点、线、面和体)的不同，将时空演变概括为 12 种；魏海平(2007)则根据对象的三种变化节奏(离散、阶梯式和连续)和四种空间数据结构将时空演变概括为 32 种；Renolen 根据时空演变的连续性和离散性，将时空演变概括为 6 种；Roshanne 根据空间、时间和属性是否变化将时空演变概括为 8 种(Pelekis et al., 2004)，该概括方法也是目前广大学者更为认可的时空演变类型，如图 2-18 所示。

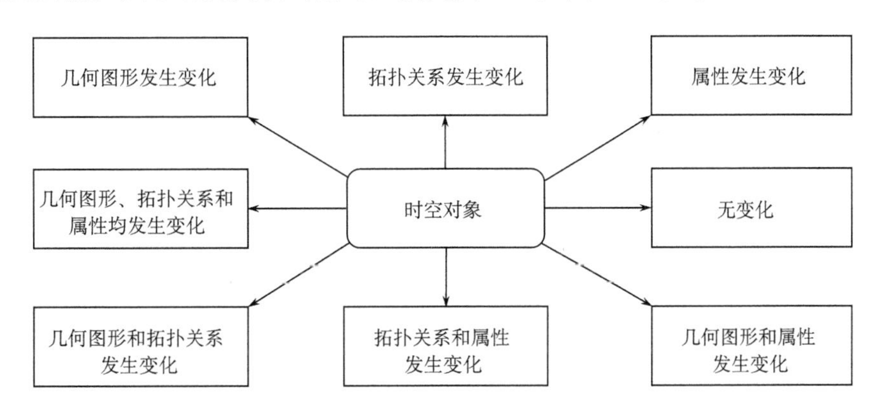

图 2-18　时空对象的 8 种演变类型

2.3.4 时空查询能力

时空数据模型的一个重要考核方面是时空语义的查询能力。根据时空语义的组成可以将时空查询分为基于空间的查询、基于时间的查询和基于时空的查询(Pelekis et al., 2004)。

1. 基于空间的查询

基于空间的查询主要是对静态时空对象的空间属性进行查询，具体查询方式如下。

(1)属性(attributes)查询。属性查询是对空间实体对象独立于时间和空间的属性信息进行查询，如“××路 12 号那块土地的所有人是谁”。

(2)位置坐标(point)查询。位置坐标查询是对空间实体对象所处空间地理位置坐标的查询，如“××大厦在哪里”。

(3)区域(range)查询。区域查询是对特定区域内的空间实体对象进行查询，如“查找以 113.45°E，49.23°N 为中心，1km 为半径的圆形区域内的加油站”。

(4)最邻近(nearest neighbour)查询。最邻近查询是根据距离查询指定位置最近的地物要素，如“查找距 113.45°E，49.23°N 最近的加油站在什么地方”。

(5)空间拓扑(topology)查询。空间拓扑查询是指查询空间实体对象之间的拓扑关系，如“查找××大厦 1km 内哪些道路相交”。

2. 基于时间的查询

基于时间的查询主要是在时间维上对时空数据查询相应的状态信息，主要有：

(1)时间点(simple)查询。时间点查询是指查询时空对象在指定时间点的状态信息，如“2011 年 7 月 1 日××对象的空间特征是什么”。

(2)时间区间(range)查询。时间区间查询是指查询一定时间区间内时空对象的信息状态或变化，如“上个月，××路 12 号那块土地所有权发生了什么更替”。

(3)时态关系(relationship)查询。时态关系查询是指时空对象不同属性特征对应时间的组合关系查询，如“奥运会期间北京哪些体育场同时开工且工期超过 1 年”。

3. 基于时空的查询

基于时空的查询可以分为以下三类：

(1)离散或连续变化对象的简单时空查询(simple)，如“××路 12 号那块土地在××时刻的状态是什么样的”。

(2)时空跨度或联合查询(range)，如“在指定时间区间内某个区域发生了什么”或“在 1 月内哪两个移动轨迹最为相似”。

(3)时空行为查询(behaviour)，如“××火场什么时候或什么时间达到其最大蔓延度”。

2.4　时空数据模型

在地理信息系统研究领域，相对于空间特征数据建模的研究，时空数据建模的研究较晚一些，但其是目前科学研究的热点之一。

时空数据模型是描述现实世界中的时空对象、时空对象间的时空联系以及语义约束的工具和手段。1992 年 Langran 出版的《地理信息系统中的时间》标志着时空数据模型正式成为地理信息科学领域的一个研究方向，其对该方向的研究有着至关重要的作用。自 20 世纪 90 年代起，随着研究的迅速发展，一系列时空数据模型及扩展模型应运而生，但这些模型大多参考了 Langran 所提出的模型的基本思想。典型的时空数据模型有序列快照模型(sequent snapshots)、离散格网单元列表模型、基态修正模型、时空立方体模型(space-time cube model)、时空复合模型(space- time composite model)、基于事件的模型、时空三域模型、面向对象的模型、第一范式(first normal form, 1NF)关系模型和非第一范式(non-first normal form, N1NF)关系模型、运动对象模型等。

根据时空数据模型的构建原理和描述方法等因素，大量学者对现有时空数据模型进行了分类。这里给出两种分类方法，如表 2-6 所示。

表 2-6　时空数据模型分类方法和归类表

分类方法	类别	模型归类
基于描述时空目标本身情况的时空数据模型	侧重于时空目标状态本身的描述	序列快照模型、离散格网单元列表模型、基态修正模型、时空立方体模型、时空复合模型、第一范式关系模型、非第一范式关系模型等
	侧重于时空目标变化过程	基于事件的模型、时空三域模型等
	侧重于时空目标和时空关系的描述	时空立方体模型、面向对象的模型、运动对象模型等
基于数据结构的时空数据模型	概念性数据模型	序列快照模型、离散格网单元列表模型、基态修正模型、时空立方体模型、时空复合模型、基于事件的模型等
	逻辑性数据模型	时空三域模型、面向对象的模型、第一范式关系模型、非第一范式关系模型、运动对象模型等

1) 基于描述时空目标本身情况的时空数据模型

基于描述时空目标本身情况的时空数据模型(李玉兰, 2007; 陈新保等, 2009)，根据其所描述的时空目标本身情况可将时空数据模型分为侧重于时空目标状态本身的描述、侧重于时空目标变化过程以及侧重于时空目标和时空关系的描述。

2) 基于数据结构的时空数据模型

基于数据结构的时空数据模型(张军, 2002; 李玉兰, 2007)是从时空数据模型的数据结构角度将时空数据模型分为概念性数据模型和注重与现有技术紧密结合的逻辑性数据模型。

2.4.1　序列快照模型

序列快照模型是将时间看作待管理场景的一个属性，并认为该时间属性是具备线性、离散性和绝对性的。然后通过时间戳图层将时间信息融入空间数据模型中。

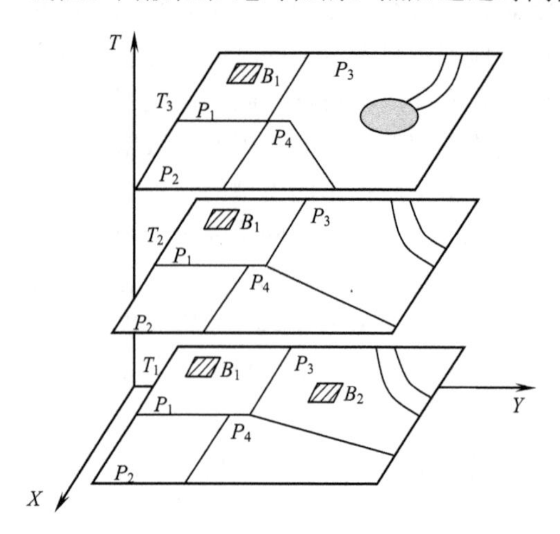

图 2-19　序列快照模型示意图

序列快照模型的基本原理是：通过对连续的时间进行离散化，存储每个时间片段下完整的空间信息及属性信息作为该片段的快照，然后根据用户指定查询的时间对相应片段的快照进行输出，如图 2-19 所示。

序列快照模型基本思想简单易懂、实现难度较小、易于独立时刻下的空间信息或属性信息的查询，在森林资源、土地利用、地表覆盖等动态监测领域有较多的应用。例如，李寅超和李建松(2017)利用序列快照模型管理栅格时间序列数据，利用面向对象的时空数据组织管理矢量数据及非空间数据，面向土地利用和土地覆盖变化(land-use and land-cover change，LUCC)动态监测提出的混合时空数据模型较好地支持了时空过程模拟和建模参数提取。

序列快照模型中的快照保存了时间戳下的完整空间信息和属性信息，对于地物空间要素抽象化较高的 GIS 系统，该模型存在如下缺点(Langran, 1992; Pelekis et al., 2004)。

(1)序列快照模型会产生非常大的冗余数据：即使不考虑不同时间戳图层下的空间信息发生的重大变化，仅仅是该模型每个时间戳下也依然会保存很多相同的内容，继而产生较大的数据冗余。

(2)模型中每个快照描述的是某时刻 T_i 下的空间信息内容，因此无法直接表征不同时间戳图层之间的空间变化信息以及特定实体空间状态改变的信息。如果要获取这些信息，就需要对不同时刻 $T_i, T_j\left(i \neq j\right)$ 之间的快照进行完整的对比，因此会产生较大的计算量，导致查询时间过长，同时会占用较大的内存缓存空间。

(3)序列快照模型不能显式地包含时态信息，只能采用独立的存储模式，同时不能提供时态关系上的约束理解，因此对于建立内部逻辑存在很大的困难。

综上所述，对基于矢量描述的数据类型而言，序列快照模型只是一种概念上的模型，其实用性较低(王晓栋, 2000)；而对于基于栅格描述的数据类型，结合时空索引的构建，序列快照模型在存储和查询方面具备相对高的优势性，但在时空演变和时空分析方面均需借助辅助手段进行大量的、复杂的处理和计算。

2.4.2　离散格网单元列表模型

离散格网单元列表模型(Langran, 1989)是将序列快照模型中的空间维进行了格网离散化，然后依照离散位置的格网矩阵作为列表进行存储。列表中的每个像元对应着其空间位置上的时空变化，从而得到一系列关于格网像元的变长列表，如图 2-20 所示。

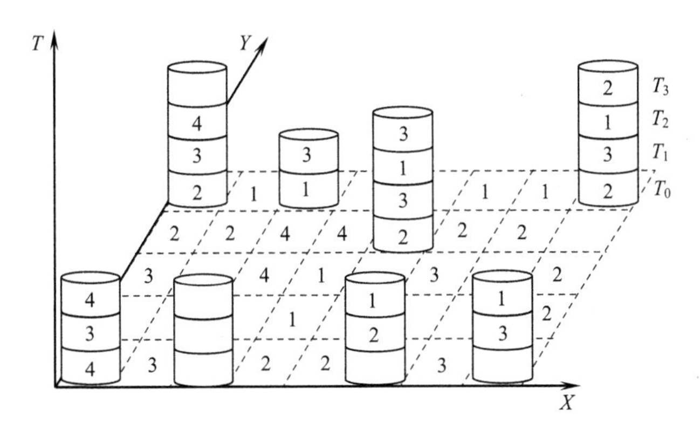

图 2-20　离散格网单元列表模型示意图

Peuquet 给出了离散格网单元列表模型原理下的原型系统(李敬民, 2005)。相对于序列快照模型，离散格网单元列表模型将初始时刻状态信息保存在表的第一行，并存储与变化位置相关的新值，降低了数据冗余度，同时快照的时间粒度可设置较小，解决了状态变化过程的遗漏和变化时间的准确判断问题(蒋海富, 2004)。在强调数学模型和模拟实验并重的当代，时空动力模型也成为研究热点。由离散格网单元列表模型原理可知，该模型适用于基于栅格描述的数据，这一特点与作为从物理模型抽象而来的离散数学模型——元胞自动机技术的离散性相似，因此元胞自动机技术也在时空数据处理中得到了广泛应用。面向元胞划分的数据模型与离散格网单元列表模型相似，主要思想是对地理空间进行元胞空间划分，确定数据的基本单元——元胞，从而描述时空数据的处理、计算、构造等操作(王长缨, 2006)。

离散格网单元列表模型中的格网像元所存储的信息是变长的，不利于关系数据库的存储，同时恢复或查询非初始时刻的状态信息需要检索初始时刻状态信息和每个格网像元上的状态信息，这样会产生大量的计算而降低查询效率。从原理上分析，该模型其实是仅适用于栅格数据的基态修正模型(base state with amendments)的一种。

2.4.3　基态修正模型

基态修正模型是将某一时刻状态下的完整空间信息保存为一个文件，并将该文件称为基态 $f(0)$ 文件，而其他时刻状态下的空间信息则仅保存该时刻 i 与基态时刻之间的变化量 $f(i)$，并将基态文件和众多差值片段文件同时存储于数据库，通过累积基态文件和变化量得到某一时刻的空间信息 $f(n)$，如图 2-21 所示。

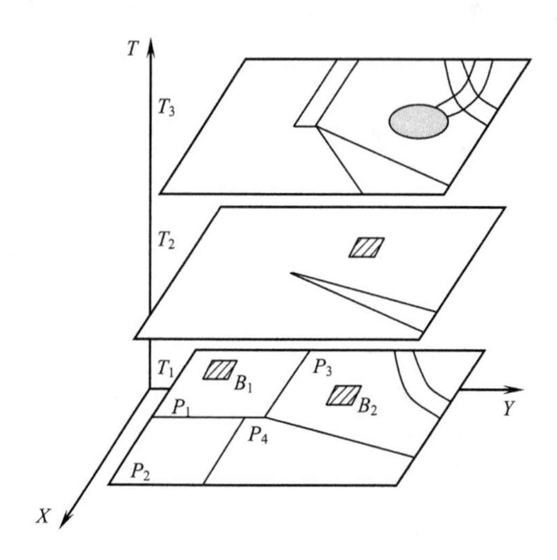

图 2-21　基态修正时空模型示意图

$$f(n)=f(0)+\sum_{i=1}^{n}f(i) \tag{2-22}$$

基态修正模型目前已经在现有的 GIS 软件上得到很好的实现和广泛的应用。以地理特征作为基本对象，其空间信息更新变化的操作可以基于单个地理特征而实现。

基态修正模型与序列快照模型的区别在于基态修正模型以差值信息文件取代了序列快照模型中时间戳对应的完整空间信息内容，例如，图 2-21 中 T_2 和 T_3 两个时刻所记录的数据是在图 2-19 中空间实体对象的变化量。因此，基态修正模型不仅减小了存储数据容量和降低了数据冗余度，而且能够直接表现不同时刻之间的变化信息，易于时空变化分析。由此可见，基态修正时空数据模型的重点在于如何定义基态时刻和差值文件，图 2-22 给出了目前基态修正时空数据模型及其扩展模型原理示意图。

(1) Langran (1992) 提出了应用于土地管理系统的基态修正矢量时空数据模型，其基本原理如图 2-22 (a) 所示：定义起始时刻 T_{-n} 为基态，而差值文件则定义为任意两相邻时刻 $T_{i-1},T_i\left(i=-n+1,\cdots,0\right)$ 对应的空间变化信息。虽然该模型很大程度上降低了数据冗余度，但是在事件整体信息和历史变化过程的查询中需要大量的计算，使得查询相对比较烦琐。该模型较适用于不经常查询近期事件状态的应用，主要是近期信息的查询需要调用基态和所有差值文件进行计算，从而导致计算量庞大。因此，对于这类应用可以如图 2-22(b)所示将基态定为最新时刻 T_0，差值文件原理与图 2-22(a)所示相同。显然该模型在基态发生改变时需要更新其历史所有的差值文件，同时查询历史时刻或时段对应的信息较为烦琐。

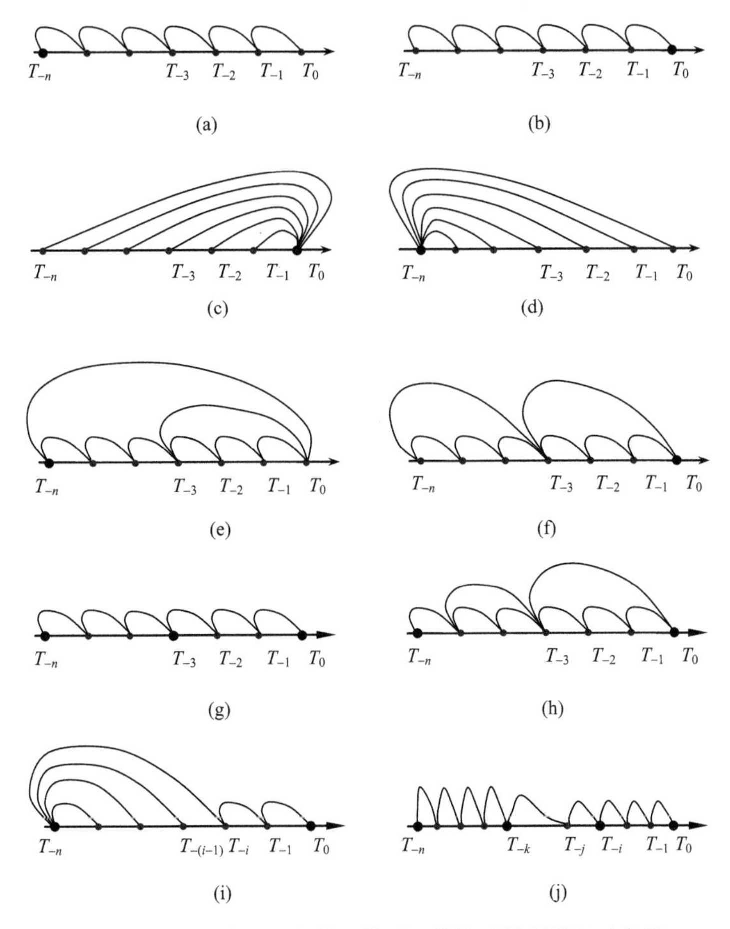

图 2-22　基态修正时空数据模型及其扩展模型原理示意图

(2)图 2-22 (c)模型(王长缨, 2006)是(b)模型的改进。其以最新时刻 T_0 为基态时刻，差值定义为基态时刻前任一历史时刻 T_{-i} 与其变化量，以便于近期信息的查询。该模型可以在一定程度上解决(a)和(b)模型查询历史时刻信息烦琐的问题，但依然存在当基态改变时产生的繁重更新工作量以及差值文件产生的数据冗余的缺陷。同理，如果应用于历史时刻或时段的信息状态查询，可参照(a)模型将基态时刻定义为起始时刻得到(d)模型，并可解决基态的改变引出的巨额更新工作量问题，显然其也继承了(a)模型相应的缺陷。也有一些学者对不同的基态修正模型进行了融合使用，例如，将对象的属性数据定义为静态数据和动态数据，并对两类数据分别使用(c)模型和(d)模型，这从一定程度上降低了数据冗余度，并且提高了用户对数据状态的双向查询效率。

(3) 图 2-22 (a) ～ (d) 模型中的差文件的设定是单一的，其历史数据的恢复和查询需要依据差值顺序进行大量的叠加操作，使得检索效率低下。为了提高历史时刻或时段数据状态的恢复和检索效率，张祖勋和黄明智 (1996) 在 (a) ～ (b) 模型的基础上提出了构建差文件分级索引机理，在一定程度上提高了时空数据的恢复和查询效率，如图 2-22 (d) 和 (e) 所示。

(4) 图 2-22 (a) ～ (f) 模型均属于单基态修正模型，虽然通过多级差文件的改进，但其在历史和邻近查询效率方面存在着鱼和熊掌不能兼得的矛盾，因此大量学者 (曹志月和刘岳, 2002; 刘仁义和刘南, 2001; 张丰等, 2004) 提出了多基态修正模型。例如，图 2-22 (i) 模型 (马维军等, 2007) 在国家人口普查应用中，考虑历史时段 T_{-n} ～ T_{-i} 区间内的任意时刻的数据状态的变化较小，则设定 T_{-n} 作为其基态时刻之一，使得更新历史时刻状态信息发生变化时仅需要修改差值片段，同时在恢复和查询历史时刻状态信息时仅需要查询初始时刻对应的基态和待查询时刻的差值片段两个文件。这样不仅减小了存储数据容量，更在很大程度上避免了数据冗余，而且缩短了历史信息查询时间，提高了检索效率。同时，考虑用户更关心查询当前最近时刻 T_0 附近的空间信息，因此该模型也将当前最新时刻 T_0 设定为基态时刻并设定差值片段的间距更小，以此提高最近时刻附近数据状态的查询检索效率。

多基态修正模型的核心在于多基态如何确定，尤其是在未知时空数据是否发生更新和变化的时候如何确定。理想的多基态设定原则是：数据恢复或检索频率较小的基态个数应该较小，例如，以厚今薄古时空查询习惯为依据的基态修正模型在历史时间过早的时刻应该设定基态文件较少；反之则基态文件应该较多，如最近时刻附近的基态数据应设定多一些。Liu 和 Ren 根据数据变化量和检索频率的不同来构建两个或多个基态，并根据实际应用需求设定基态距 (基态间的差文件个数)。另有多位学者在多基态修正模型基础上提出了多基态多级差文件 (张保钢等, 2005; Lin et al., 2009) 以及动态基态划分 (刘睿等, 2009; 王永会等, 2011) 等模型，进一步提高了基态修正模型的检索效率，降低了数据冗余度。显然多基态修正模型相对单基态修正模型而言，可有效地提高数据状态的恢复和检索，但数据量也相对增加。

例如，张保钢等 (2005) 通过基态距阈值的设计对时间进行索引分级并进行差分文件分级，提出了多基态多级差文件修正模型和多基态单级差文件修正模型两种改进的基态修正模型，在节省存储空间的基础上有效提高了历史数据回溯的速度，其核心在于基态距阈值 λ_B 的确定：假设时空数据库总目标数量为 N_{DB}，时空数据库总目标数据的 R_{DB} 比率发生时，应存储一个数据库的基态，当每次更新的目标数据为 X_i 时，则式 (2-23) 成立：

$$N_{DB} \cdot R_{DB} = \sum_{i=1}^{\lambda_B + 1} X_i \tag{2-23}$$

假设$\mathrm{E}(X)$为每次更新目标数的数学期望，则式(2-23)可以写为

$$N_{\mathrm{DB}} \cdot R_{\mathrm{DB}} = \lambda_{\mathrm{B}} \cdot \mathrm{E}(X) \tag{2-24}$$

从而可定义基态距阈值λ_{B}为

$$\lambda_{\mathrm{B}} = \frac{N_{\mathrm{DB}} \cdot R_{\mathrm{DB}}}{\mathrm{E}(X)} \tag{2-25}$$

对基态修正模型的改进一般是通过基态和修正态的联合来降低数据冗余，同时一些学者尝试引入新理论和新思想对其进行改进。例如，余志文等(2003)将超图模型引入基态修正模型中，结合面向对象的设计思想，构建了一种基于基态修正的面向对象时空数据模型，较好地解决了时空对象的空间关系和时空对象之间的关系问题，进而通过基态距因子和等比系数概念的引入，提高了查询效率，同时通过控制迭代次数减少基态数量，有效降低了修正态文件的数据冗余。另外，一些学者针对基态修正模型缺乏地理空间对象时空拓扑关系描述有效手段的问题，引入事件序列组织差值片段(曹洋洋等, 2014; 刘校妍等, 2014)、版本标识对象时空状态(刘校妍等, 2014)等机制，通过构建相应的空间拓扑关系和时态拓扑关系，在一定程度上解决了时空拓扑表达的问题。

综上所述，基态修正时空数据模型更侧重于提高数据对象的检索效率，但其差量修正原理的本质使得模型存在如下缺点：

(1)该模型效率依赖于基态的设置，对非基态信息状态的获取和查询需要进行大量的叠加操作，过程较为烦琐，计算量大且检索效率低，因此不适用于信息状态变化频率较大的动态时空数据。

(2)该模型重点记录了单个对象及其拓扑信息的变化量，无法表征对象每个状态下的全部信息，对区域性管理和操作存在较大的困难。

(3)对象在模型空间维和时间维上的内在关系不直接，对时空演变的表达和描述依然存在着较大的问题，从而导致时空特性分析变得困难(王英杰等, 2003)。

2.4.4　时空立方体模型

时空立方体模型最早是由 Hägerstrand(1970)提出并应用于管理人类迁徙状态的，其由两个平面维度的空间维$R(x,y)$和 1 个时间维$R(t)$组成一个三维立方体$R(x,y) \oplus R(t)$：时间维以连续或离散形式表示为Z轴，X、Y轴表示空间维，如图 2-23 所示。该模型充分利用人们对时间语义的几何特性的理解，很直观形象地将一个空间实体的演变历史过程描述为该实体的二维空间属性沿着第三个时间维的演变过程。

空间实体随着时间推移变化的轨迹称为时空路径(space-time-path)。时空路径由一些垂直和倾斜的线段组成(Yu, 2006)，其中垂直线段表明了每个地理空间对象在一段时间区间内位置保持不变；倾斜线段则表明了地理空间对象的活动行为，线段的斜率表示对象的运动速度。

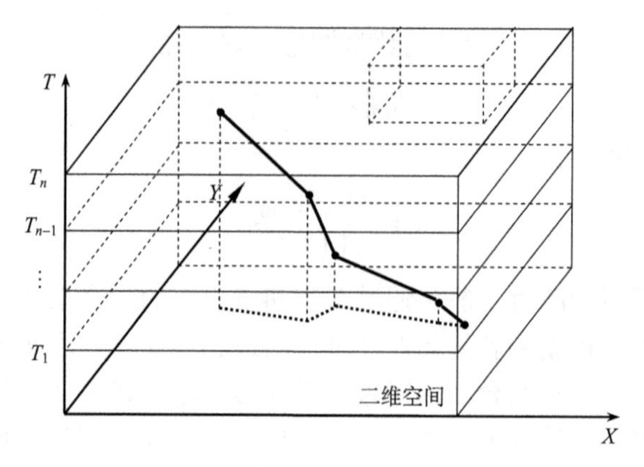

图 2-23　时空立方体数据模型原理示意图

时空立方体模型可以从二维空间坐标系扩展到三维空间坐标系，用以描述三维空间沿时间维演变的过程。早期的时空立方体模型研究更侧重于其应用领域中可视化技术(Thakur and Hanson, 2010)。

Rucker 和 Szego 等在该基础上对时空立方体模型进行了进一步的研究。这种时空数据模型对空间实体的地理变化描述形象、直观、简单、易懂，并将时刻标记在空间坐标系中的每个点上，特别适用于运动对象信息管理。时空立方体模型的建立对时态地理信息系统(TGIS)的研究有着非常重要的影响，ArcInfo 和 ArcView 商业软件就是结合时空立方体模型和面向对象思想设计而成的(魏海平, 2007)。

针对传统时空立方体模型侧重数据组织和管理而忽视数据分析和挖掘的问题(Huang et al., 2015; 洪安东, 2017; 阙华斐等, 2018; 朱艳丽等, 2019)，对分析对象或事件构建由二维平面空间和一维时间组成的三维时空立方体模型，进而利用模型中任意一时间戳所映射的时间截面或不同时间戳映射的条柱时间序列等，结合统计分析理论在传染病、智能交通、警务安全等业务领域开展了时空演变与时空热点分析研究，如图 2-24 所示。

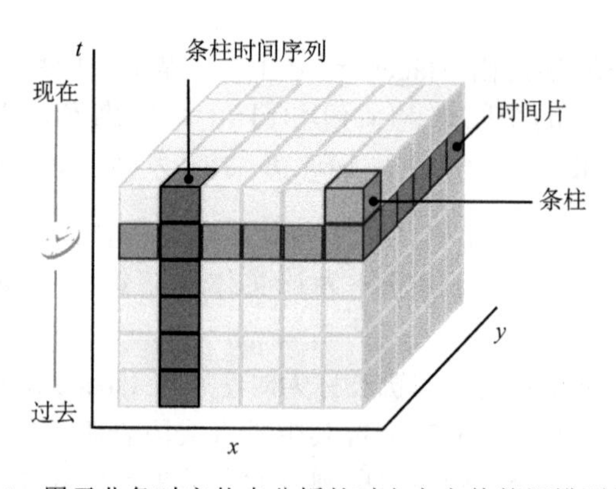

图 2-24　用于业务时空热点分析的时空立方体数据模型结构图

时空立方体模型的缺点在于：

(1) 随着时间维的变化，数据会迅速增长，从而产生较大的数据冗余。

(2) 模型中的空间维和时间维粒度的选择较为关键，在实际应用设计中表达较为困难。

(3) 随着数据量的增加，对立方体的操作也更趋于复杂化，从而降低了查询状态信息的效率，甚至会导致模型的不可用。

2.4.5　时空复合模型

时空复合模型最早是由 Chrisman 在 1983 年针对矢量数据提出的，随后 Langran (1988) 在此基础上进行了改进和扩展。

时空复合模型的设计思想是：设定一个时刻作为基态时刻，按照时间维的排序准则将非基态时刻对应空间信息投影到基态时刻对应的空间平面中，状态信息发生变化的空间实体被视为最小变化单元，其中每个变化单元具备其专有属性。这样由这些变化单元所构成的图形信息和历史属性变迁信息就可以表达数据的时空特性。由此可见，模型保留了沿时间变化的空间拓扑关系，其新的特征和拓扑关系随着特征更新步骤而完成，这种模式方便了历史特征空间拓扑关系的生成处理(魏海平, 2007)。

时空复合模型中的时间维采取的是线性的、离散的以及相对的时间模型。空间维则是经过一次性叠加或者多次叠加，将空间平面分割成最小变化时空单元，这些时空单元具有相同的时空过程，每次空间实体发生状态变化都会在空间内产生一个新的对象。

以图 2-25 为例，时空复合模型将 T_1 时刻作为基态时刻，将 T_2 时刻和 T_3 时刻的空间实体投影到基态时刻对应的状态信息上，然后在投影叠加过程中建立变化拓扑关系，最后得到最小变化时空单元，通过记录这些时空单元对应的状态信息变化描述数据的时空特性，如表 2-7 所示。例如，变化时空单元 F 是在 T_3 时刻投影到 T_1 基态时刻空间平面时产生的，其属性信息也发生了变更。

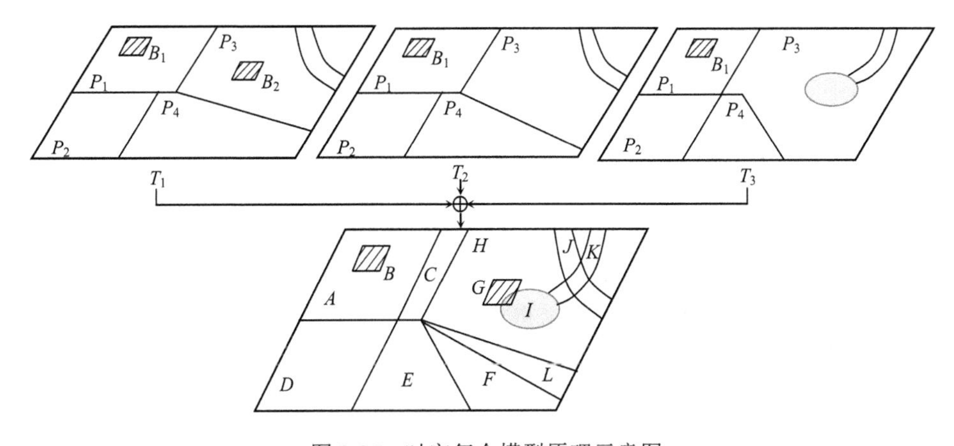

图 2-25　时空复合模型原理示意图

表 2-7　时空单元的时空变化映射关系

单元	T_1	T_2	T_3
A	P_1	P_1	P_1
B	P_1/B_1/房屋	P_1/B_1/房屋	P_1/B_1/房屋
C	P_1	P_1	P_3
D	P_2	P_2	P_2
E	P_4	P_4	P_4
F	P_4	P_4	P_3
G	P_3/B_2/房屋	消失	不存在
H	P_3	P_3	P_3
I	不存在	不存在	新建/湖泊
J	P_3/河流	P_3/河流	消失
K	不存在	不存在	新建/河流
L	P_4	P_4	P_3

时空复合模型本质上是序列快照模型和基态修正模型的融合体，继而也继承了基态修正模型的优势和劣势。时空复合模型虽然能够清晰地体现实体变化过程中的语义描述，但因为每次状态信息发生变化时需要建立投影叠加后的拓扑关系，所以存在如下缺点：

(1) 随着时间维的变化，模型在状态信息发生改变时需要通过大量的空间拓扑计算对模型内的变化单元进行重构，即重新构建空间对象的几何关系和拓扑关系。重构计算破坏了实体的完整性并会产生大量的细碎图斑，因此不适用于状态信息变化频率过大的应用。

(2) 模型数据组织中的对象标识码的更新较为复杂，需要进行遍历搜寻和修改。

(3) 经过拓扑分割，地理实体目标的完整性遭到破坏，对地理目标进行查询较为困难。

2.4.6　基于事件的模型

事件的概念最早是由 Peuquet 和 Wentz 引入时空数据模型的，认为各时刻状态信息一旦发生变化则定义事件的产生，通过引入事件概念辅助基于位置和面向对象的分析方法进行时空数据的时态分析。Peuquet 和 Duan (1995) 设计了一种应用于地学对象时态关系及变化描述的时空模型——基于事件的模型 (event-based spatio-temporal data model，ESTDM)。基于事件的模型的设计思想类似于离散格网单元列表模型，即将时间戳作为存储管理状态信息变化的依据，通过记录在时间维上的事件序列表达地理实体现象的时空过程，如图 2-26 所示。

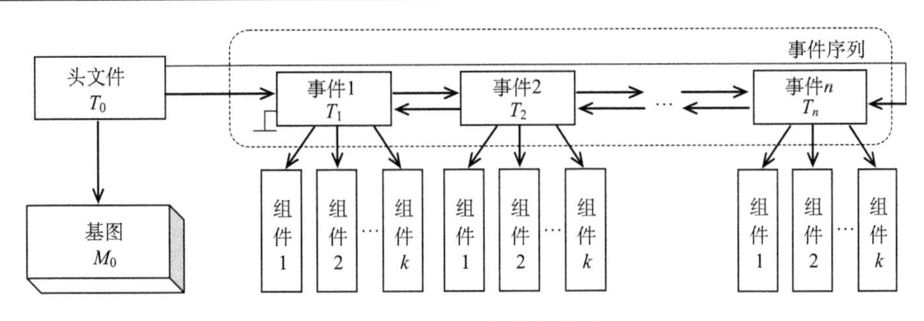

图 2-26　基于事件的模型

基于事件的模型中的头文件存储了专题域信息、指向基态图的指针信息和指向所有事件列表的指针信息。基态图包含着反映感兴趣区域的最初始状态的快照信息。每个事件被标以时间戳并关联了一组标识区域状态发生变化的组件(component)，每个事件组件表示在一个时间点上特定位置(栅格单元)上发生的变化，这些事件构成了该区域时空状态动态变化的事件序列(event series)。由此可见，基于事件的模型存储的是相对于前一状态的变化而非完整的快照，对于同一事件，不变状态信息只被记录一次，因此减小了数据冗余度，同时具备较高的时间和空间查询效率。

在 Peuquet 和 Duan 所提出的 ESTDM 模型中，因为事件仅局限于空间实体状态信息发生的终结和开始，所以在一定程度上将制约“事件驱动”时空数据库的研究和应用。例如，一些学者(蒋捷和陈军, 2000; Chen and Jiang, 2000)根据土地划拨过程中审批事件的特点及土地状态变化规律扩展了事件的定义，使用原子事件和事件算子表达土地划拨过程中的起始、终结以及状态变化发生的原因，从而增强了数据模型的灵活性和可移植性；但是基于事件的模型将地理实体的变化信息分解为多个事件组件，在恢复或查询某时刻状态信息时需要将这些事件组件组合拼接，因此需要制定较为高效的索引机制管理这些事件组件，其原理类似于图 2-22 (a)所对应的基态修正模型。

在变化和更新频率较高的实际应用中，事件组件的检索和恢复势必会大大降低时空数据模型的查询效率，因此一些学者借鉴基态修正模型对基于事件的模型进行改进。例如，牛方曲等(2006)假设现状数据的调用频率最高，将 ESTDM 模型中的基图定义为最新时刻的状态数据，从而提高了对近期时刻状态信息的查询效率，如图 2-27 所示。牛方曲等所提出的时空数据模型的改进设计思想如同图 2-22(b)基态修正模型对图 2-22(a)的改进，因此其也存在着对历史状态信息复原效率低的缺陷。考虑 ESTDM 模型是针对基于栅格描述数据设计的较为适用于栅格地理空间数据的应用，因此在基于矢量描述的时空数据应用中就需要对事件组件进行更为全面的设计(Langran, 1989)。

针对 ESTDM 模型无法支持多维属性信息描述的缺陷，陈秀万等(2003)在 ESTDM 模型基础上加入属性索引链接外部多维属性信息，并在存储方式上保持矢

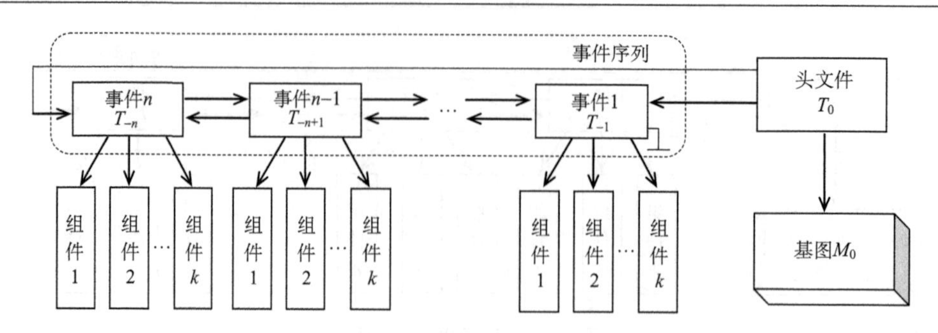

图 2-27　牛方曲等提出的改进型基于事件的模型

量描述数据方式，仅在读入系统时对其栅格化处理解决改进型事件模型支持矢量描述数据问题。这种改进虽然支持了矢量描述数据，但未从本质上加以解决。徐志红(2005)提出<对象、时间、空间、事件、属性(专题)>五元组表示的基于事件语义的时空数据模型，在地籍管理信息系统应用中针对历史信息的短期单介质存储和长期多介质存储设计了不同的数据模型，但其本质其实是基态修正时空数据模型的扩展和融合：按照时间先后顺序记录变化信息的演变。

Xia 等提出了一种矢量和栅格集成事件模型($ESTDM_{VR}$)：根据点、线、面等三种矢量描述数据的特点，对基图构建多分辨率栅格索引，不同层之间使用四叉树算法进行剖分；然后统计点状矢量数据投影在基图上多分辨率层的栅格编号，线和面的边界点串信息则通过面向对象的数据模型进行存储和管理，如图 2-28 所示。$ESTDM_{VR}$ 模型使用多分辨率思想是适用矢量数据精度的要求，同时面状矢量数据仅记录其边界而忽略其内部包含信息，从而解决了传统 ESTDM 模型不能支持基于矢量描述数据的缺陷。

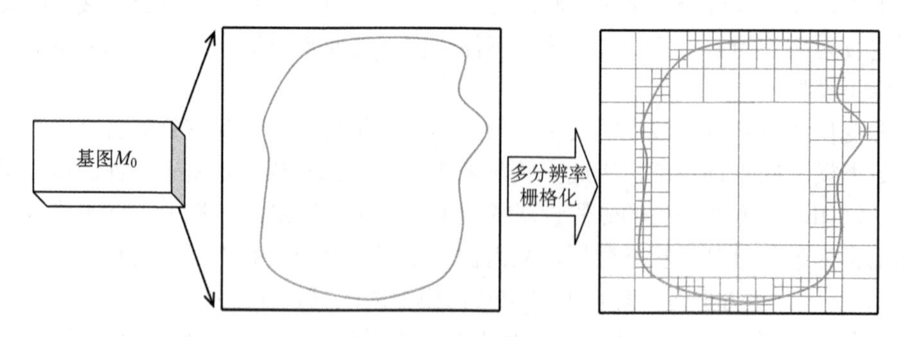

图 2-28　$ESTDM_{VR}$ 时空数据模型中的基图多分辨率栅格化示意图

吴长彬和闾国年(2008)针对基于事件的模型假定两个相邻状态之间的时间域内的变化为常量的问题，提出了一种基于事件-过程的时空数据模型(event-process based spatio-temporal model, E-PSTM)，通过将事件细分为若干过程的组成，从而一定程度上解决了连续时间和连续时空演变的更为细腻的描述和表达问题，并通过地籍变更系统进行了实现与验证。E-PSTM 逻辑设计示意图如图 2-29 所示。

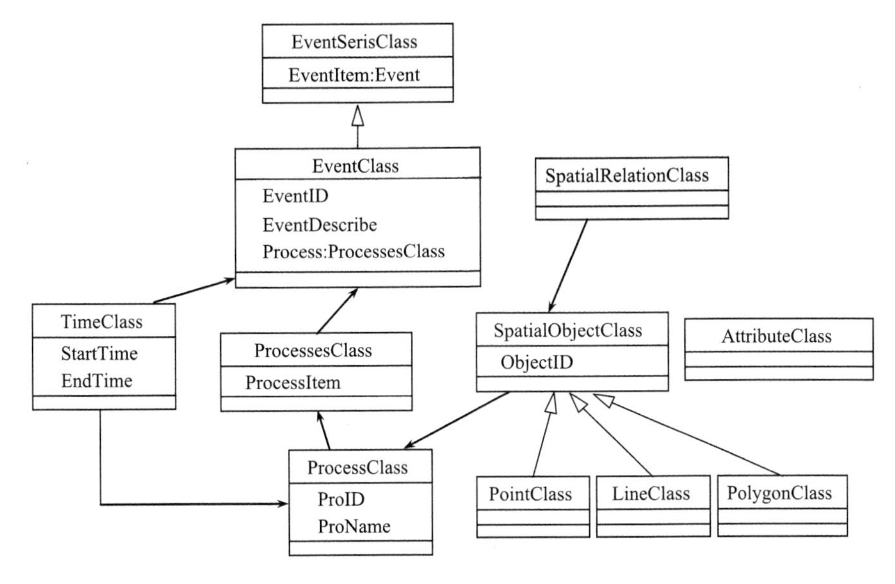

图 2-29　E-PSTM 逻辑设计示意图

李小龙(2017)继续针对基于事件的模型对连续时间支持不足的问题进行深入研究，以传感器实时观测数据为研究对象，以时空过程、地理对象和事件为核心，利用面向对象技术构建实时 GIS 地理对象时空数据模型，并将地理对象和事件类型映射到 Agent 上，通过 Agent 模型描述和模拟时空演变过程，有效提高了基于事件的模型在动态数据管理与时空过程模拟方面的能力。

随后，一些学者通过对事件的语义扩展尝试对基于事件的模型进行改进，但是基于事件的模型依然存在如下缺点(陈秀万等, 2003)：①无法描述地理实体对象的特有属性及其状态信息的变化；②无法描述并非时态的空间拓扑关系；③仅支持单属性的描述，缺乏有效的多维属性管理能力；④在支持多维属性的情况下，随着属性特征数量的增多，模型的数据量也变得额外庞大，为模型的存储和管理带来较大的困难。

2.4.7　时空三域模型

Yuan 提出了一种时空三域模型(three-domain model)[①]，将其应用于模拟推演野火的时空变化。模型定义了语义域、时间域和空间域以及三域之间的关系，以此描述地理学变化过程和现象，如图 2-30 所

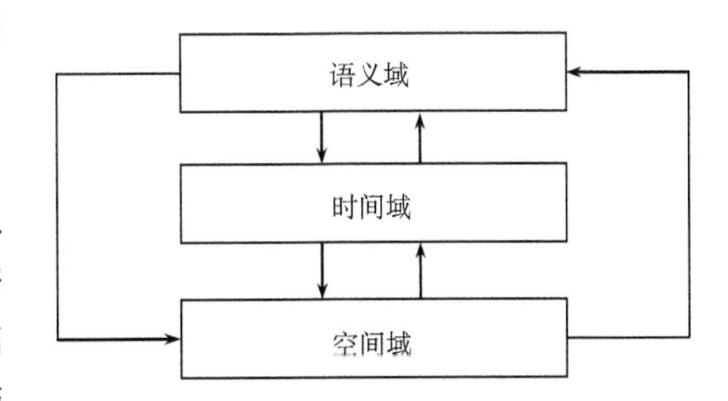

图 2-30　时空三域模型的概念框架示意图

① Yuan M. 1994. Wildfire conceptual modeling for building GIS space-time models. GIS/LIS.

示。时空三域模型中的语义域表征的是独立于空间和时间的对象特征属性或特征，这也是时空三域模型区别于其他时空数据模型的不同之处。

Claramunt 和 Theriault 提出了一种改进型时空三域模型，定义时空三域为专题域、时间域和空间域，如图 2-31 所示。该模型引入的专题域是对一个时空对象的完整状态描述和表征，通过基于时间域的索引机制关联专题域和空间域，使得时空对象在相同时间戳下能够记录不同的空间属性和专题属性，同时按照历史版本表、近期版本表和未来版本表构建时间索引管理时间域。每个时间版本表中均保存关联专题域属性记录索引和空间域图形记录索引，使得时间表不仅支持有效时间和事务时间，还可进行双向查询，从而减小了数据处理的工作量。

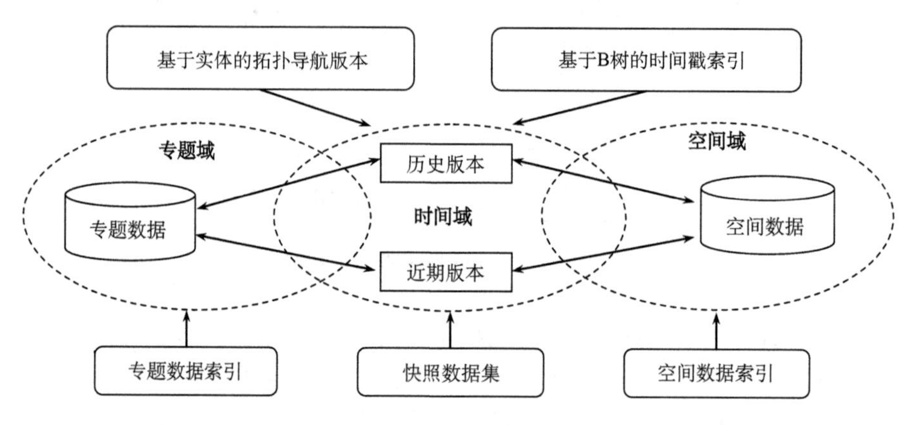

图 2-31　Claramunt 和 Theriault 的改进型时空三域模型示意图

图 2-32 给出了时空三域模型应用管理中空间实体变化对应时间版本表的实例示意图。

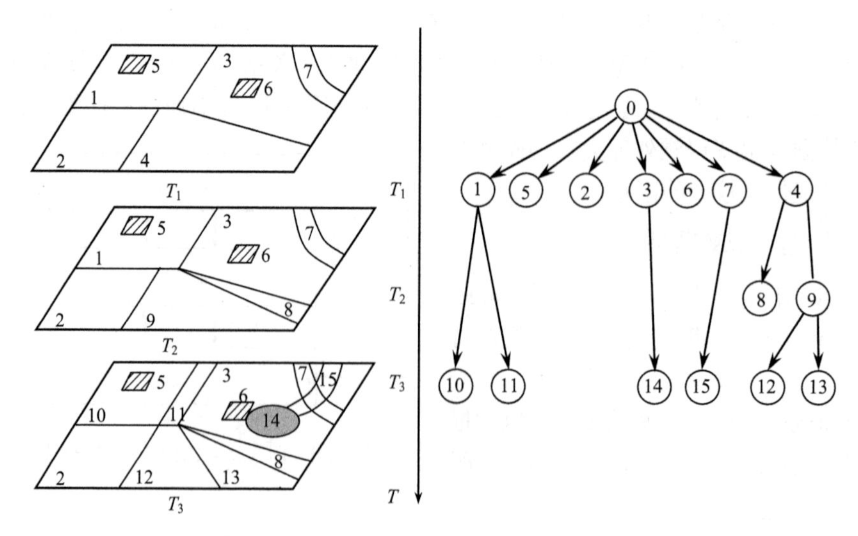

图 2-32　时空三域模型应用管理实例示意图

Langran(1989)认为时空三域模型是第一个记录动态对象特征的时空数据模型，对时空数据库有着跨时代的作用。空间域或语义域一旦发生变化，则其对应的时间版本就被记录到时间版本表中。空间树则记录了随时间轴进展的空间域内的变化信息，同时记录了事件的发生以及时空数据库在空间坐标、几何关系和拓扑性质的规程。但是该模型未对空间对象之间的关系作定义，因此无法体现对象之间的变化信息。

2.4.8　面向对象的模型

面向对象的方法最早起源于 20 世纪 60 年代的程序设计语言中，如 Simula 和 Smalltalk 等。随着程序设计方法学的发展，面向对象的思想也逐步成熟，其核心思想是把所考察的系统看作一个对象，把对象之间的共性以及相互作用方式进行规范化以使得对于一个逻辑过程的建模变得更为简化和易于实现。

Worboys 等(1990)引入了时空对象的概念并界定了时空对象为空间和双向时态区间的统一体，首次将面向对象的思想引入时空数据建模中，提出了面向对象的时空数据模型(object-oriented data model)。区别于以上时空数据模型，面向对象的时空数据模型不受关系模型的限制，其泛化、继承、聚集、组合、有序组合等机制可有效地扩展基于实体关系的数据建模方法。

随后国内外不少学者提出或改进了面向时空对象的模型，虽然这些模型原理相同，但也存在着一定的差异。

1. Postgres 模型

Postgres 模型是第一个采用扩展关系模型方法实现的既包含传统模型又具有某些面向对象特性的时空数据模型。其特点是：支持几何对象类型，如点、线、路径和面等；支持有效时间和事务时间；明确的版本管理，版本可以在特定的时刻或由用户指定的时刻归档(Heo, 2001)。

Kemp 和 Kowalczyk 在 Postgres 模型上设计了一个时空 GIS 原型系统。在该原型系统下将空间实体对象分为点、线和面三大类对象，同时每一个对象都以唯一的编码加以标识。三类空间实体对象以点状对象为基础，记录了空间坐标 (x, y) 和对象的属性信息，其时态属性以单独模式进行存储。线状对象则记录了线段起始和终止空间点序号(引用点状对象)、用于构面的拓扑左右面号的标识码和描述线状对象生命周期的时态属性。面状对象由线状对象组成，通过线状对象中的构面号进行重构，并记录了面与面之间的拓扑关系信息。时空 GIS 原型系统中存储了关联空间特征和属性信息的关系编码，同时为历史状态设计了单独的数据表结构。如图 2-33 所示，每个点状对象都由唯一对象标识编码和专题属性标识编码关联空间特征和属性信息，该关系为 1∶1 的对应关系。每个线状对象由多个线段组成，但线段不存储属性信息，而线状对象的属性信息仅被记录一次，由此专题属性和空间特征之间的关系是多对一。每个面状对象由多个可能随时间变化而变化的多边形构成，同时通过时间戳记录几何特征和地理特征变化。

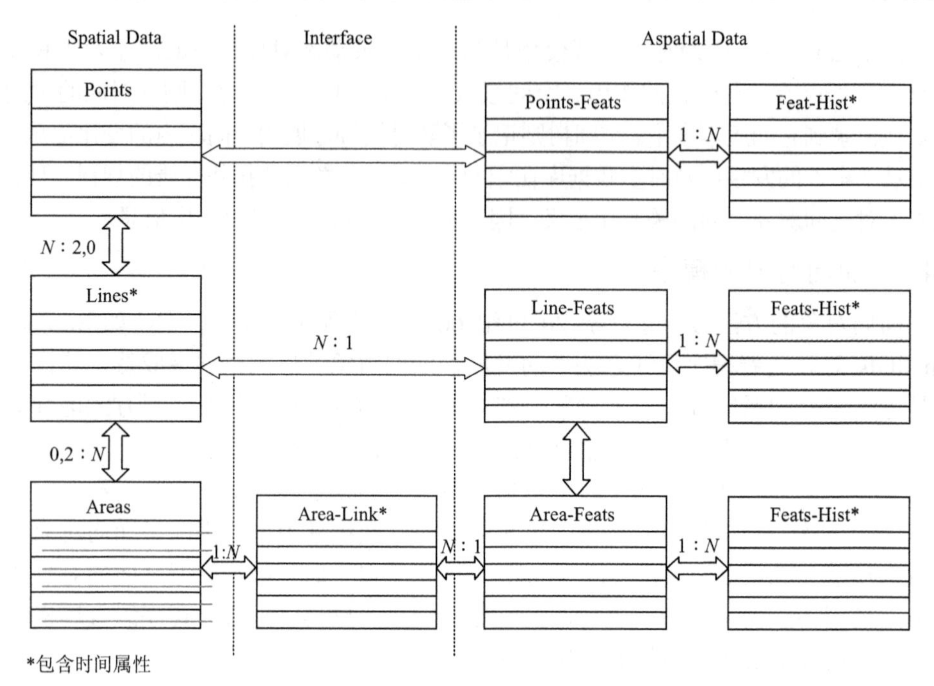

图 2-33　基于 Postgres 模型的时空 GIS 原型系统原理设计示意图

2. Zenith 面向对象的模型

Zenith 面向对象的模型(Heo, 2001)使用时间版本记录对象状态信息对应的时态属性，版本之间的关系反映了对象当前时刻与历史时刻状态信息之间的关联。每个版本使用前任/继承关系表达其与前一版本和后一版本之间的关系。这种记录时态属性的版本机制的优点在于：在特定需求应用查询过程中，每个对象及其所对应的版本能够被看作一组关系对象集合而得到。模型通过对每个对象建立基于层次结构的版本信息实现时间维的表征，即在每个对象的合适层次下附加一个时间组件。同时，模型不受线性时间拓扑关系的束缚，每个对象的状态能够通过版本树的检索而得到，由此模型具备支持特定时间段内多版本共存的能力。

龚健雅(1997)提出的面向对象时空数据模型也采用了类似 Zenith 模型的对象版本机制，将版本信息记录在对象的属性上，并可记录同一对象在不同时期的版本信息，由此降低了数据冗余，同时为查询检索对象及其历史事件带来了很大的方便。

3. Triad 模型

Peuquet 和 Qian 于 1997 年在 ESTDM 模型基础上设计了 Triad 模型(Heo, 2001)，该模型集成了基于特征、位置和时间的视图用以表征时空数据，如图 2-34 所示。Triad 模型的设计思想是面向对象的方法，以此设计一种统一并相互支持的方式表达对象、属性和关系的概念模型。同时，该模型的目标是构建具备普遍性和综合性的表征能力，以此表达特征、空间和时间的多维时空数据。Yuan 提出的时空三域模型实质上就是将 Triad 模型应用于野火时空模拟推演。

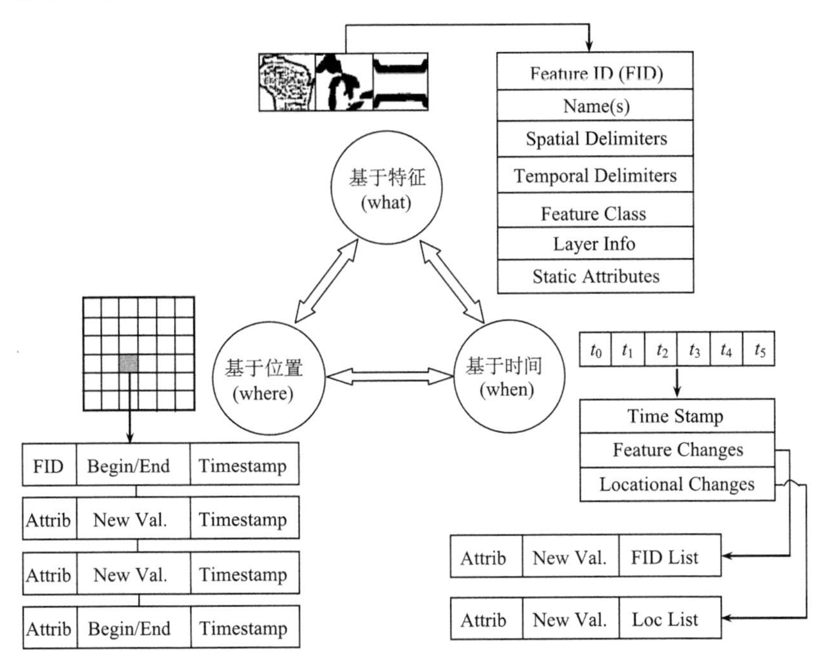

图 2-34　Triad 时空数据模型的三个视图构架示意图

根据学者们的总结，Triad 模型具备如下两点优势：①模型支持基于特征、基于位置、基于时间三种视图的任意组合查询检索；②模型采用了面向对象的设计思想，易于实现基于特征、空间和时间的视图定制查询获取。

类似的还有罗静等(2007)提出的面向对象的超图时空数据模型，该模型采用面向对象的思想将地理实体抽象为地理对象模型和特征模型，其中，地理对象模型中的对象用于描述模型中的地理对象，特征对象则是多个属性特征的集合，通过为同一地理对象设置不同的属性特征实现不同地物的表述，而时间关系和空间关系则使用基于超图理论的超图推理关系进行描述，由此解决时间和空间相分离的问题，实现时空一体化。朱杰等(2018)根据面向作战任务的战场环境信息系统特点，提出了基于任务过程的战场环境对象时空数据组织模型，该模型是将对象(object)、过程(process)和规则(rule)分别进行逻辑设计与封装，构建<object,process,rule>三元组模型，从而实现战场环境对象的空间、时间、属性与事件的统一描述与表达。

4. T/OOGDM 模型

Voigtman 等在 1995 年提出了一种可扩展的、面向对象的地学数据模型(object-oriented geo-data model，OOGDM)。OOGDM(Heo, 2001)不仅支持二维/三维 GIS 的应用，而且支持基于栅格描述和基于矢量描述的数据。1997 年 Voigtman 等又提出了 T/OOGDM 模型(temporal extension for an object-oriented geo-data model)，其在 OOGDM 模型基础上扩展了时间维，是在商业面向对象的数据库系统 ObjectStore 基础上开发的。该模型支持有效时间和事务时间：对于有效时间，时刻时间戳和间隔时间戳在属性图层被使用；事务时间则通过数据库内部对象时间戳来控制。

为了支持时间维的查询，一种时态查询语言 T/OOGQL 也相应推出。T/OOGQL 语言的基本特点与 ODMG 的时态查询语言 OQL 相似，而其时态基本句法规则与 TSQL(Snodgrass et al., 1994)语言相似。该时态查询语言支持五种时态谓语：先于(precedes)、相遇(meets)、叠置(overlaps)、包含(contains)和相等(equals)。

5. 空间数据库交换格式 SAIF

随着面向对象时空数据模型在各个领域的应用，各种地理空间数据格式犹如雨后春笋般地出现，空间数据格式不相容的问题也相应产生。

针对面向对象时空数据模型中各种地理空间数据格式互不兼容的问题，地理空间数据交换标准也应运而生。1991 年加拿大通用标准委员会(Canadian General Standards Board，CGSB)制定了空间数据库交换格式(spatial archive and interchange format，SAIF)，并在多次修改后于 1993 年被制定为加拿大的国家标准(Heo, 2001)。该标准遵从多继承和面向对象的思想，其显著特点是强调了时态事件及其关系的操作。类似 SAIF 的标准还有美国的空间数据转换标准(spatial data transfer standard，SDTS)、欧洲的数字地理信息交换标准(digital geographic information exchange standards，DIGEST)、ISO 15046 和 ISO-GDF 等。这些标准的制定虽然对时空地理空间数据的相容性有着卓越的贡献，同时其公开化的资料规格也为 GIS 领域有章可循提供了依据，但是这些标准自身的复杂性和多样性不能满足所有应用的需求，因此其只能作为行业参考之用。SAIF 定义地理对象表征现实世界中的各种现象，是 SAIF 标准的核心概念，如图 2-35 所示。

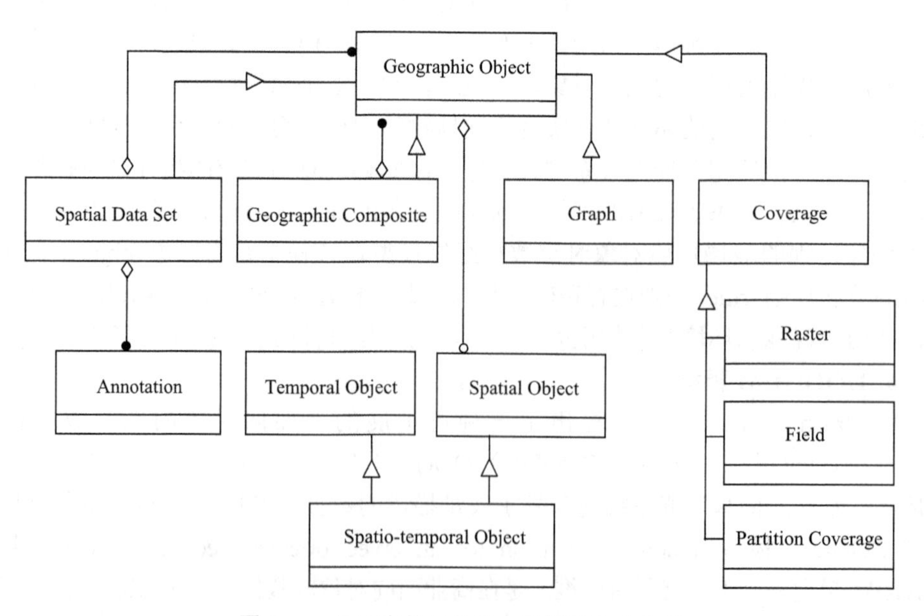

图 2-35　地理实体对象的高阶层结构示意图

6. OpenGIS

开放地理信息系统协会(OpenGIS Consortium，OGC)成立于 1994 年，其工作内容之一是规范地理空间数据及其跨平台的交互使用。OGC 先后制定了一系列的资料、软件和元件界面规格，这样应用者或厂商仅需在对外界面上按照 OGC 所制定的标准操作就可以实现地理空间数据的跨平台使用(Heo, 2001)。该操作标准为开放性地理数据互操作规范(open geodata interoperability specification，OGIS)，其框架主要由三部分组成。

1) 开放式地理数据模型

开放式地理数据模型(open geodata model，OGM)是从数学和概念上数字化描述地球及其现象，并架构出地理数据的表示方法。OGM 是 OpenGIS 跨平台实现的根本所在。

2) 开放式空间服务模型

开放式空间服务模型(OGIS services models)是通过定义一系列的服务实现同一信息团体中不同用户，或不同信息团体之间对地理数据的获取、管理、处理、描述和共享等操作。

3) 信息社群模型

信息社群模型(information communities model)是利用开放式地理数据模型和开放式空间服务模型建立一个构架，以解决空间数据共享和互操作问题。

与传统的地理信息系统相比，基于 OGIS 开发的 GIS 应用软件具有更好的扩展性、移植性、开放性、维护性、互操作性和易用性。利用 OGIS 规范开发的中间件、组件和应用软件能够执行满标度的地理数据类型和处理操作。最为特别的是，基于 OGM 的统一几何对象模型、地理要素存储结构及几何特征基本可支持目前、新兴以及将来包含时间维的模型范例。但是，该模型未考虑时间拓扑关系和功能性时间维扩展，其也是 OGIS 将来重点工作之一。

在时空数据建模中使用面向对象的思想有如下四个优点[①]：①单个对象能够表征空间实体的整个历史变化；②将空间实体视为一个对象，其查询变得更为简单；③时间数据的操作更为有效；④时空数据的规范化操作得以实现。

目前，面向对象的数据模型基本上使用或部分使用了面向对象方法中的泛化、继承、聚集、组合、有序组合等概念描述地理对象的层次关系和关联关系，但忽略了对象之间相互作用关系的描述。同时，面向对象的时空数据模型也存在数据冗余大且信息不完整的缺点。

① Montgomery L D. 1995. Temporal geographic information systems technology and requirements: Where we are today. Ohio: Ohio State University.

2.4.9 第一范式关系时空数据模型

第一范式关系方法就是传统关系方法，其具有坚实的数学基础、简单的数据结构、丰富有力的数据操作和数据优化机制。第一范式关系时空数据模型的基本思想是：使用多个元组描述对象的历史过程，元组中的每一个属性特征值都由一个时间戳作为标记。邓立国等(2008)结合模糊时态序列和模糊集理论对 Allen 时态拓扑关系进行了扩展，并对传统数据进行了模糊化，提出了第一范式模糊时空数据模型，增强了第一范式时空数据模型描述模糊时态信息的能力。

综上所述，第一范式时空数据模型的主要优点在于充分利用了关系数据库，支持 SQL 语言的数据信息的查询检索；但是该模型也存在如下缺点(党齐民和孙黎明, 2008)：①时态属性和非时态属性存放在不同的数据表中，割裂了时空对象的内在关联性，复原或查询需要通过关键字编码进行大量的连接等操作；②模型对复杂的对象及对象间关系的表征相对比较困难；③模型中的空间单元无论发生空间拓扑变化还是属性特征变化，都需要增加一个新的元组对空间单元进行表达，从而导致模型产生大量的数据冗余。

2.4.10 非第一范式关系时空数据模型

非第一范式关系时空数据模型最早是由 Gadia 等提出的。一般认为，非第一范式关系时空数据模型是第一范式关系模型和层次方法的高度统一。针对第一范式关系时空数据模型的缺陷，非第一范式关系时空数据模型(Snodgrass, 1987; 黄明智和张祖勋, 1996; 1997)在第一范式模型的定长数据类型上增加了时态型和空间型等数据类型，将数据类型扩展为变长和嵌套模式，这样模型可以支持变长的线状对象空间数据、面状对象空间数据以及属性数据，同时可使用一个元组表示复杂对象及其演变过程，由此降低了模型的数据冗余度，减少了关系链接操作工作量。相对于面向对象的时空数据模型等非关系数据模型而言，模型的理论基础更为成熟，同时更易实现。非第一范式关系时空数据模型的缺点是：模型仅对地理实体对象的时态序列结构特点进行描述，对空间特征的层次性和有序性的描述有所欠缺，对时态数据建模能力有限(魏海平, 2007; 黄明智和张祖勋, 1997)。

2.4.11 运动对象模型

当人们融合对象的空间和时间信息时，就要管理、处理和分析该对象随时间变化而变化的空间位置或范围信息。对象的空间位置或范围变化通常不是以离散形式存在的，而是以连续形式存在的，因此将连续系统下的空间几何变化对象称为运动对象(moving object)。根据研究所关心运动对象的主题，可以将运动对象抽象为运动点、运动线和运动面，即当运动对象的空间位置坐标成为主题变化时，则可以将运动对象抽象为移动点；当运动对象以线特征存在的变化为主题变化，同时其变化范围不为人们所关心时，则运动对象被抽象为运动线；当运动对象的范围扩展或收缩成主题变化时，则可以将运动对象抽象为运动面。

运动对象主要应用于移动单元定位计算、智能交通系统浮动车定位监控、特定领域运动对象行为预测等方面，随着其在实际中的广泛应用，不少学者开始基于运动对象构建相关的时空数据模型(moving object spatio-temporal data model)，其也成为近年时空数据库研究的热点之一。

Sistla 等于 1997 年首次提出了运动对象的概念，同时基于运动对象构建了相应的时空数据模型。该模型支持运动对象的历史和近态状态信息的查询，同时可根据历史信息对运动对象的未来状态进行短时预测。

Erwig 等(1999)将运动点或运动面看作三维(二维空间和一维时间)或高维实体，通过基于这些抽象对象构建的时空数据模型获取运动对象的结构和行为，并提出了时空预测的概念，用于表征空间对象的时态变化拓扑关系。Güting 等(2000)在 Erwig 定义的抽象数据类型基础上加入了一些辅助数据类型并定义了一系列的实体操作集合，通过将抽象数据类型和实体操作集合链接到任何 DBMS 数据模型中，提出了其扩展运动对象模型。该数据模型是将时间作为空间实体的一个主要部分，其中时间维支持离散和连续时间模型，同时支持线性模型、绝对时间和有效时间。Güting 在模型表征方面缺乏设计方案和执行能力，因此 Forlizzi 等提出了分段表示(sliced representation)的概念，即将某属性特征随时间进化的过程分解为多个分段(slice)，定义分段的数据结构为“映射”(mapping)，再由多分段组成的时态单元(unit)集合描述运动对象的演变历程，如图 2-36 所示。Lema 等(2003)对 Güting 模型中的操作子集进行了进一步的综合化和系统化研究，同时重新定义和扩展了 Forlizzi 模型中的数据结构并加入了辅助字段用于加速时空分析的计算。Su 等则在此基础上进一步突出了运动对象空间几何演变(如速度、加速度)的查询语言设计。

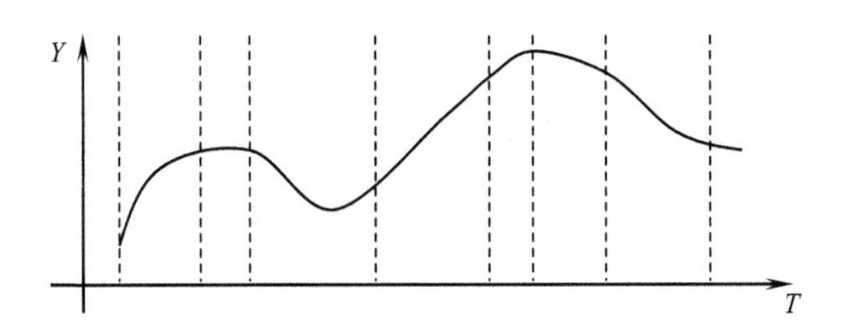

图 2-36　运动对象的分段表示示意图

Wolfson 等(1999)则提出了动态属性的运动对象模型，该模型将对象空间位置的变化视为由一段时间区间内对象的位置、速度和方向组成的时间函数，该时间函数被称为行为向量，然后通过行为向量预测运动对象的未来位置。

国内的王宏勇(2005)在 Güting 运动对象模型基础上加入了端点映射方法，用于降低数据模型实现的难度，同时使用扩展谓语层设计了模型的查询能力和可视化。卢炎生等(2006)也在 Güting 模型的基础上分别采用三次埃尔米特插值函数取代线性函数模拟运动对象历史单元和当前单元的轨迹，其可对运动对象进行短时预测，从而实现对历史轨迹的精确查询和平滑可视化，同时可以对当前状态和未来状态进行误差查询。易善桢等(2002)将运动目标在二维平面内的几何变化抽象为观测几何、现态几何和历史几何三种几何表示，然后通过几何点集的操作实现模型的查询和更新功能。王卫京等(2006)针对车辆监控系统中运动对象轨迹数据变化频率高和数据量大的特点，通过切分时空立方体构建轨迹版本的时空立方体数据模型，缩小了数据查询范围，提高了数据检索效率，同时从一定程度上减少了信息冗余和数据存储空间。高勇等(2007)提出的基于时间片的运动对象模型则侧重于运动对象的时空拓扑关系的表征，采用点集理论将时空拓扑关系和空间拓扑关系进行复合，为运动对象模型提供了一种新的理论方法。詹平等(2007)侧重于运动对象模型的查询索引技术，使用混合树作为运动目标的索引，使用指数平滑法作为运动目标的预测方法。马林兵和张新长(2008)提出的面向全时段查询移动对象时空数据模型通过移动对象的运动位置估算和状态更新降低时空数据库存储资源的占用，在保证查询结果具备一定准确性的基础上减少数据库更新代价。周扬(2009)综合定义了运动对象的几何数据类型、运动数据类型和内部行为数据类型，提出了集运动目标几何、行为和运动数据一体化的运动对象模型，以此描述深空测绘中运动对象的演变。Viswanathan 和 Schneider 提出了一种运动对象概念模型，其使用切片策略将运动对象分为 9 个主要方向，通过统计运动对象之间的互影响格子矩阵描述运动对象间的关系。

2.4.12　时空数据模型的比较

1. 基于空间语义的时空数据模型性能对比

时空数据模型建立在空间数据模型基础之上，因此其可以满足现实世界中各种不同的空间描述需求。

表 2-8　基于空间语义的时空数据模型性能参数对比

模型名称	数据冗余	空间数据格式	定位/定向	测量	拓扑关系	支持运动目标
序列快照模型	大	矢量/栅格	否	否	否	否
离散格网单元列表模型	中	栅格	否	否	否	否
基态修正模型	小	矢量/栅格	否	否	否	否
时空立方体模型	大	矢量	否	否	是	是
时空复合模型	小	矢量	否	否	否	否
基于事件的模型	中	矢量/栅格	否	否	是	否
时空三域模型	小	矢量	否	否	是	是
面向对象模型	小	矢量/栅格	是	是	是	是
运动对象模型	大	矢量/栅格	是	是	是	是

由表 2-8 可知：除了时空三域模型不依赖于空间对象的存在，其他所有模型都是以矢量描述空间数据结构为设计基础的，其中序列快照模型、基态修正模型、基

于事件的模型、运动对象模型和面向对象模型同时支持基于栅格描述的空间数据结构。虽然目前时空数据模型大多是指对基于矢量描述的空间数据应用，但随着遥感图像、DEM 和多媒体数据等基于栅格描述空间数据的广泛应用，时空数据模型需要尽量支持矢量和栅格两类空间数据结构。基于矢量描述空间数据的结构较为简单、普遍，且易于转换为栅格形式。各时空数据模型的设计理念不同，其数据冗余大小也各不相同。通常意义上讲，数据冗余比较大的时空数据模型在变化查询方面的能力相对比较弱，反之，数据冗余小的时空数据模型易于进行状态变化信息的查询。

在空间关系描述方面，除了面向对象模型和运动对象模型支持时空对象在空间维和时间维变化及移动的定位、定向和测量能力外，其余模型都不支持；序列快照模型、离散格网单元列表模型、基态修正模型和时空复合模型在空间拓扑关系方面存在着缺陷。

2. 基于时间语义的时空数据模型性能对比

从表 2-9 可以得出：绝大部分时空数据模型支持多时间粒度，仅运动对象模型采用单一时间粒度，同时时空立方体模型和面向对象模型在支持移动对象数据时通常也采用单一时间粒度，但该粒度是一定准则下的最优粒度。大多时空数据模型在时空实体演变过程中时态关系描述的时态操作方面能力较差，由此可见，今后的时空数据模型时态操作技术应进一步提高。大多时空数据模型的时间维均采用离散模型，而面向对象模型和运动对象模型的时间维具备支持连续模型和离散模型的能力，

表 2-9　基于时间语义的时空数据模型性能参数对比

模型名称	时间粒度	时态操作	时间密度	时间维度	时间结构	时间类型	时间周期	时间表示方式
序列快照模型	多粒度	否	离散	有效时间	线性	绝对	否	版本图层(作为空间位置的属性)
离散格网单元列表模型	多粒度	否	离散	有效时间	线性	绝对	否	版本图层(作为空间位置的属性)
基态修正模型	多粒度	否	离散	有效时间	线性	绝对	否	版本图层(作为空间位置的属性)
时空立方体模型	多粒度	否	离散	有效时间	线性	绝对	否	版本图层(作为空间位置的属性)
时空复合模型	多粒度	否	离散	双时态	线性	相对	否	版本空间对象(作为空间实体的基本部分)
基于事件的模型	多粒度	否	离散	有效时间	线性	相对	是	版本事件(作为事件的属性)
时空三域模型	多粒度	是	离散	双时态	线性	绝对/相对	否	独立的时间对象
面向对象模型	多粒度	是	离散/连续	双时态	线性	绝对/相对	是	版本空间对象(作为对象的属性)
运动对象模型	单一粒度	是	离散/连续	有效时间	线性	绝对	是	版本空间对象(作为空间实体的基本部分)

其中，将离散模型作为连续模型的子情况。虽然不能使用计算机存储和操作连续模型数据，但时空数据双时间密度模型依然需要。如果时空数据模型在离散时间模型上进行设计，也就意味着模型构建时过早地抛弃了一些非离散时间模型情况下的问题，从而促使概念上的简单查询和数据更新操作能力丢失(党齐民和孙黎明, 2008)。同理类推，时空数据模型在时间维度方面应支持有效时间和事务时间，甚至自定义时间；时间结构方面应支持线性结构、分支结构以及循环结构；时间类型方面应支持绝对时间和相对时间。另外，大多时空数据模型在空间对象或位置上加以时间戳，将时态信息作为空间对象的一个属性，这将使模型的数据量增大。除此之外，大多时空数据模型在时空对象的历史及事件长期持续处理能力方面有所欠缺。

3. 基于时空语义的时空数据模型性能对比

基于时空语义的时空数据模型性能对比主要侧重于模型领域的普遍适用性和构成因子。绝大部分的时空数据模型使用的空间数据结构是点、线、面，时间元素是时间点和时间区间；个别时空数据模型还支持确定参数的矩形和移动点。由表 2-10 可得：绝大部分的时空数据模型能够在查询分析中部分获取状态变化的信息，只有时空三域模型、面向对象模型和运动对象模型少部分时空数据模型能够支持时空演变中的 8 种变化。虽然全部时空数据模型都能够处理离散时间模型下的时空变化，但时空数据模型的研究趋势是能够支持离散时间和连续时间模式，同时提供两种模式下时空对象的演变功能。

表 2-10　基于时空语义的时空数据模型性能参数对比

模型名称	时空演变					测量/拓扑	对象标识	时空维度
	Roshanne 8 种变化类型：全部/No	离散性变化	连续性变化	移动性变化	演变			
序列快照模型	否	否	否	否	否	否	否	全部
离散格网单元列表模型	否	是	否	否	否	否	否	全部
基态修正模型	否	是	否	否	否	否	否	全部
时空立方体模型	否	是	否	否	否	否	否	全部
时空复合模型	否	是	否	否	否	否	否	二维
基于事件的模型	否	是	否	否	否	否	否	全部
时空三域模型	全部	是	是	是	否	是	是	全部
面向对象模型	全部	是	是	是	是	是	是	全部
运动对象模型	全部	是	是	是	是	是	否	二维

在时空对象身份的处理和操作方面，时空数据模型应将时空对象看作统一标准对象，而非无相互关联独立存在的实体。很不幸的是，目前存在的时空数据模型仅

有时空三域模型、面向对象模型和运动对象模型具备该能力。另外，除了面向对象模型和运动对象模型外，其他时空数据模型均不具备时空对象的演变测量和时空拓扑关系确定的能力。虽然个别时空数据模型仅能描述少量维度的时空对象变化和扩展，但绝大部分的时空数据模型能够在不同维度中描述时空对象的特征。

4. 时空数据模型的查询能力对比

由表 2-11 可得：所有时空数据模型在三种查询方式中基本具备了基于属性和时间点的查询能力。在众时空数据模型中，序列快照模型、基态修正模型和时空复合模型描述时空信息最为简单，但其支持组合形式的查询能力也受到局限。显然，目前的时空数据模型在对时间、空间和时空的关系查询方面有着较大的缺陷，尤其是对时空对象的行为进行描述时有着很大的困难。总而言之，时空三域模型、面向对象模型和运动对象模型的时空数据模型在信息查询方面有着较强的能力；序列快照模型、时空复合模型、时空三域模型和面向对象的模型则更易于获取时间点状态信息；离散格网单元列表模型、基态修正模型、基于事件的模型、时空三域模型和面向对象模型在获取状态变化信息方面有着较强的优势；因为时空三域模型对地理实体的属性语义进行了描述，所以其在属性变化信息上有着得天独厚的优势。

表 2-11　时空数据模型查询能力对比

模型名称	空间查询					时间查询			时空查询		
	属性	位置坐标	区域	最邻近	拓扑	时间点	时间区间	时态关系	简单时空	时空跨度	时空行为应对
序列快照模型	是	否	否	否	否	是	否	否	否	否	否
离散格网单元列表模型	是	是	否	否	否	是	是	是	是	否	否
基态修正模型	是	是	否	否	否	是	是	是	是	否	否
时空立方体模型	是	是	否	否	否	是	是	是	是	否	否
时空复合模型	是	是	否	否	否	是	否	否	否	否	否
基于事件的模型	是	是	否	否	是	是	是	是	是	否	否
时空三域模型	是	是	否	否	是	是	是	是	是	否	否
面向对象模型	是	是	是	是	是	是	是	是	是	是	否
运动对象模型	是	是	是	是	是	是	是	是	是	是	是

2.5 小　　结

本章通过时空数据的概念、空间语义、时间语义和时空语义详细介绍了时空数据模型的研究基础。根据时空数据模型的构建原理和描述方法等对现有时空数据模型进行了分类总结，进一步详细阐述了序列快照模型、离散格网单元列表模型、基态修正模型、时空立方体模型、时空复合模型、基于事件的模型、时空三域模型、面向对象模型、第一范式关系时空数据模型和非第一范式关系时空数据模型、运动对象模型等现有时空数据模型的基本原理，同时归纳总结了典型时空数据模型的优势和缺陷，概括了典型时空数据模型存在的问题。

第3章　基于马尔可夫链的时空数据模型

随着信息及网格技术的快速发展，数据的规模性、高速性、多样性和价值性不断提升，对时空大数据的管理、处理和应用带来前所未有的挑战。规范化、通用化的时空数据模型技术研究随着时代的变迁也在不断演变之中，其特点是不同时空数据模型的针对性非常突出，但依然在普适性和实用性等方面存在着较大的缺陷。更为重要的是，现有时空数据模型通常仅着眼于记录时空对象的变化状态，而缺乏对时空对象变化状态内部运行机制的研究和应用。

本章在现有时空数据模型基础上，详细介绍一种基于马尔可夫链的时空数据模型：以面向对象设计思想为基础，引入状态转移和时空粒度两个概念，涵盖面向对象的模型、时空立方体模型、序列快照模型和基态修正模型等时空数据模型，使其具有面向应用的通用性；并结合动态马尔可夫二进制编码思想使模型集数据模型和数据压缩为一体；同时根据地理对象时空变化特点构建隐马尔可夫统计模型，为时空分析提供新的技术解决方案。

3.1　时空对象的抽象和描述

3.1.1　时空对象及其标识

假设时空数据模型组织管理的时空对象具备唯一性和不变性[①]，即其自有空间信息和属性信息是随时间变化而变化的，时空 o 就可定义为

$$o=\left\{u_{\mathrm{ID}},S(t),P(t),T\left(T_{\mathrm{v}},T_{\mathrm{d}}\right),A\right\} \tag{3-1}$$

式中，u_{ID} 表示时空对象 o 的对象标识码，该标识码表示其在应用对象集合中是唯一的；$S(t)$ 表示时空对象在特定空间坐标系下随时间变化的空间特性集合；$P(t)$ 表示时空对象随时间变化的属性特性集合；$T\left(T_{\mathrm{v}},T_{\mathrm{d}}\right)$ 表示时空对象的状态发生改变的时态性(即将时间版本标记到每个对象)，如产生、消亡，T_{v} 和 T_{d} 分别表示有效时间和数据库时间；A 表示时空对象的行为操作，即对象的时间、空间和属性的运算操作。

$$S(t)=\left\{\left(\bar{p}_1,t_1\right),\left(\bar{p}_2,t_2\right),\cdots,\left(\bar{p}_n,t_n\right)\right\} \tag{3-2}$$

$$P(t)=\left\{\left(A_1^1,A_2^1,\cdots,A_m^1,t_1\right),\left(A_1^2,A_2^2,\cdots,A_m^2,t_2\right),\cdots,\left(A_1^n,A_2^n,\cdots,A_m^n,t_n\right)\right\} \tag{3-3}$$

---

① Viswanathan G, Schneider M. 2010. The objects interaction graticule for cardinal direction querying in moving objects data warehouses. ADBIS2010, 6295: 520-532.

式中，$\bar{p}_i=\left\{p^1,p^2,\cdots,p^{n_i}\right\}$ 表示时空对象的空间数据类型集合，p^k 表示离散坐标点序列；A_j^i 表示时空对象 o 第 j 个属性特性在 t_i 时刻的状态，其中，$j\in[1,m]$，$i\in[1,n]$。

离散坐标点序列 p^k 定义为

$$p^k=\left\{(x_1,y_1,z_1),(x_2,y_2,z_2),\cdots,\left(x_{n_i^k},y_{n_i^k},z_{n_i^k}\right)\right\} \tag{3-4}$$

3.1.2 时空对象的数据类型

一个好的时空数据模型不仅要支持随时间变化的空间对象的描述、管理和查询等操作，而且要支持动态连续变化的运动对象。因此，基于马尔可夫链的时空数据模型中的数据需要包括基本类型、时间类型和空间类型三种。在定义数据类型时，使用一个类型的域来加以说明是严谨而明确的，因此采用定义类型域的方法来定义数据类型(周扬, 2009)。

1. 基本类型

基本类型包括整型(Integer)、实型(Real)、字符串型(String)和布尔型(Boolean)，其语义表征与计算机编程语言相同，可由可扩展的数据库管理系统负责管理，这里不再赘述。需要强调的是，在 DBMS 的值域中增加了表示“无定义”的$\{\perp\}$，相当于数据库中的 NULL。

2. 时间类型

时间是时空数据的一维属性，是线性且连续的，可将时间与实数进行一一映射。对时间属性值的描述而言，不管是时间点还是时间区间都需定义一个时间时刻类型从而描述时间轴上的一个点：instant。

3. 空间类型

传统空间数据模型中将空间类型概括为点(Point)、线(Polyline)和面(Region)。为了适用于二维/三维的空间对象，新的时空数据模型将基本空间数据类型扩展为 Point、Points、Polyline、Polygon 和 Meta 等五种，并且由该五种基本空间数据类型组合成其他复合空间数据类型，如图 3-1 所示。

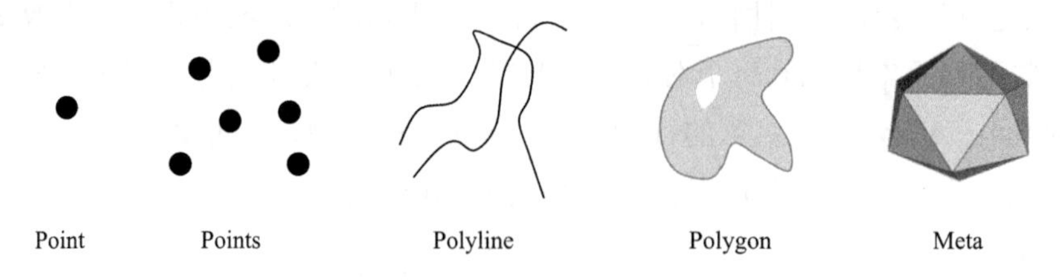

图 3-1　基本空间数据类型示意图

根据式(3-2)定义五种空间数据类型如下：

1) Point 类型

Point 表示特定坐标系内的一个点。

$$\text{Point}::\quad S(t)=\left\{(\bar{p}_1,t_1),(\bar{p}_2,t_2),\cdots,(\bar{p}_n,t_n)\right\} \\ =\left\{(x_1,y_1,z_1,t_1),(x_2,y_2,z_2,t_2),\cdots,(x_n,y_n,z_n,t_n)\right\} \qquad n_i=1,n_i^k=1$$

2) Points 类型

Points 表示 Point 类型的有限点集，当有限点集按照规则格网排列时可表示为栅格形式的像素数据类型或 DEM 数据类型。

$$\text{Points}::\quad S(t)=\left\{(\bar{p}_1,t_1),(\bar{p}_2,t_2),\cdots,(\bar{p}_n,t_n)\right\} \\ =\left\{(p_1,t_1),(p_2,t_2),\cdots,(p_n,t_n)\right\} \qquad n_i=1,n_i^k=\tilde{n}>1 \\ p_i=\left\{(x_1,y_1,z_1),(x_2,y_2,z_2),\cdots,(x_{\tilde{n}},y_{\tilde{n}},z_{\tilde{n}})\right\}$$

3) Polyline 类型

Polyline 表示特定坐标系内连续曲线的有限集合(弧状对象则存在较大的数据冗余)。

$$\text{Polyline}::\quad S(t)=\left\{(\bar{p}_1,t_1),(\bar{p}_2,t_2),\cdots,(\bar{p}_n,t_n)\right\} \\ =\left\{(p_1,t_1),(p_2,t_2),\cdots,(p_n,t_n)\right\} \qquad n_i=1,n_i^k=\tilde{n}>1 \\ p_i=\left\{(x_1,y_1,z_1),(x_2,y_2,z_2),\cdots,(x_{\tilde{n}},y_{\tilde{n}},z_{\tilde{n}})\right\}$$

4) Polygon 类型

Polygon 表示特定坐标系内面状对象的有限点集(可存在空洞和岛)。

$$\text{Polygon}::\quad S(t)=\left\{(\bar{p}_1,t_1),(\bar{p}_2,t_2),\cdots,(\bar{p}_n,t_n)\right\} \\ =\left\{(p_1,t_1),(p_2,t_2),\cdots,(p_n,t_n)\right\} \qquad n_i=1,n_i^k=\tilde{n}>1 \\ p_i=\left\{(x_1,y_1,z_1),(x_2,y_2,z_2),\cdots,(x_{\tilde{n}},y_{\tilde{n}},z_{\tilde{n}})\right\}$$

5) Meta 类型

Meta 则表示由三角面构成的体。

$$\text{Meta}::\quad S(t)=\left\{(\bar{p}_1,t_1),(\bar{p}_2,t_2),\cdots,(\bar{p}_n,t_n)\right\} \\ \bar{p}_i=\left\{p^1,p^2,\cdots,p^{\hat{n}}\right\} \qquad n_i=\hat{n}>1,n_i^k=3 \\ p^k=\left\{(x_1^k,y_1^k,z_1^k),(x_2^k,y_2^k,z_2^k),(x_3^k,y_3^k,z_3^k)\right\}$$

3.1.3　时空对象逻辑结构

1. 时空对象总体组织结构

时空对象由空间信息、时间信息和属性信息三个对象组成，其总体组织结构如图3-2所示。每个时空对象分别由空间信息CGeometricObject、时间信息CTemporalObject和属性信息 CAttributes 三个对象类组合的时空对象类 CObject 继承而得，三个对象类之间则通过时空对象标识码关联，其中，空间信息对象类 CGeometricObject 由空间几何信息类 CSpatialObject 和空间坐标系类 CSpatialReferenceFrame 组成；时间信息对象类 CTemporalObject 则由时间信息类 CTime 和时间参考系类

CTemporalReferenceFrame 组成。CSpatialTemporalObject 类描述了时空信息。

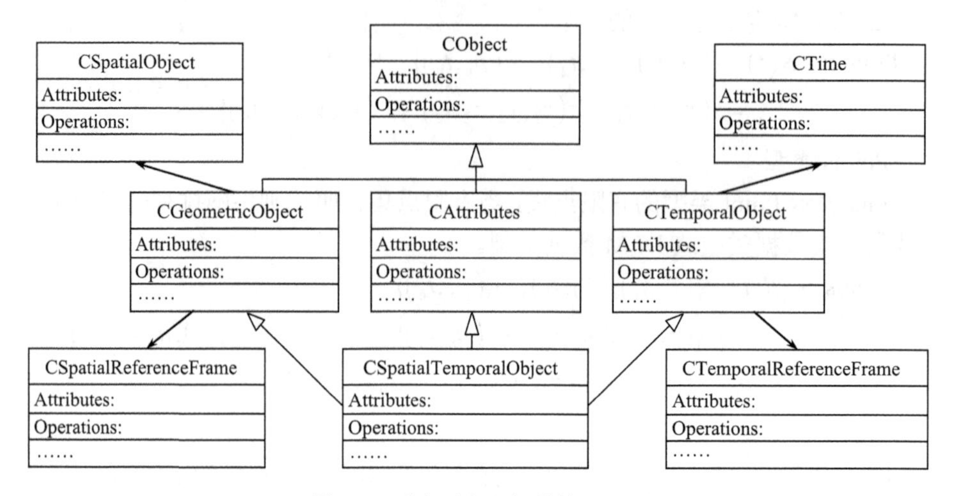

图 3-2　时空对象逻辑结构示意图

2. 空间几何对象组织结构

空间几何对象逻辑结构示意图如图 3-3 所示。

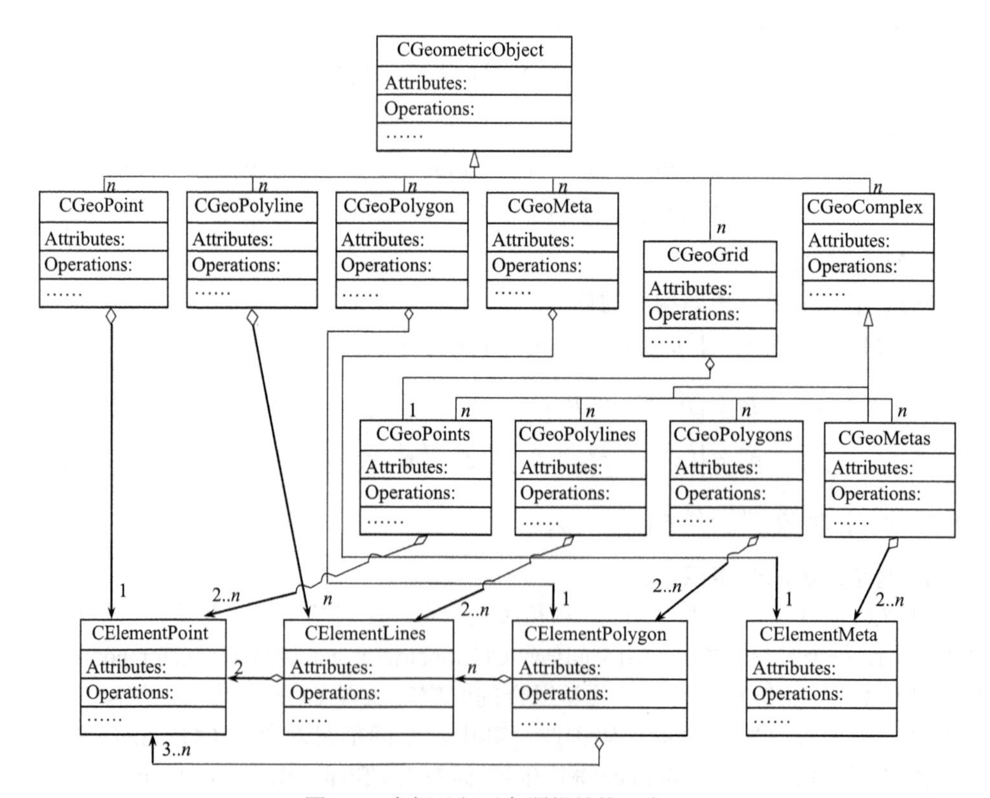

图 3-3　空间几何对象逻辑结构示意图

所有数据类型的几何要素可不在同一空间坐标系下，不同空间坐标系之间的转换通过空间坐标系类 CSpatialReferenceFrame 提供的接口实现。

3. 时间对象组织结构

时间对象逻辑结构示意图如图 3-4 所示。一个时间对象实例包含时间点类 CTimePoint、时间间隔类 CTimeInterval 和时间集合类 CTimeSet，同时支持多时间粒度。时间对象所支持的时间元素也可不全在同一时间参考系中，不同时间参考系之间的转换和多时间粒度之间的转换均通过时间参考系类 CTemporalReferenceFrame 提供的接口实现。

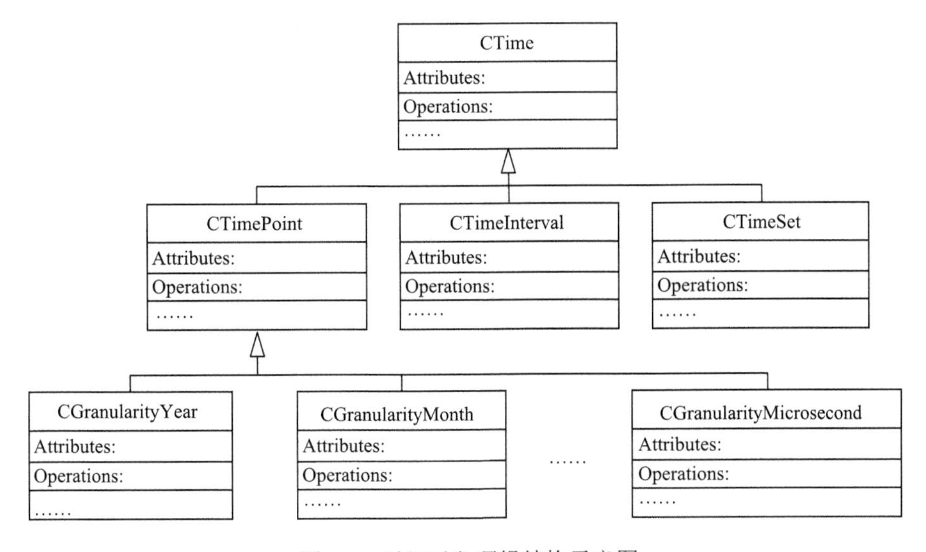

图 3-4　时间对象逻辑结构示意图

时空对象的时态标记分为两个层次：第一层次通过时间对象标记于时空对象；第二层次标记于空间几何对象或属性对象。时态标记的两个层次的有效时间和事务时间则通过 CTimePoint 对象和 CTimeInterval 对象实现，同时也可通过 CTimeSet 对象实现有效时间和事务时间的综合——双时态表达。

3.2　时空对象的时空变化特性

3.2.1　无后效性

通常时空对象未来时刻 T_{n+1} 对应的空间位置仅与当前时刻 T_n 对应的空间位置有关，而与历史时刻 $T_0,T_1,\cdots,T_{n-1}$ 对应的空间位置无关，这一特点正好符合马尔可夫特性。因此，地理对象的空间变化现象可以理解为一种马尔可夫随机过程，其历史变化可以理解为一条保存了过去、当前以及未来信息的变化发展，与过去无关的马尔可夫链。

不妨假设随机序列 $\{X(n), n=0,1,2,\cdots\}$ 的离散状态空间为 E，若任意 $i_0, i_1, \cdots, i_n \in E$ 满足式(3-5)，则称 $\{X(n), n=0,1,2,\cdots\}$ 为马尔可夫链：

$$P\{X_n = i_n | X_0 = i_0, X_1 = i_1, \cdots, X_{n-1} = i_{n-1}\} = P\{X_n = i_n X_{n-1} = i_{n-1}\} \tag{3-5}$$

式中，n 表示现在时刻，$0,1,\cdots$ 表示过去时刻，那么 n 时刻所处状态 i_n 仅依赖于 $n-1$ 时刻的状态 i_{n-1}，而与过去 $n-1$ 时刻以前所处的状态无关，这种特性称为马尔可夫性或无后效性。

3.2.2　短时平稳性

假设一个随机过程 $X(t)$ 满足下列条件：① 随机过程的期望值 $E[X(t)]$ 为常数，则 $X(t)$ 与时间变量无关；② 自相关函数 $R_{xx}(t_1, t_2)$ 仅与时间差 $t_1 - t_2 = \tau$ 有关。如果 $X(t)$ 仅满足条件②，则该随机过程称为自相关平稳过程；如果 $X(t)$ 仅满足条件①，则该随机过程具有最低形式的平稳性，称为均值平稳；如果 $X(t)$ 同时满足条件①和②，则该随机过程称为广义平稳随机过程。

地理对象的二维空间位置点是一个具有独立性的经度和纬度二元组，因此可将其看作两个时间序列进行分别对待。以正常行驶车辆为例，其运动轨迹大多是沿道路前行，如图 3-5(a)所示：如果忽略车辆急停急转等因素，那么在平直道路路段，其轨迹序列的统计特性变化较小，则可假定该部分轨迹序列是广义平稳的。如果车辆在急转弯等复杂路段情况下行驶[如图 3-5(b)中的立交桥匝道]，则其运动轨迹可由三段组成，即由平稳段(黑色圆点)进入急转弯处的非平稳段(黑色三角点)再进入平稳段。

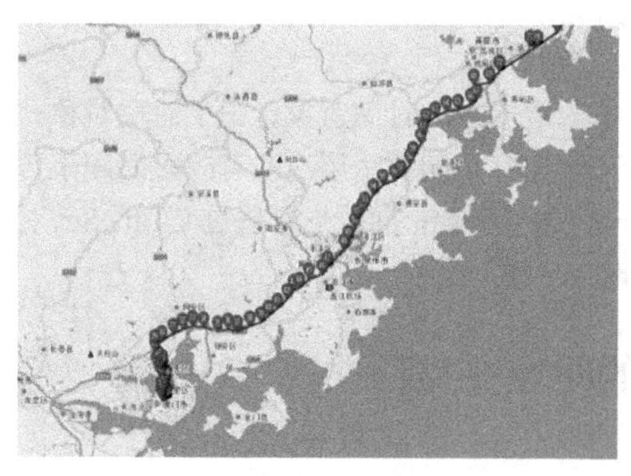

(a) 车辆运动轨迹示意图

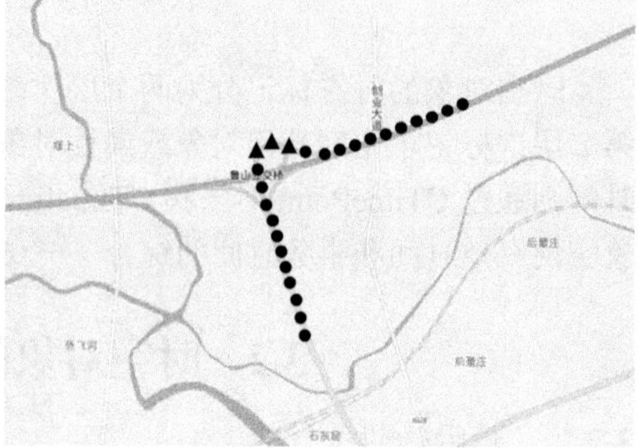

(b) 车辆急转弯处运动轨迹示意图

图 3-5　运动对象轨迹序列的短时平稳性示意图

3.2.3　误差特性

地理对象的定位一般通过北斗(或 GPS 或 GLONASS)、移动基站或其他无线电定位等手段获取，这些定位设备均存在着定位误差且满足正态分布。其中，民用 GPS 的定位误差一般为 10m 量级；移动基站的定位误差则在 100m 量级；其他如利用无线电测向手段进行定位精度则可能更差。考虑测量设备的定位误差，对地理对象空间位置过于精确的表达在一定程度上没有太大的实际意义。

地理对象时空变化趋势具有无后效性、短时平稳性和误差特性等三种特性，因此可从量化、马尔可夫链模型和短时线性预测三个角度对时空数据进行时空建模。模拟信号的数字化一般遵循抽样、量化和编码三个步骤。其中，抽样是指用每隔一定时间的信号样值序列来代替原来在时间上连续的信号，也就是在时间上将模拟信号离散化；量化是用有限个幅度值近似原来连续变化的幅度值，把模拟信号的连续幅度变为有限数量的、有一定间隔的离散值；编码则是按照一定的规律，把量化后的值用二进制数字表示，然后转换成二值或多值的数字信号流。

借用如上思路，测量设备定时所得到的地理对象时空数据可视为经抽样后的模拟信号，在运用经典的数字信号处理方法之前，需要对这些时空数据进行预处理，通常采取经纬格网量化方法。以运动车辆为例(图 3-6)，考虑行驶道路路网复杂度不同，可采用分段均匀量化方式：在路网密集处选取较小的量化间隔，稀疏处选取较大的量化间隔。当然，也可简单地采用均匀量化方式。经过量化后，车辆的轨迹序列即可用网格编号序列进行描述。如果将每个格网看作马尔可夫链的一个状态，则其空间位置的变化可理解为马尔可夫链上状态的转移，于是车辆的轨迹序列可表示为马尔可夫状态序列。

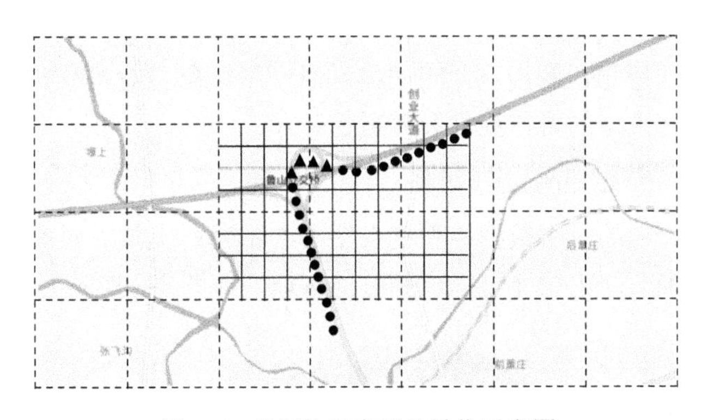

图 3-6　车辆轨迹序列的量化示意图

将图 3-6 抽象化，则车辆轨迹序列空间可用马尔可夫链状态空间表示，如图 3-7 所示。如果空间粒度选择适中，则车辆每次移动均不超过 1 个格网，其每个状态就可依一定概率一步转移至其周边 9 个状态中的任意一个，且满足 $\sum_{k=0}^{8} P_{ik} = 1$（$i = 1, 2, \cdots, N$）。

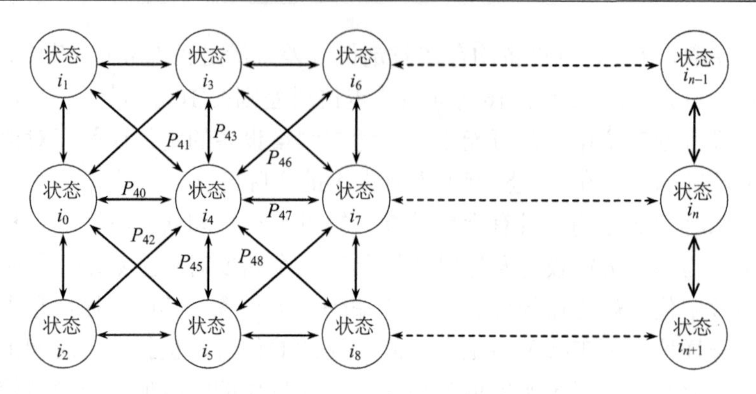

图 3-7　四边形格网马尔可夫链的状态转移示意图

显然，车辆轨迹序列中的每个点在格网中的出现均满足一定概率分布。

3.3　基于马尔可夫链的时空数据模型的建立

时空立方体模型描述了二维空间沿着第三个时间维演变的过程。三维立方体由空间两个维度和一个时间维组成。任何一个空间实体的演变历史都是空间–时间立方体中的一个实体。时空立方体模型形象直观地运用了时间维的几何特性，表现了空间实体是一个时空体的概念，对地理变化的描述简单明了，但并未考虑地理对象时空数据的内在机理和变化特点。针对时空立方体模型的优势和局限性，基于马尔可夫链的时空数据模型以面向对象为基础，融合序列快照模型、基态修正模型和时空立方体模型的设计思想，利用马尔可夫链和时空量化思想对传统时空数据模型进行改造和扩展，提升模型的可扩展性和普适性。

3.3.1　时空数据模型的构建原理

基于马尔可夫链的时空数据模型是在图 3-7 的基础上加入时间维构成三维或四维空间，其中三维空间由经度、纬度和时间构成，如图 3-8 所示。

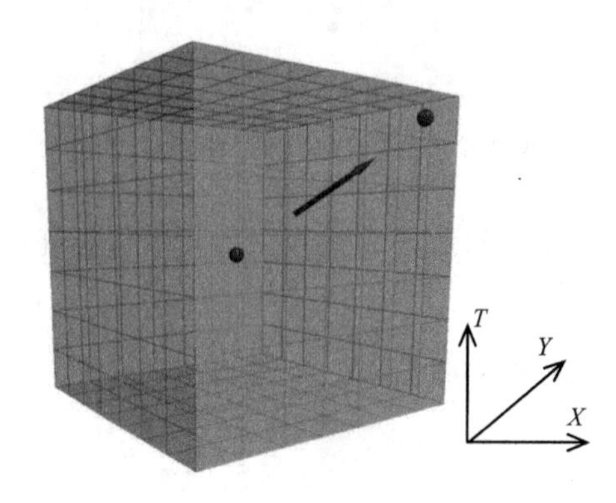

图 3-8　经度、纬度和时间组成的时空立方体模型示意图

四维空间由经度、纬度、高程和时间构成，如图 3-9 所示。其他参数则作为属性，如图像灰度、高度、方向、速度等。

地理对象在时间轴上的任一个断面时刻相同，每个小立方体都是马尔可夫链的一个状态。在图 3-9 所示三维时空立方体模型中，经度、纬度、时间均经过量化处理，量化间隔称为粒度。时间粒度代表采样时间间隔，即多长时间获取一次位置，经纬度粒度即为位置网格大小，粒度取值与测量设备误差有关。

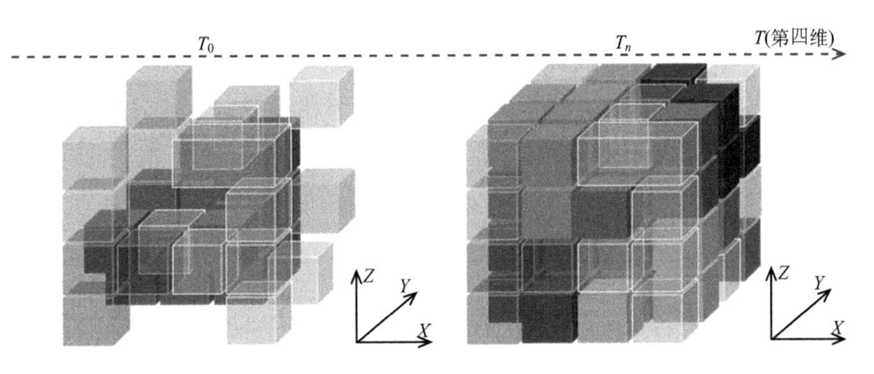

图 3-9　空间与时间组成的四维时空立方体模型示意图

如此构建的时空数据模型具有一般意义上的时空数据模型的基本功能：时空数据存储、时段检索和空间检索。除此之外，基于马尔可夫链的时空数据模型根据时空对象变化特性引入状态转移和时空粒度两个概念，可为时空数据模型提供至少如下两个功能。

1) 数据挖掘功能

状态转移概率的引入，对于单个地理对象而言，有助于分析其运动规律，如运动对象的路线特点(如哪个路口经常右转)；对于多个地理对象而言，有助于挖掘多个地理对象反映的事件信息，如通过构建隐马尔可夫统计模型分析浮动车数据所反映的交通流量特点(如哪个路口左转车辆多，宜多设左转车道)；如利用图像分类技术对多时相遥感影像进行动态监测，通过统计不同地物之间的转移概率预测土地利用未来趋势。

2) 数据压缩与数据存储的一体化

时空数据模型所管理的数据容量是海量的，因此需要对这些时空数据进行数据压缩。时空粒度概念的引入，可以使时空数据的空间坐标表达与二进制编码天然结合，使其有助于海量时空数据的压缩，从而使得数据压缩算法可与时空数据模型天然结合。同时，时空粒度概念也为时空数据的存储提供了对应的空间索引策略，有助于提高时空数据模型查询检索时空对象的效率。

3.3.2 时空数据模型的对象时空描述及数据存储

根据地理时空对象的三个特性，借鉴信号处理的基本思路，时空数据的位置变化则体现为马尔可夫链中的状态转移，可根据输入条件确定转移的目标状态。此时，时空数据的时空演变可转化为一个二进制输入序列，该二进制输入序列可根据时空数据空间位置随时间变化频率高低兼容序列快照、基态修正和时空立方体等传统时空模型的设计思想设置。

1. 二维空间状态转移时空描述

时间是时空数据的一维属性，是一条没有端点、向过去和将来无限延伸的轴线，是不可逆的。因此，当地理对象的二维空间位置发生变化时，其只能按照时间顺序进行变化转移：从 T_0 采样时刻转移到 T_1 时刻，再从 T_1 时刻转移至 T_2 时刻，依次类推，如图 3-10 所示。

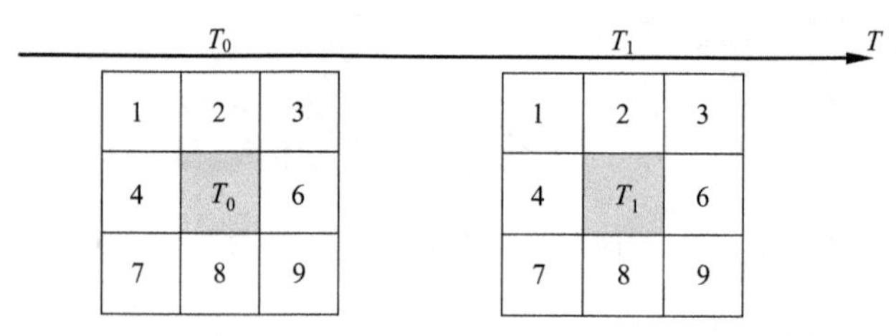

图 3-10　四边形格网状态转移二维时间序列示意图

如果假定基于四边形格网的时空粒度的选择恰好合适，地理对象每次状态转移时仅需移动一个格网(即在图 3-8 中的相邻立方体间移动)，那么地理对象从 T_0 时刻所在位置转移到 T_1 时刻时，其只能转移到 T_0 时刻所在位置周围的 8 个立方体或位置不变，计 9 个方向。那么，图 3-10 基本思想就可以改换成另一种表达形式，如图 3-11 所示。

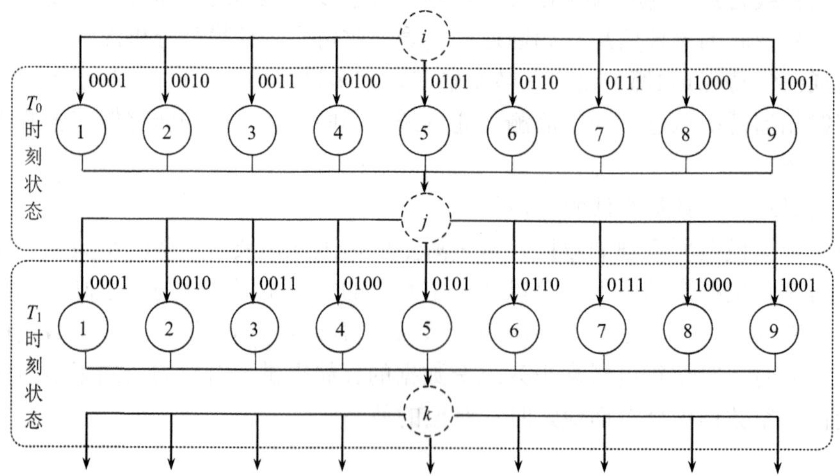

图 3-11　四边形格网状态转移二维时间序列状态转移编码示意图

图 3-11 中，i, j, k 分别表示 T_{-1}, T_0, T_1 时刻下地理对象所在空间状态编码，其取值为$[1,9]$。为每种转移状态定义一个二进制输入，即当输入为 0001 时，转移至状态 1；为 0010 时，转移至状态 2；为 0011 时，转移至状态 3；……为 1001 时，转移至状态 9。显然，在时空粒度选择最糟糕的情况下，地理对象空间状态转移就成为原始的空间位置序列，可选择其他数据压缩和存储方式进行组织和管理。

在基于全球离散格网的空间基准研究中，三角形、四边形和六边形是能够进行规则化空间剖分的三种几何格网图形，其中六边形格网是最为紧凑的一种，具有非常理想的几何和空间属性，其特点是：①以最小的平均误差量化平面，具有最大的角分辨率；②六边形格网单元拥有一致的邻域，有利于邻近、连通等空间分析的实现；③六边形格网的 6 个离散的速度向量足以描述连续的各向同性的流体；④在表达相同信息量的情况下，六边形格网比矩形格网要节省约 14%的采样量。

正因为六边形格网具有上述独特的性质，它非常适用于地理空间数据的建模和处理，并受到越来越多的重视。同时，在非全球格网数据处理方面，根据生理学的研究，人眼的视网膜使用的就是六边形采样模式，并具有处理不同分辨率影像数据的能力，因此多分辨率的六边形格网也被应用于数字图像信号获取与处理领域。如图 3-12 所示，在按照六边形格网进行空间剖分的情况下，基于马尔可夫链的时空数据模型同样可将时空数据的空间坐标自然地转换为二进制代码，为设计高压缩比数据压缩算法提供了理论基础。

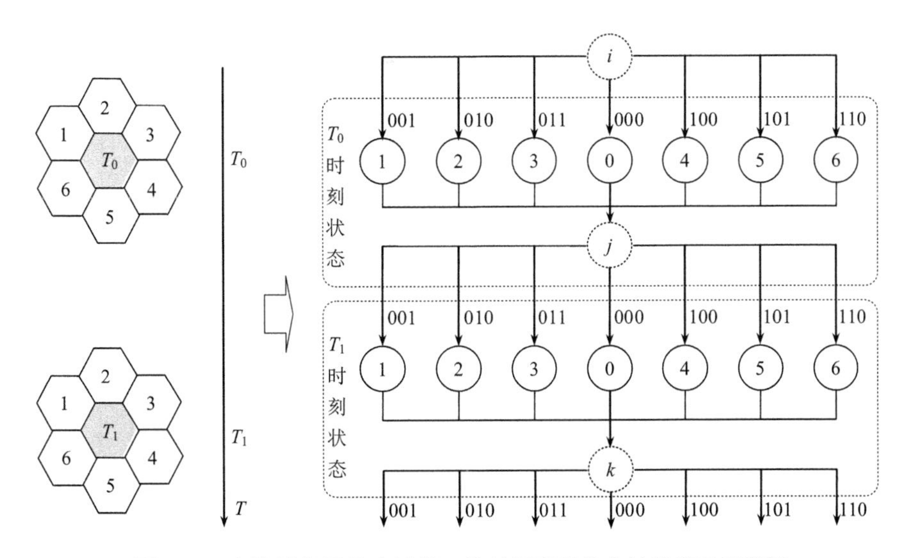

图 3-12　六边形格网状态转移二维时间序列状态转移编码示意图

2. 三维空间状态转移时空描述

根据二维空间状态转移时空描述的基本原理，当基于马尔可夫链的时空数据模型为三维空间坐标和一维时间构成的四维空间时，即地理对象的空间坐标为三维，则地理对象的时空变化对应的状态转移三维时间序列就可以使用图 3-13 进行表达。

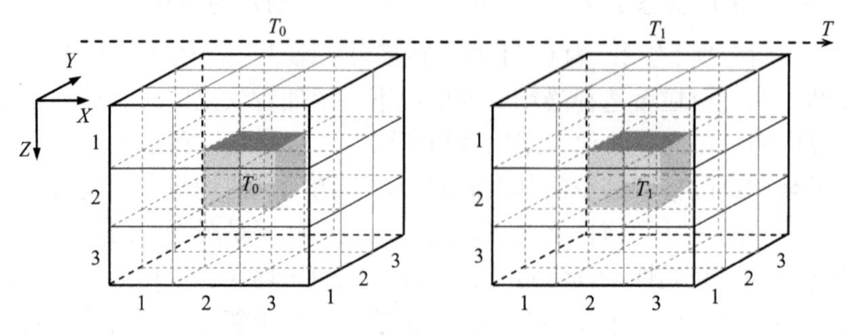

图 3-13　状态转移三维时间序列示意图

如果假定时空粒度的选择恰好合适，地理对象每次状态转移时仅需移动一个格网(在相邻立方体间移动)，那么从 T_0 时刻所在位置，只能转移至它周围的 26 个立方体或位置不变，计 27 个方向。将图 3-13 基本思想改换成另一种形式，如图 3-14 所示。

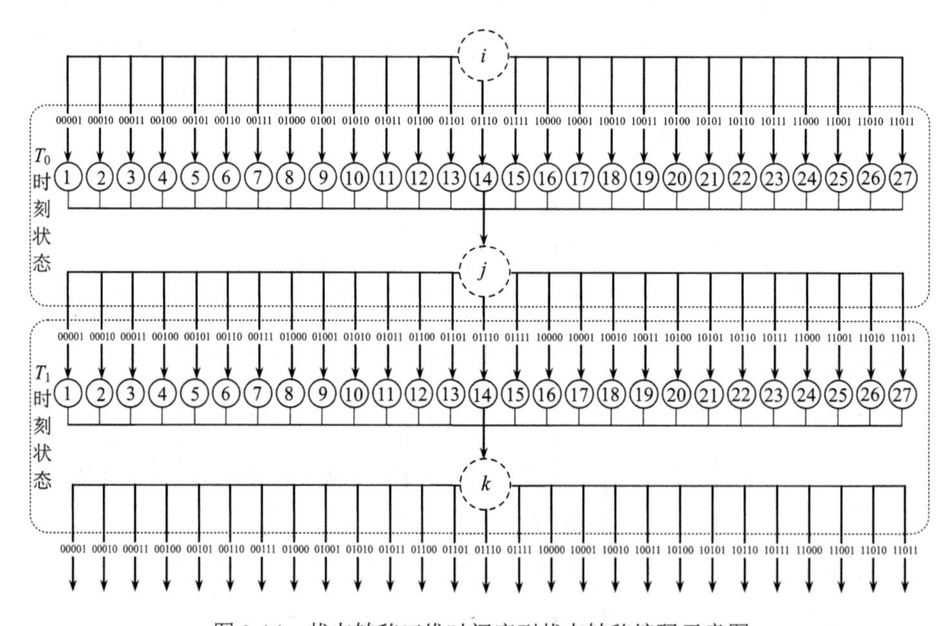

图 3-14　状态转移三维时间序列状态转移编码示意图

图 3-14 中，i,j,k 分别表示 T_{-1},T_0,T_1 时刻下地理对象所在空间状态编码，其取值为 $[1,27]$。

为每种转移状态定义一个二进制输入，即当输入为 00001 时，转移至状态 1；为 00010 时，转移至状态 2；……为 11011 时，转移至状态 27。

经如上定义，地理对象的二维/三维空间变化就可以完全由马尔可夫链时空立方体模型表达，其位置变化体现为马尔可夫链中的状态转移，可根据输入条件确定转移的目标状态。此时，位置序列可转化为上述二进制输入序列。由此可见，马尔可夫链时空立方体模型的数据存储基本原理参考了基态修正模型的原理，同时将空间坐标自然地转换为二进制代码，为数据压缩算法提供了高压缩比的前提。显然，数据存储的优越性取决于时空粒度的选择。

3.3.3　时空数据模型的时空粒度选择

在基于马尔可夫链的时空数据模型中，时空数据的时空变化可以描述为马尔可夫链，其核心问题之一是模型维度空间内空间维和时间维的量化处理，量化间隔为时空粒度。

时空粒度包括时间粒度和空间粒度。时间粒度的确定以时空数据的获取时间分辨率为基础，而时空数据模型支持多时间粒度及多粒度之间的相互转换，因此时空粒度的选择更关注空间粒度的选择。

空间粒度的选择应综合考虑数据表达精度和数据存储量两个因素，即需满足如下条件：①根据不同应用需求确定粒度的大小，即粒度的适用性。如果粒度选择过大则目标地理精度不够，反之，则模型空间过于庞大。②不同地域、不同条件下的粒度大小应具有差异性。③粒度大小理论上应与参考位置采集设备的误差一致。④在不影响数据模型的情况下，时空状态应能在线分解为多个更小粒度状态，以支持外部条件的变化，即粒度应具有多分辨率分解性。

需要说明的是：如果需要真实、精确地重现地理对象的空间历史，则空间粒度应不大于测量设备的误差。

1. 二维空间粒度的选择

现实地理对象的时空数据是海量的。以采样间隔为 1s 的车辆为例，选取 GPS 采集数据中经纬度、高度、速度、方向等 5 种常规参数，如均采用双精度浮点型(Double)表示，1s 数据量为 40B，1h 为 144KB，以每天 10h 计，每车每天的数据量为 1.44MB。那么，以某城市 160 万辆机动车的 10%计算，1 天的数据量为 230GB，1 年则为 82TB，其存储量和运算开销显然是惊人的。因此，海量地理对象数据所构建的时空数据模型应具备相应的数据压缩机制，以此降低数据容量，从而提高模型的管理能力。

传统的时空数据模型更侧重时空数据的历史真实重建和变化监测，而缺乏对时空数据内在蕴涵秩序和规律的分析和挖掘，因此时空数据模型的构建应在原有时空数据组织和存储的基础之上考虑如何从海量、多源、时变、异构的时空大数据中提取有用的和有价值的信息和情报。因此，在许多实际应用场合(如交通流量分析和交通行为分析等)，时空数据并不需要特别精确的位置表达，即在允许误差范围内选取适合的时空粒度对时空数据进行采样。这样，时空数据模型就可以根据不同的应用需求选用不同的时空粒度，以此对海量时空数据进行数据压缩，从而实现时空数据模型与数据压缩一体化的目标。

时空对象在时空坐标系中的分布是不均匀的、不均衡的，因此二维空间粒度的确定方法选用基于四叉树的二维空间粒度模型。其基本思想是：依据实际应用需求对观测区域进行四叉树划分，然后根据特定应用准则判断子区域是否进一步划分，直到所有子区域不需要划分为止。如图 3-15 所示，观测区域中的一部分区域进行了三层划分，而部分区域仅进行了一层划分。这样经过基于四叉树的二维空间粒度模型采集的时空数据在存储时不仅可以降低其数据存储容量，而且可以提供相应的空间索引。显然在一定情况下，基于四叉树的二维空间粒度模型会退化为等间隔空间粒度。

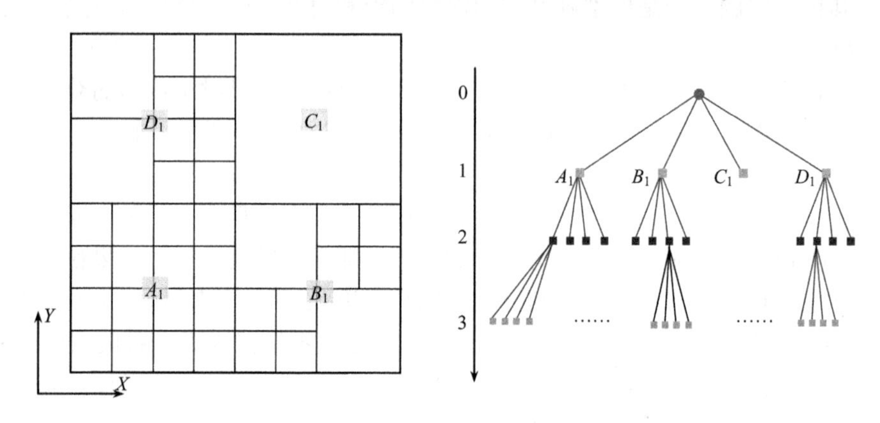

图 3-15　基于四叉树的二维空间粒度模型示意图

如图 3-16 所示，在按照六边形格网进行空间剖分情况下，采用六边形的四元平衡结构(hexagonal quaternary balanced structure, HQBS)思想(Tong et al., 2013)构建空间粒度模型。以经度和纬度构成的二维空间为例，六边形的四元平衡结构即以四叉树空间索引模式对二维空间进行多分辨率六边形格网划分，这样就可以通过 HQBS 多分辨率思想解决单一粒度不同精细程度所引起的数据量和检索效率问题。

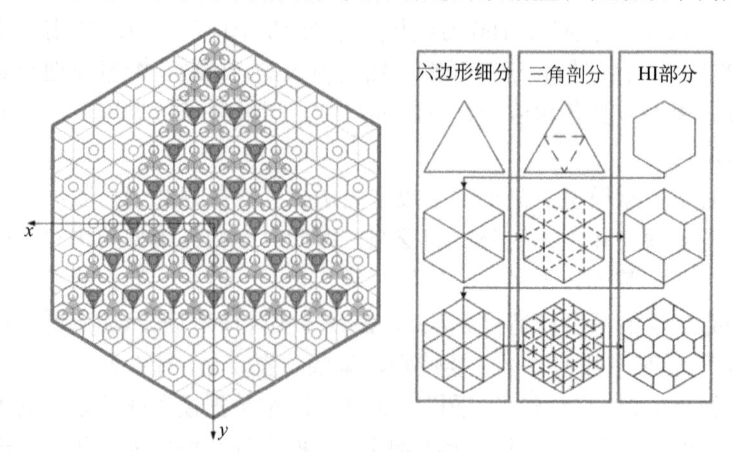

图 3-16　六边形的四元平衡结构示意图

基于四叉树的二维空间粒度模型能够根据具体应用对象数据分辨率合理地划分空间，从而可以有效地解决单一粒度不同精细程度所引起的数据量和检索效率问题。例如，在基于浮动车的城市实时路况信息发布应用中，如果不考虑精确重现浮动车历史数据，在道路网络稠密区域和稀疏区域应采用不同的空间粒度；在地形可视化研究中，地形数据的提取原则是地形复杂区域的地形表达应更精细一些，而平坦区域的地形表达应粗略一些。显然，基于四叉树的二维空间粒度模型正好与该原则对应起来，可在确保地形描述精度的基础上有效地降低地形数据的冗余度，同时减少频繁的数据 I/O 操作，从而提高大规模数据场的绘制性能。

基于四叉树的二维空间粒度模型包含单一空间粒度，具有普遍性。例如，当二维空间粒度为固定经纬差时，模型空间则退化为等间隔的经纬网，相应的时空数据模型则可退化为序列快照模型或基态修正模型。

1) 遥感影像

多源、多分辨率、多时相的遥感影像多用于遥感探测和动态监测领域，这些应用基本上是在影像的源数据基础上通过特定算法模型提取和挖掘相关的有用信息，因此遥感影像的组织管理应从其源数据出发。同时，考虑遥感影像的时空变化基本上是反映在其像素所对应的地物电磁波属性方面，而空间坐标通常不发生改变，因此该时空数据模型在对遥感影像进行组织管理时就退化为了序列快照模型。

2) 数字矢量电子地图

对于数字矢量地图而言，其时空变化量相对较小，因此该时空数据模型在对其组织管理时可根据其变化量退化为序列快照模型或基态修正模型。

3) 数字高程模型

对于规则格网的 DEM 数据而言，如果将 DEM 的高程数据作为属性看待，那么基于马尔可夫链的时空数据模型在对其组织管理时，根据应用需求可退化为序列快照模型或基态修正模型。

4) 移动对象时空数据

对于移动对象时空数据而言，其连续性由时间采样间隔和运动速度等因素决定，因此该时空数据模型在对其组织管理时，可根据实际应用情况退化为序列快照模型、基态修正模型或者时空立方体模型。

2. 三维空间粒度的选择

时空对象在三维空间下的数据量显然比二维空间下的数据量更为庞大，因此也需要制定相应的时空粒度确定方法。正如基于四叉树的二维空间粒度模型，八叉树(octree)空间剖分技术正是解决三维空间粒度的有效技术手段。与四叉树数据结构类似，八叉树也是一种树状空间层次细分结构，如图 3-17 所示。八叉树中的每个节点均代表着不同分辨率的空间立方体，其中每个父节点最多有八个子节点，子节点表示父节点对应空间立方体中的一个八分体。

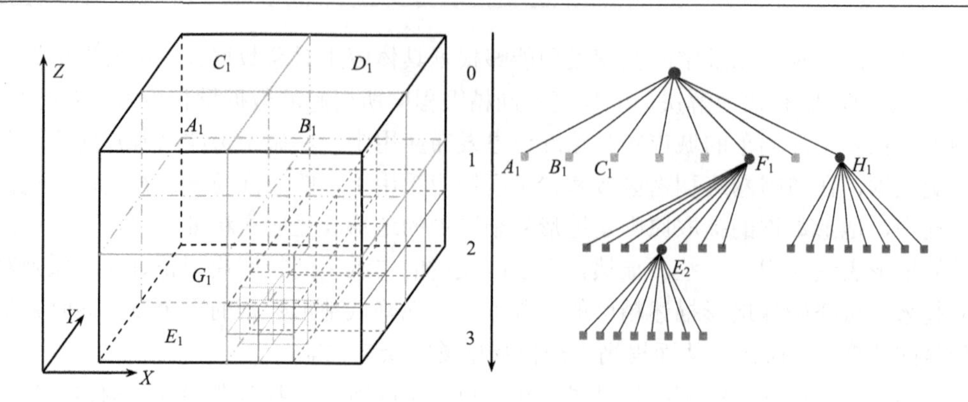

图 3-17 基于八叉树的三维空间粒度模型示意图

基于八叉树的三维空间粒度模型对应的基于马尔可夫链的时空数据模型可适用于深空探测、大气循环模拟、地壳变动模拟、地震发生模拟和地球温度场模拟等，典型应用成果有日本的“地球模拟器”、美国的“地球模拟器”、美国 Texas 板块运动模拟系统和中国吴立新教授提出的基于球体退化八叉树的地球系统流形网格。

3.3.4 时空数据模型的动态马尔可夫编码

动态马尔可夫编码可针对二进制进行编码，能起到无损压缩效果，当消息序列足够长时，其压缩率能接近信息论的理论下界。以下通过一个简单例子进行算法说明。

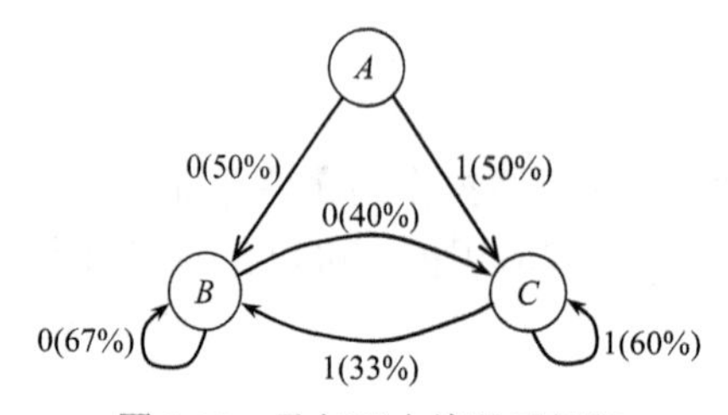

图 3-18 马尔可夫编码示例图

假定序列产生满足图3-18所示的马尔可夫链(Cormack and Horspool, 1987)，从状态 A 等概率转移至状态 B 和 C，分别输出二进制 0 和 1；B 以 67%概率转移至自身，输出 0，以 33%概率转移至 C，输出 1；C 以 60%和 40%概率分别转移至自身和 B，分别输出 1 和 0。

动态马尔可夫编码的原理就是从 $(0.000\cdots,0.111\cdots]$ 区间内找一个二进制小数来表示消息序列。不妨假定消息序列为 0111001，同时假定马尔可夫链的初始状态为 A，则动态马尔可夫编码过程可描述如下，如图 3-19 所示。

(1) 在 $(0.000\cdots,0.111\cdots]$ 内选择一个二进制小数，由于初始状态输出 0,1 的概率相同，将 $(0.000\cdots,0.111\cdots]$ 平分成 $(0.000\cdots,0.0111\cdots]$ 和 $(0.1,0.111\cdots]$，分别表示为 0 和 1，由于输入序列首字为 0，选择 $(0.000\cdots,0.0111\cdots]$。

(2) 此时状态 A 已转移至状态 B，由于输出概率分别为 67%和 33%，在前一区间基础上划分区间，即 $(0.000\cdots,0.010101\cdots]$ 和 $(0.010101\cdots,0.0111\cdots]$，连同首字，前者表示为 00，后者表示为 01。

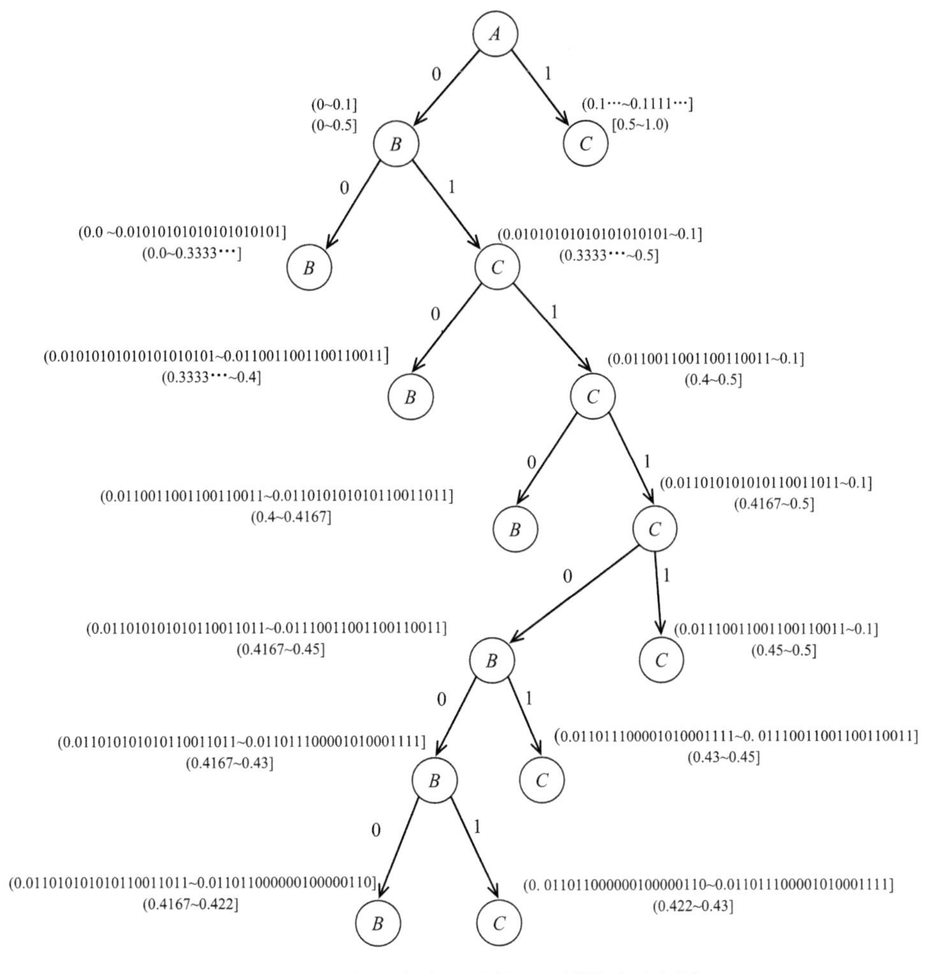

图 3-19　马尔可夫编码过程二叉树描述示意图

(3) 依次类推，0111001 序列可用 $(0.01101100000010000011\cdots,$ $0.01101110000101000111 1\cdots]$ 内的小数表示，即 $(0.422,0.43]$。此时，0111001 可编码成 0110111。当然码字越长，压缩效果越明显。

图 3-20 以二叉树的形式对马尔可夫编码过程进行描述。为了便于理解，图中在二进制小数下同时标注了十进制值。

解码过程则为上述编码过程的逆过程，这里不再赘述。

在上例中，每次转移输出 1 个二进制字符，如图 3-20 (a) 所示。如果需要输出 N 个二进制字符，可构造若干个虚状态将马尔可夫链进行扩展。例如，将单状态马尔可夫链扩展为 15 个状态马尔可夫链，输出 4 个二进制字符，如图 3-20 (b) 所示。或者在编码过程中以 N 个二进制字符为一组，构造 N 叉树 (Cormack and Horspool, 1987)。

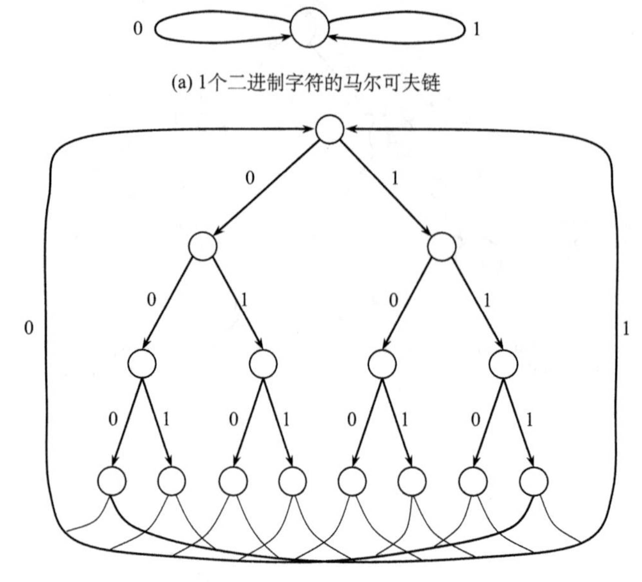

图 3-20　N 个二进制字符马尔可夫链扩展示例图

表 3-1 将动态马尔可夫编码的压缩效率与其他无损编码进行了对比，对郑州市区内采集的几组 1 个小时内的浮动车空间坐标数据进行了哈夫曼编码、LZW 编码和动态马尔可夫编码，其平均编码效率对比如表 3-1 所示。

表 3-1　几种编码效率对比

编码算法	压缩率
哈夫曼编码	58.4%
LZW 编码	36.9%
动态马尔可夫编码	28.8%

由表 3-1 可知，动态马尔可夫编码效率明显优于哈夫曼编码和 LZW 编码。由此可见，动态马尔可夫编码算法不仅编码效率较高，而且可与时空数据模型天然结合为一体，为时空数据模型提供数据压缩功能。

3.3.5　时空数据模型的空间索引

面对海量的地理时空大数据，单纯依靠人工查询分析数据有效性的传统方式，由于其效率低、主观性强、信息获取周期长等缺陷，已远远不能满足获取高效信息的需求，因此需要通过构建空间索引来提升时空数据模型的组织和管理效率。

1. 空间索引

传统的时空数据模型中所采用的空间索引通常可以分为空间树状索引和空间编

码索引两大类。

1）空间树状索引

空间树状索引有 KD 树（Gaede and Günther, 1998）、Q 树（付仲良等, 2016）、八叉树（张传明等, 2007）、R 树（Guttman, 1984; Beckmann et al., 1990）、改进 R 树（Sellis et al., 1987; 龚俊等, 2011）、K-D-B 树（Robinson, 1981）和 QR 树（张芩和王振民, 2004）等组合索引方法。空间树状索引虽然对空间目标对象的空间分布有较好的对应，但组织和管理不同尺度空间下的空间目标有着较大的局限性，同时易受树深的影响而降低效率。

2）空间编码索引

空间编码索引是建立在空间格网划分基础之上的一种顺序结构，适用于空间信息组织和管理，能够快速实现对象的多尺度编码，且可以根据格网与目标之间的对应关系实现空间目标对象的快速访问和关系计算（童晓冲和贲进, 2016）。经典的空间编码索引有规则格网（王晏民, 2002）、空间填充曲线（Sagen, 1994）、多级格网（张小虎等, 2014）和自适应格网（周勇等, 2006）等。空间编码索引是通过变长字符串（数组）或者定长的数进行编码，其本质更趋向于哈希索引，对空间区域进行查询时，运算复杂度较高且查询效率低下。

基于马尔可夫链的时空数据模型所管理的空间对象较为广泛，显然采用传统的空间索引不能有效地提升时空数据的组织和管理能力。童晓冲等（2016）针对一维的时间信息，提出了一种基于位操作的多尺度剖分和整数编码方法，极大地提升了时态拓扑关系的运算效率，同时在空间维度上也提出了一种顾及空间尺度的定长整数编码的空间索引方法——多尺度整数编码（赖广陵等, 2018; Lai et al., 2020; Lei et al., 2020）。因此，基于马尔可夫链的时空数据模型采用多尺度整数编码构建空间索引，从而有效地提高数据的访问效率。同时组织、管理和查询不规则、多样化的地理空间数据时，可构建自动化的数据筛选功能，提高数据分析能力，便于数据的快速有效利用。

2. 二维空间单尺度离散的整数编码

将整个二维空间进行四叉划分，将二维空间等分成四个相同的子空间，再将每个子空间继续划分为四个更高级别的子空间，按照这种方法递归，直至获得规定的最高层级 N–1 级的子空间，这样就获得了共有 N 级的二维空间。

二维空间单尺度离散的整数编码基本流程为：假设 $N \times N$ 是待研究二维空间的范围，在 0 级索引中，共有 1×1 个网格，网格对应的空间范围为 $N \times N$；在 1 级索引中，共有 2×2 个网格，网格对应的空间范围为 $(N/2) \times (N/2)$；在 2 级索引中，共有 4×4 个网格，网格对应的空间范围为 $(N/4) \times (N/4)$；……在 m 级索引中，共有 $2m \times 2m$ 个网格，网格对应的空间范围为 $(N/2m) \times (N/2m)$。每一级具体编码规则如图 3-21 所示。

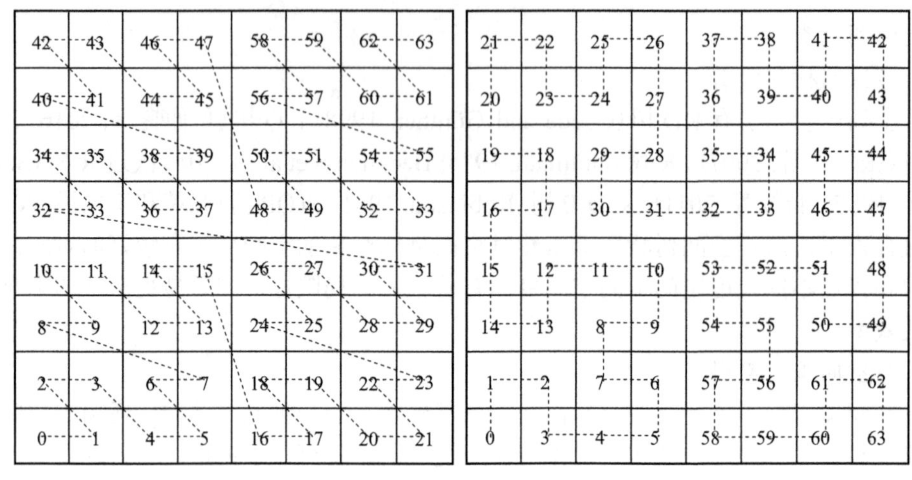

(a) *Z*阶曲线填充　　(b) 希尔伯特曲线填充

图 3-21　二维空间单尺度离散整数编码示意图

二维空间单尺度离散的整数编码是由一系列整数所构成的一维 *Z* 阶曲线(*Z*-order curve)或希尔伯特曲线(Hilbert curve)，使得二维的网格坐标可映射到一维空间中。采用整数对网格坐标进行编码，需要建立网格坐标与编码值的对应关系。为充分使用计算机存储空间，满足编码简单且高效的要求，设计了如表 3-2 所示的网格坐标结构。

表 3-2　二维空间单尺度离散整数编码网格坐标结构含义说明表

含义	*X*	*Y*
位数	31	31
取值范围	0～2147483647	0～2147483647
存储值	*X* 方向网格坐标	*Y* 方向网格坐标

计算机在 x86-64 的环境下，不考虑内存拼接的情况时，可以存储的最大整数为 64 位，给 *X*、*Y* 两个坐标均分配 31 位，则每一个坐标的取值范围为 0～2147483647。该范围能够满足地球上二维空间的数据量需求，下面进行举例说明。地球的平均半径约为 6371393m，地球最大周长为 40076km，若要将地球表面展开成二维平面后放置于上述坐标系中，则可将 *X*、*Y* 坐标的每个单位长度设为 1.86cm，此时 *X*、*Y* 的取值范围为 0～42949.7km，粒度为 1.86cm，网格的最小范围为 1.86cm×1.86cm，可以满足较多场景下的数据量需求。

虽然希尔伯特曲线相对于 *Z* 形曲线具有更好的空间聚集特性，但在编码效率方面存在计算效率低下的问题，因此在后续网格坐标和整数编码相互转换中以 *Z* 形填充曲线为例进行阐述。在网格坐标转换为编码时，依据 *Z* 形编码的特点，利用交叉取位的方法来完成转换过程，从而得到每一个网格的整数编码。换而言之，先将十进制的 X、Y 坐标转换为二进制编码，均为 31 位，不足的用 0 补齐，再按照 Y、X 的顺序，依次取位，得到一个 62 位的二进制编码，然后将该编码转换成整数，最终得到网格的单尺度整数编码。

分析上述单尺度整数编码方法，其优缺点如下：

(1) 优点。单尺度整数编码方法是一种整型编码方法，采用这类编码方法进行编码运算效率很高；通过该编码方法可建立网格坐标与编码值的一一对应关系，利用位域运算来实现网格坐标与编码值之间的快速转换，从而可以快速调用网格对应的数据。

(2) 缺点。单尺度整数编码方法具有单尺度特性，即对网格进行编码时，网格的大小是固定的，无法同时对不同尺度的网格进行编码。在实际应用中，需要用到多个尺度的网格信息，无法满足不同区域内细节层次要求不同尺寸网格的需求。

3. 二维空间多尺度离散的整数编码

单尺度整数编码不能同时表达多尺度信息，满足实际的应用，为解决这一问题，本节在单尺度整数编码的基础之上提出了一种二维空间多尺度离散的整数编码方法。该方法的主要思想是将不同尺度下的网格编码串在一起，形成一个 64 位的整数，通过整数运算从而得到网格编码的层级及其对应的网格坐标。

多尺度整数编码（multi-scale grid integer coding model，MGICM）以单尺度整数编码为基础，将单尺度整数编码值向左移一位，即可获得多尺度整数编码值。网格的

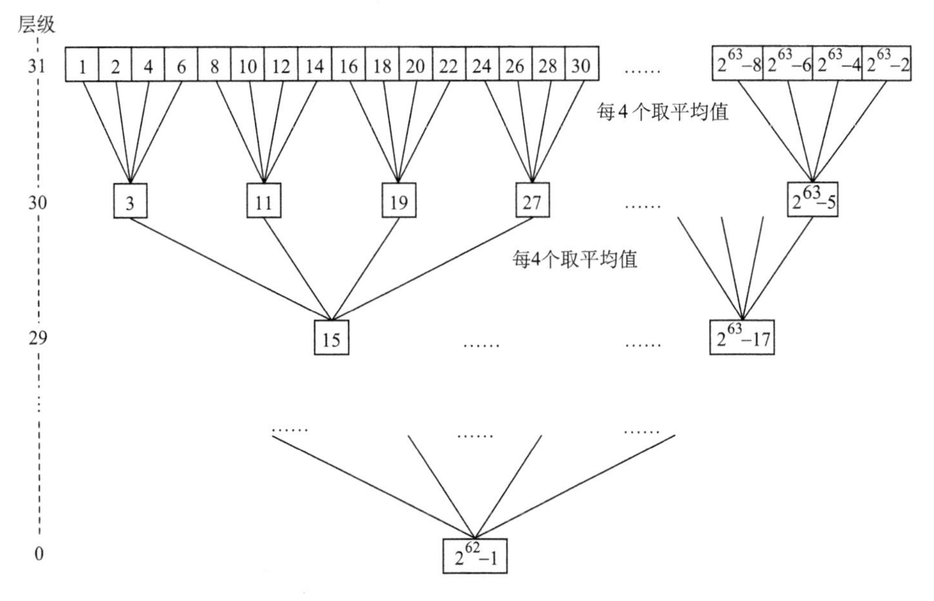

图 3-22　二维空间多尺度离散整数编码示意图

X、Y 坐标若各取 32 位，再转换成单尺度整数编码值，该值无法左移一位得到多尺度整数编码值，所以在单尺度整数编码方法中，网格的 X、Y 坐标各取 31 位。

由单尺度整数编码值左移一位获得的多尺度整数最大层级(第 31 层级)的编码值，该层级中的整数编码值均为偶数，较低层级的编码值都是以此层级为基础而产生的。将第 31 层级中每相邻的 4 个整数编码值取平均值，即可得到第 30 层级的整数编码值(奇数)，依次类推即可得到共 31 级的整数编码值，如图 3-22 所示。

二维空间多尺度离散的整数编码方法是通过一串整数来实现多个尺度的网格编码，其本质其实是一倒立的四叉树。图 3-23 和图 3-24 分别给出了尺度 0～2 的 Z 形曲线和希尔伯特曲线填充二维空间多尺度离散整数编码示意图。

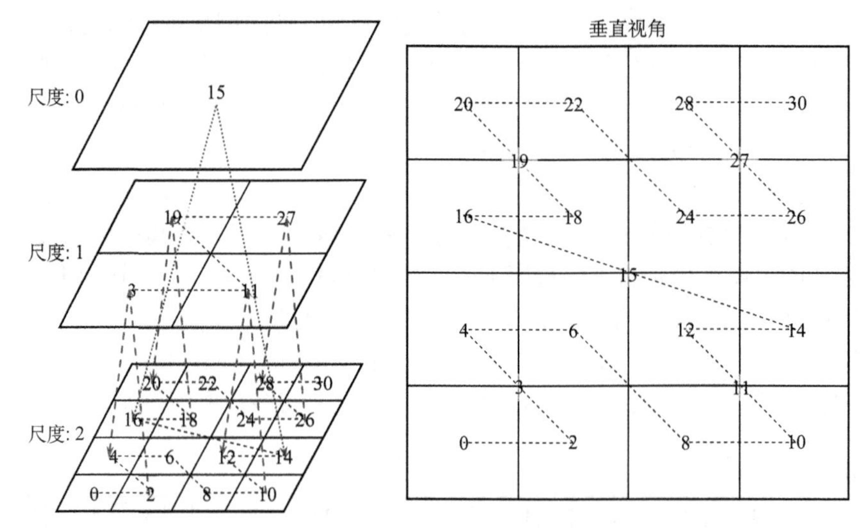

图 3-23　尺度 0～2 的 Z 形曲线填充二维空间多尺度离散整数编码示意图

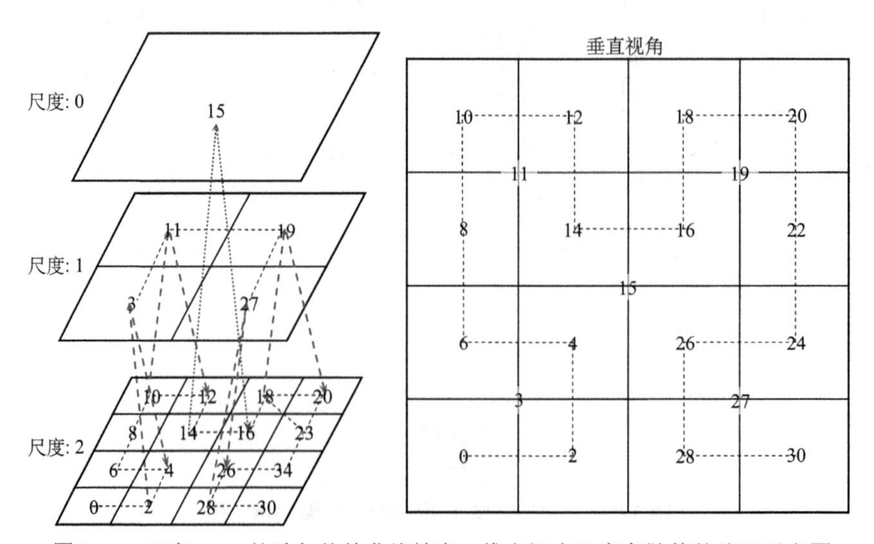

图 3-24　尺度 0～2 的希尔伯特曲线填充二维空间多尺度离散整数编码示意图

二维空间多尺度离散的整数编码具体步骤如下：

(1) 按照第 2 小节“二维空间单尺度离散的整数编码”中的方法建立单尺度整数编码。

(2) 将通过第 (1) 步计算得到的单尺度整数编码值都左移一位，得到第 31 层的整数编码值，也就是基础层级的编码值，该层级的编码值均为偶数。

(3) 实现多尺度整数编码其他层级编码值的计算，将第 31 层级中每相邻的 4 个整数编码值取平均值，即可得到第 30 层级的整数编码值，且为奇数，依次类推，即可得到共 31 级的整数编码值。

4. 适用于多尺度整数编码的地球剖分网格

根据多尺度网格整数编码的设计思路，结合地球二维平面空间的特性，设计出适用于多源、多尺度遥感数据的地球剖分网格，如图 3-25 所示。

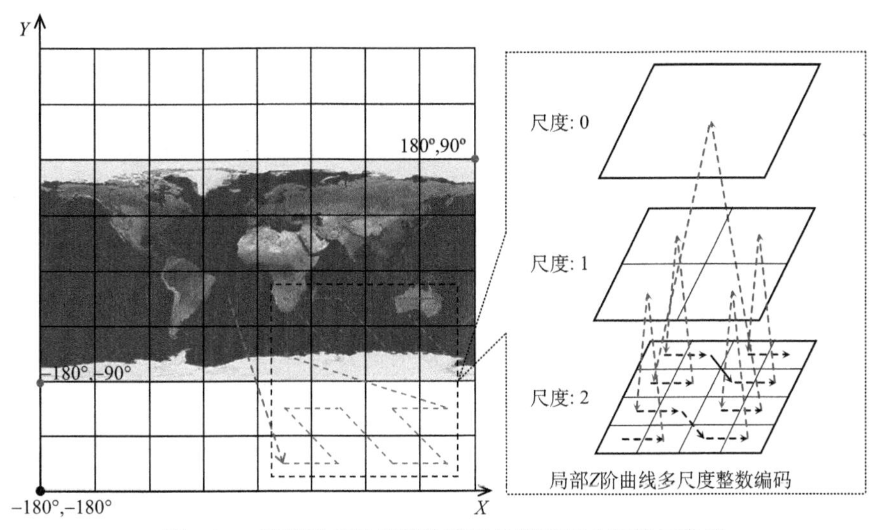

图 3-25　适用于多尺度整数编码的地球剖分网格示意图

适用于多源、多尺度遥感数据的地球剖分网格基本思路如下：

(1) 对地观测的遥感数据通常具有全球性特点，通过构建经纬度空间，采用经纬度方式对整个地球平面进行剖分，从而达到转换代价最低的目的。

(2) 依据多尺度整数编码的基础是四叉树的正方形网格，因此将全球经纬度范围进行扩展，即将纬度范围[–90°, 90°]扩展到[–180°, 180°]，使得纬度与经度方向跨度一致，如图 3-25 中的空白区域所示。扩展的经纬度区域在地理空间上不存在，但其所映射的多尺度整数编码存在，其具有连续性且不影响其他有效区域编码的使用，因此不需专门关注。

(3) 在常用的地理坐标系中，经纬度坐标的原点通常选择为赤道与本初子午线的交点，但是由于多尺度整数编码支持的是莫顿码的交叉形式，并不直接支持补码的处理，或者说莫顿码支持的是无符号的整数，因此需要对网格的原点选择进行规划处理，使得所有的网格都处于正方向，即将坐标原点(0°,0°)平移到(–180°, –180°)。根据多尺度整数编码的特点，坐标原点的平移相当于整数平移，只需要在整数编码基础上进行±0x40000000 的平移即可。

(4)遵循四叉树划分原则对经纬度空间进行网格划分，并按照经纬度的标准四叉树网格进行管理。

5. 地球剖分网格的整数编码计算

根据二维空间多尺度离散整数编码的基本原理，对整数编码计算中的一些基础运算进行详细介绍，进而以此为基础发展更复杂的关系运算。地球剖分网格的整数编码运算方法可分为两大类，即多尺度整数编码基础运算和多尺度整数编码关系运算。

1) *多尺度整数编码基础运算*

二维空间多尺度离散整数编码的基础运算是指通过整数的加减以及二进制的位运算来解决一些基本的编码计算。这里主要介绍的多尺度整数编码基础运算包括编码位运算、整数编码层级运算、指定层级的整数编码间隔运算、指定层级第 i 个编码值运算、整数编码与网格坐标的转换运算和整数编码与网格四个角点的坐标转换运算等。

2) *多尺度整数编码位运算*

二维空间多尺度离散整数编码的基础就是位运算，该编码方法中的编码运算都可以通过整数加减或二进制位运算得到。众所周知，位运算是对计算机中存储的二进制数据直接进行操作，这种操作方式处理数据效率很高，从而极大地提高了编码的运算效率，这也是该编码方法相对于其他编码方法的优势之一。基本的位运算有六种，分别为与、或、异或、取反、左移和右移，它们的运算规则如表 3-3 所示。

表 3-3　二维空间多尺度离散整数编码基本位操作运算

<table>
<tr><th>符号</th><th>描述</th><th>运算说明</th></tr>
<tr><td>&</td><td>与</td><td>两个二进制数同一位均为 1 时，位操作结果为 1；否则为 0</td></tr>
<tr><td>|</td><td>或</td><td>两个二进制数同一位均为 0 时，位操作结果为 0；否则为 1</td></tr>
<tr><td>^</td><td>异或</td><td>两个二进制数同一位相同时，结果为 0；否则为 1</td></tr>
<tr><td>～</td><td>取反</td><td>如果二进制数的每一位为 0 则变 1；若为 1 则变 0</td></tr>
<tr><td><<</td><td>左移</td><td>二进制数的每一位均左移若干位，其中越界的高位舍去，新的低位补 0</td></tr>
<tr><td>>></td><td>右移</td><td>二进制数每一位均右移若干位，对于无符号数，低位舍去，新的高位补 0；对于有符号数，各编译器处理方法不一样，分为算术右移或逻辑右移</td></tr>
</table>

3) *多尺度整数编码层级运算*

相对于单尺度整数编码而言，多尺度整数编码综合了单尺度整数编码的优点，将多尺度层级考虑到整数编码设计中，因此在多尺度整数编码计算中，首先要确定任意给定多尺度整数编码所对应的层级，然后才能进行其他更加复杂的编码运算。基于 64 位整数的多尺度整数编码共有 32 个层级，最高层级为第 31 层级，最低层级为第 0 级。不同层级之间，整数编码数值是不一样的，其对应的网格大小也是不一样的，因此就需要根据多尺度整数编码基本原理设计求解其层级的方法。

```
Input Ic(64 bit); OutputN(32 bit)
1:  Initialize N = 0, n = 0, Mc = 0x00LL
2:  if  0x00LL = (Ic& 0x01LL) then
3:      N = 0x1F
4:  else
5:      Mc = (Ic − 1) ^ (Ic + 1)
6:      if  0x00LL = (Mc& 0xFFFFFFFF00000000LL) then n += 0x20
7:      else Mc = Mc>> 0x20
8:      end if
9:      if  0x00LL = (Mc& 0xFFFF0000LL) then n += 0x10
10:     else Mc = Mc>> 0x10
11:     end if
12:     if  0x00LL = (Mc& 0xFF00LL) then n += 0x08
13:     else Mc = Mc>> 0x08
14:     end if
15:     if  0x00LL = (Mc& 0xF0LL) then n += 0x04
16:     else Mc = Mc>> 0x04
17:     end if
18:     if  0x00LL = (Mc& 0x0CLL) then n += 0x02
19:     else Mc = Mc>> 0x02
20:     end if
21:     if  0x00LL = (Mc& 0x02LL) then n += 0x01
22:     else Mc = Mc>> 0x01
23:     end if
24:     N = n<< 0x01
25:  end if
return N
```

假设任意多尺度整数编码为 M_c，其所在的层级为 N，则由 M_c 计算 N 的步骤如下：

(1) 如果 $M_c \& 1 = 0$ ，即多尺度整数编码 M_c 为偶数，则其对应的层级 N 为 31。

(2) 如果 $M_c \& 1 \neq 0$ ，即多尺度整数编码 M_c 为奇数，则通过异或运算计算整数 I_c：

$$I_c = (M_c - 1) \wedge (M_c + 1) \tag{3-6}$$

由整数 I_c 可以获得 $M_c - 1$ 和 $M_c + 1$ 前面高位有多少位是相同的，由此可以找到这两个多尺度整数编码最近的相同父整数编码。

(3) 多尺度整数编码 M_c 的网格剖分层次 n 通过统计整数 I_c 左边有多少位为 0 获得，进而可以计算多尺度整数编码 M_c 的层级 N ，其中 N 和 n 之间的关系为 $N = n >> 1$ 。其中，对于整数 I_c 的位数不是 2 的整数次幂时，可通过 I_c 的右移运算来计算 n ；反之，可以采用分支方法计算 n ，从而得到多尺度整数编码 M_c 的层级为 N 。

根据如上多尺度整数编码的层级计算原理可知，该算法只用到了加减运算和位操作，具有较高的稳定性和计算效率，因此可在实际应用中采用此种算法。

4) 经纬度坐标与多尺度整数编码之间的转换

假设大地坐标下的经纬度坐标 (B,L) ，单位为度(°)，则第 N 层级对应的 Z 型曲线填充二维多尺度整数编码 M_c 定义为

$$\begin{cases} (x_N \cdots x_3 x_2 x_1) = (L + 180) \cdot 2^N / 360 \\ (y_N \cdots y_3 y_2 y_1) = (B + 180) \cdot 2^N / 360 \\ Z_c = (y_N x_N \cdots y_3 x_3 y_2 x_2 y_1 x_1)_2 \\ M_c = [1 \ll (62 - N - N)] - 1 + [Z_c \ll (63 - N - N)] \end{cases} \tag{3-7}$$

其中， $(x_N \cdots x_3 x_2 x_1)$ 和 $(y_N \cdots y_3 y_2 y_1)$ 为地球剖分网格坐标 (X,Y) 的二进制表达形式。

5) 同一层次下邻近格网对应的多尺度整数编码计算

地球剖分网格坐标 (X,Y) 所处同一层级 N 下的相邻格网坐标间隔 Δ_N 定义为

$$\Delta_N = 1 \ll (31 - N) \tag{3-8}$$

地球剖分网格坐标 (X,Y) 周边八个剖分网格坐标分别为： $(X - \Delta_N, Y + \Delta_N)$ ， $(X, Y + \Delta_N)$ ， $(X + \Delta_N, Y + \Delta_N)$ ， $(X + \Delta_N, Y)$ ， $(X + \Delta_N, Y - \Delta_N)$ ， $(X, Y - \Delta_N)$ ， $(X - \Delta_N, Y - \Delta_N)$ 和 $(X - \Delta_N, Y)$ 。进而地球剖分网格坐标 (X,Y) 周边八个地球剖分网格坐标对应的多尺度整数编码可通过式(3-7)计算得到。

6) 子层级格网对应的多尺度整数编码计算

在二维多尺度整数编码方法的应用中，通常需要根据已知网格查找其子单元，从而充分利用子单元所包含的丰富信息进一步精细化描述时空对象的空间信息。多尺度整数编码值在整数排序上满足包含关系，在进行子单元查询时，只需要确定子单元的整数编码值范围。

假设第 N 层级的多尺度整数编码为 M_c ，则第 N 层级的子层级 N_s 对应的多尺度

整数编码区间$\left[M_{\mathrm{c}}^{A}, M_{\mathrm{c}}^{B}\right]$的定义为

$$\begin{cases} M_{\mathrm{cs}} = \left[1 \ll (62 - N - N)\right] - \left[1 \ll (62 - N_{\mathrm{s}} - N_{\mathrm{s}})\right] \\ \left[M_{\mathrm{c}}^{A}, M_{\mathrm{c}}^{B}\right] = \left[M_{\mathrm{c}} - M_{\mathrm{cs}}, M_{\mathrm{c}} + M_{\mathrm{cs}}\right] \end{cases} \tag{3-9}$$

由式(3-9)可得第 N 层级的子层级 N_{s} 对应的多尺度整数编码个数为 $4^{N_{\mathrm{s}}-N}$，同时第 N_{s} 层级下第 i 个多尺度整数编码 M_{cs}^{i} 定义为

$$\begin{cases} M_{\mathrm{cs}}^{i} = M_{\mathrm{c}} - M_{\mathrm{cs}} + i \times \varDelta_{N_{\mathrm{s}}} \\ \varDelta_{N_{\mathrm{s}}} = 1 \ll (63 - N_{\mathrm{s}} - N_{\mathrm{s}}) \end{cases} \tag{3-10}$$

式中，$i \in \left[0, 4^{N_{\mathrm{s}}-N} - 1\right]$，$N_{\mathrm{s}} > N$。

7) 父层级格网对应的多尺度整数编码计算

在将时空对象用多尺度整数网格表达时，通常需要找到与小尺度网格相对的大尺度网格。在不影响研究对象表达精度的情况下，用大尺度的网格来代替小尺度网格，可以有效减少存储的数量并提高查询效率，具体计算流程如下：

(1) 通过多尺度整数编码层级运算，可获得任意多尺度整数编码为 M_{c} 所处层级 N。

(2) 通过位操作计算得到第 N 层级的父层级 N_{f} 的第一个整数编码值 M_{cf}^{0}，计算公式为

$$M_{\mathrm{cf}}^{0} = \left[1 \ll (62 - N_{\mathrm{f}} - N_{\mathrm{f}})\right] - 1 \tag{3-11}$$

(3) 通过任意多尺度整数编码为 M_{c} 可计算其对应第 N_{f} 层级多尺度整数编码 M_{cf} 相对于第 N_{f} 层级第一个整数编码值 M_{cf}^{0} 的间隔 ΔM_{cf}，计算公式为

$$\Delta M_{\mathrm{cf}} - \left[M_{\mathrm{c}} \gg (63 - N_{\mathrm{f}} - N_{\mathrm{f}})\right] \ll (63 - N_{\mathrm{f}} - N_{\mathrm{f}}) \tag{3-12}$$

(4) 由第 N_{f} 层级第一个整数编码值 M_{cf}^{0} 和间隔 ΔM_{cf} 可计算得到整数编码值 M_{cf}^{0}，计算公式为

$$M_{\mathrm{cf}} = M_{\mathrm{cf}}^{0} + \Delta M_{\mathrm{cf}} \tag{3-13}$$

6. 时空数据的网格索引与查询方法

时空数据模型对时空对象的统一管理和高效查询通常是通过构建时间和空间索引实现的，因此基于马尔可夫链的时空数据模型针对时空数据的空间查询主要包括多尺度整数编码的生成、元数据标准化和时空数据的存储与查询等三个部分。多尺度整数编码的生成是从已有编码计算模型中提取并优化，基于面数据的编码方法改进为时空元数据的空间编码生成算法。元数据标准化则是根据标准和实际需求制定标准化模板，在模板中增加网格多尺度编码列，方便数据入库和管理。时空数据的存储与查询则通过引入数组数据格式，有效解决一个对象对应多个编码的冗余问题，并将文档索引中的倒排索引引入编码数组，使得可行性和高效性得到验证和提升。

1) 多尺度整数编码的生成

空间对象的多尺度整数编码是以某一剖分层级下的单个面片或面片集合来表达空间对象的空间位置和区域范围。对于遥感影像、数字高程模型、线面矢量电子地图以及经过动态马尔可夫编码存储过的移动目标通常覆盖 1 个空间区域，因此这里以面数据为例对编码方法进行说明：首先根据面数据的空间范围信息得到最小外接矩形(minimum bounding rectangle，MBR)，并计算出不同层级网格中与最小外接矩形所适应的剖分层级 N，作为对应网格的层级，然后计算出面数据覆盖 N 层的地球网格面片集合，通常 1 个面数据可能覆盖 N 层 1 个、2 个或 4 个面片。若手动选定层级，则 1 个面数据可能覆盖该层级 4 个以上的面片。面数据的剖分编码步骤如下：

(1) 根据面数据边界点的经纬度坐标，计算空间数据的最小外接矩形 $R\left(x_{\mathrm{L}}, y_{\mathrm{T}}, x_{\mathrm{R}}, y_{\mathrm{B}}\right)$。

(2) 将空间数据的最小外接矩形坐标 x_{L}、y_{T}、x_{R}、y_{B} 转为网格编码值 G_{L}、G_{T}、G_{R}、G_{B}，计算最小外接矩形长和宽中的最大值 $\upsilon_{\max} = \max\left[\left(G_{\mathrm{R}} - G_{\mathrm{L}}\right), \left(G_{\mathrm{T}} - G_{\mathrm{B}}\right)\right]$，然后确定空间数据对应的网格层级 $N = 32 - \left[\log_2\left(\upsilon_{\max}\right)\right]$，其中 $\max(\ )$ 和 $[\ ]$ 分别为取最大值和取整运算。

(3) 依次对 MBR 的四角点按点数据的编码方法计算在 N 层级下的剖分编码，取四角点内区间范围得到剖分编码集，即为最终结果。

不同类型的时空数据所覆盖的地表范围和大小均不相同，根据上述算法可确定出层级和面片个数。此外，也可以根据实际应用中的需求，既能指定特定层级根据经纬度范围生成多个面片来存储，也可以选择最多生成面片个数来对应出相应层级，继而进一步生成面片来存储。

2) 元数据标准化

时空数据的元数据是对时空数据的抽象，通过对元数据的检索和管理可以避免直接操作大数据量的原始时空数据，是实现时空数据共享的关键。但考虑不同来源和不同类型的时空数据其元数据结构并不相同，使用“源数据+元数据”的方式难以直接适应多种来源和类型时空数据的存储与管理。因此，为了方便数据存储，提高共享查询处理效率，必须对元数据进行标准化。

元数据多采用可扩展标记语言(extensible markup language，XML)格式进行存储。XML 有良好的可扩展性、很强的灵活性、严格的语法要求，在处理多种格式的空间数据方面具有很大优势。

数据标准化的具体过程是从不同来源的时空数据的元数据 XML 头文件中读出行列号、覆盖范围、获取时刻和其他属性信息，与设计的时空数据 XML 模板中的字段逐一比对，同时根据时空数据覆盖的空间范围计算得到 2^n 及整型一维数组的全球经纬度剖分网格(geographical coordinates subdividing grid with one-dimension integral coding on 2^n-tree，GeoSOT)编码集合，最终生成标准化的 XML 文档，进而方便数据存储和管理，提高共享查询处理效率。

3) 时空数据的存储与查询

基于地球空间剖分编码和网格编码生成算法建立时空数据剖分关联模型，使时空数据的空间信息和查询条件均与地球表面某些特定的剖分网格建立联系，为时空大数据的有效存储、高效查询提供支持。

时空数据空间剖分关联分为存储和查询两个部分(图 3-26)，在时空大数据存储过程中利用时空数据空间特性与地球空间剖分编码之间实现统一的管理，进而利用多尺度整数编码构建空间索引实现高效的查询，为时空数据模型高效管理多源、多分辨率、多时相和异构的时空大数据提供了技术方法。

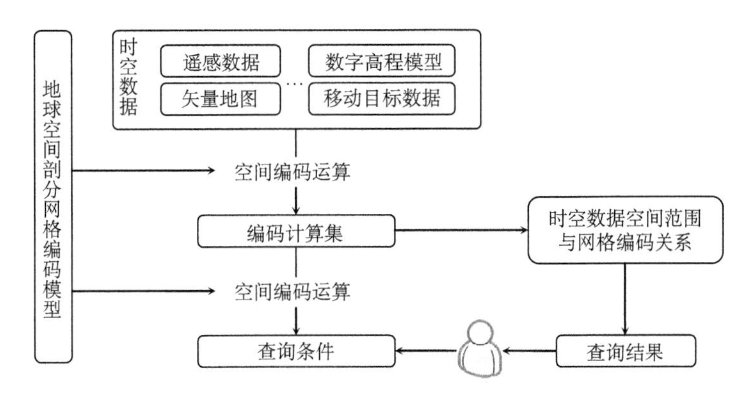

图 3-26　时空数据空间剖分关联模型示意图

空间数据检索的本质就是按一定条件对空间实体的图形数据和属性数据进行查询检索，形成一个新的空间数据子集。基于剖分的空间检索，其基本思路是将被检索的空间范围关联为一组充满查询区域的面片，按照每个面片的编码查找相应面片的索引记录，从而快速匹配出所要检索的数据或目标。通过空间范围索引检索出数据或目标后，根据表中数据集路径和拇指图路径等路径信息，访问原始空间数据。

4) 空间查询效率试验仿真

根据文献叙述，在 Windows 7 64 位操作系统、Intel i5 2.0GHz、8G RAM 环境下，对二维空间多尺度离散的整数编码和 Oracle spatial 中的 R 树索引进行了对比并得到如下结论：

(1) 数据导入时间对比。多尺度整数编码 MGICM 与 Oracle Spatial 中的 R 树索引两种方式所需要的原始数据导入时间与层级无关，与数据量正相关；MGICM 的数据导入时间要优于 Oracle Spatial，相同数据量数据导入时间约为 Oracle Spatial 的 4/9。

(2) 建立索引时间对比。多尺度整数编码和 R 树两种方式建立索引所需要的时间与层级无关，与数据量正相关；在建立索引的时间上 MGICM 要明显优于 Oracle Spatial，约为 Oracle Spatial 的 1/46，且随着数据量的增大，优势会更加突出。

(3) 格网区域查询时间对比。数据量和层级对多尺度整数编码区域查询的影响较小，但对 Oracle Spatial 的影响较大；多尺度编码的查询效率要优于 Oracle Spatial，在数据量为 1000 万条的情况下，MGICM 的查询时间约为 Oracle Spatial 的 1/60。

(4) 非格网区域查询时间对比。数据量和层级对多尺度整数编码区域查询的影响较小，但对 Oracle Spatial 的影响较大；多尺度编码的查询效率要优于 Oracle Spatial，在数据量为 1000 万条的情况下，MGICM 的查询时间约为 Oracle Spatial 的 1/30。

3.3.6　时空数据模型的统计建模

经过如上分析可以得出：时空数据模型仅仅是机械地或引入一些策略记录地理对象的时空数据，并没有为其建立一个简洁而普适的模型以揭示其内在秩序和结构。因此，需要构建相应的数学模型进行数据挖掘，为决策部门提供相应的信息和知识，从而在最大程度上利用这些所管理的时空数据，如图 3-27 所示。例如，Baum 和 Petrie (1966) 采用随机贝叶斯最大似然熵分析算法预测了中国台湾省南部早期登革热分布发展。

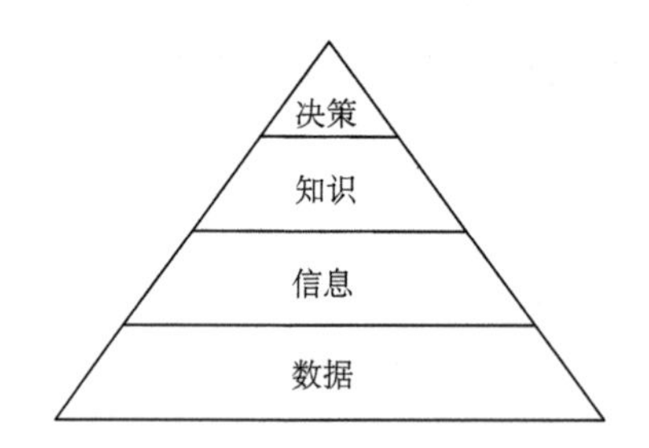

图 3-27　时空数据应用阶梯层次结构示意图

借鉴模式识别的思路，可将时空变化趋势当成模式，为其建立一套与模式相关联的统计模型，而统计模型则融汇归纳了时空数据的统计特性，是它的高度浓缩。这样，时空数据模型仅需有限几个参数即可表达这些时空数据，这样就无须保留冗余的时空数据或者减小在线分析负担，从而可大大地节省存储空间和计算开销。在无须时空数据真实重现的实际应用(如基于浮动车的交通行为分析)中，丝毫不影响其后的“应用”。

同样以运动对象为例，运动对象的时空过程是一条马尔可夫链，经多次路径后，轨迹点是以一定概率分布于状态中的，如图 3-7 所示。但是，马尔可夫链只能描述状态转移，而不能描述状态中轨迹点的概率分布，因此可引入隐马尔可夫模型对运动对象进行时空演变描述。

隐马尔可夫模型(hidden Markov models，HMM)是一种统计模型，在信号处理各个领域中得到广泛应用。隐马尔可夫模型的理论最早由 Baum 等于 20 世纪 60 年代末提出(Baum and Petrie, 1966; Baum et al., 1970)，但当时该模型并未在工程领域得到应用。直到 80 年代中期，经 Bell 实验室 Rabiner 等对 HMM 深入浅出的介绍后

(Rabiner and Juang, 1986)，HMM才逐渐为人所熟知，并逐渐成为研究热点。

1. 隐马尔可夫模型的数学描述

隐马尔可夫模型(Rabiner, 1989)是在马尔可夫链基础上发展起来的，是一个双重随机过程：其一是马尔可夫链，描述状态的转移；另一是随机过程，描述状态与观察值之间的统计对应关系。

对于HMM的描述最为形象和著名的是“球和缸”实验(王丙锡等, 2005)：假设有N个缸，每个缸中装有很多彩色的球，不同颜色(M种)球的多少由一组概率分布来描述，其实验具体过程如下：

(1)根据某个初始概率分布，随机选择第i个缸并从缸中拿出一个球，记下这个球的颜色，记为o_1，再将这个球放回到第i个缸中。

(2)根据缸与缸之间的转移概率分布，随机选择第j个缸，再从这个缸中拿出一个球，记下这个球的颜色，记为o_2，随后将这个球放回到第j个缸中。

(3)如上操作一直进行下去，由此可以得到一个描述球颜色的序列$o_1o_2\cdots o_t$，将其视为观察值序列。在此过程中，每次选取的缸与缸之间的转移并不能直接观察到，因此每次选择的缸及缸之间的转移均被隐藏起来(图3-28)。

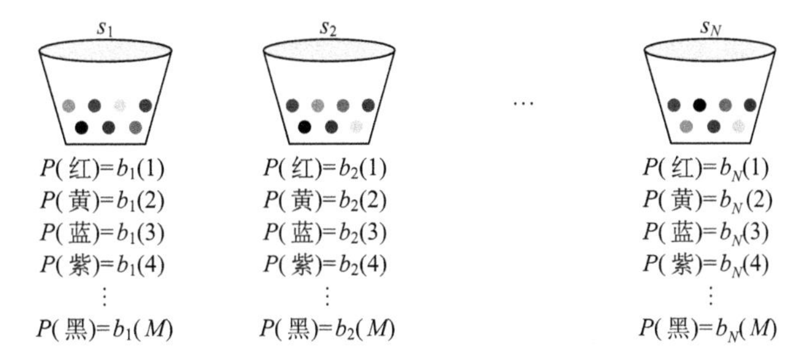

图3-28　描述HMM概念的球和缸实验示意图

在这个实验中，从每个缸选取球的颜色并不是与缸一一对应的，而是由该缸中彩球颜色概率分布随机而定的，同时每次选取哪个缸则由一组转移概率而定，也就是说，所得到的观察值序列其实蕴涵着缸的一个隐含序列和彩色球的一个显性观测序列。

“球和缸”实验形象地描述了如上特征参数的含义：N表示缸的个数；状态s_i表示第i个缸；M表示缸中彩色球的颜色个数；o_t表示球的颜色；B表示缸中选择彩色球的颜色概率分布；A表示每次选择哪个缸的转移概率。

HMM的特征参数定义如下。

(1)隐马尔可夫模型中的状态数N。不妨假设HMM模型中的N个状态标记集合为$S=\{s_1,s_2,\cdots,s_N\}$，则在t时刻下，其所处状态为$s_i\left(i=1,2,\cdots,N\right)$，不妨记为$q_t$。需要说明的是：模型中的状态数在实际应用中虽具有相应的物理内涵，但其通常是隐含于其系统中的。

(2) 状态 s_i 中的观察值数 M。不妨假设对于每个状态 s_i 的观察值为 $V=\{v_1,v_2,\cdots,v_M\}$，且标记 o_t 为集合 V 中的一种观察值，则观察序列可定义为 $O=\{o_1,o_2,\cdots,o_T\}$，其中，T 为观察序列长度。

(3) 状态转移概率分布矩阵 $\boldsymbol{A}$。状态转移概率分布矩阵 $\boldsymbol{A}=[a_{ij}]$，其中，每个元素 a_{ij} 表示 t 时刻状态为 s_i 的条件下 $t+1$ 时刻状态为 s_j 的概率，可定义为

$$a_{ij}=P\left[q_{t+1}=s_j \middle| q_t=s_i\right] \tag{3-14}$$

式中，$1\leqslant i\leqslant N$，$1\leqslant j\leqslant N$。

由此可见，任意 t 时刻模型的状态仅取决于前 $t-1$ 时刻所处的状态，而与 $t-1$ 时刻之前任意时刻的状态无关，由此构造的 HMM 称为一阶马尔可夫模型，记为 HMM_1。同理，当任意 t 时刻模型的状态仅取决于前 $t-1$ 和 $t-2$ 时刻所处的状态，而与 $t-2$ 时刻之前任意时刻的状态无关时，所构造的 HMM 称为二阶马尔可夫模型，记为 HMM_2。HMM_2 的状态转移概率分布矩阵 $\boldsymbol{A}=[a_{ijk}]$，其中，每个元素 a_{ijk} 定义为

$$a_{ijk}=P[q_{t+1}=s_k \,|\, q_t=s_j,q_{t-1}=s_i] \tag{3-15}$$

式中，$1\leqslant i\leqslant N$，$1\leqslant j\leqslant N$，$1\leqslant k\leqslant N$。

(4) 观察值的概率密度矢量 $\boldsymbol{B}$。观察值的概率密度矢量 $\boldsymbol{B}=\left[b_{s_j}(k)\right]$，其中，$b_{s_j}(k)$ 表示 t 时刻状态为 s_j 时所观测到的观测值为 v_k 的条件概率，即

$$b_{s_j}(k)=P\left[o_t=v_k \middle| q_t=s_j\right] \tag{3-16}$$

式中，$1\leqslant k\leqslant M$，$1\leqslant j\leqslant N$。

(5) 初始状态概率密度矢量 $\boldsymbol{\pi}$。初始状态概率密度矢量 $\boldsymbol{\pi}=\left[\pi_{s_i}\right]$，其中 π_{s_i} 表示初始时刻状态为 s_i 的概率：

$$\pi_{s_i}=P[q_1=s_i] \tag{3-17}$$

式中，$1\leqslant i\leqslant N$。

由此可见，一个 HMM 系统可以由两个模型参数 N,M 和三个概率密度矢量 $\boldsymbol{A},\boldsymbol{B},\boldsymbol{\pi}$ 来确定，即可定义隐马尔可夫模型为

$$\lambda=\{\boldsymbol{A},\boldsymbol{B},\boldsymbol{\pi}\} \tag{3-18}$$

由如上三个概率密度矢量即可得到该 HMM 系统所输出观察序列 O 的概率 $P(O|\lambda)$ 为

$$\begin{aligned}P(O|\lambda)&=\sum_q P(O|q,\lambda)P(q|\lambda)\\&=\sum_{q_1q_2\cdots q_T}\pi_{q_1}b_{q_1}(o_1)a_{q_1q_2}b_{q_2}(o_2)\cdots a_{q_{T-1}q_T}b_{q_T}(o_T)\end{aligned} \tag{3-19}$$

根据 HMM 的如上特征参数，其可形象地将马氏链状态转移分为马尔可夫链和随机过程两个部分，如图 3-29 所示。

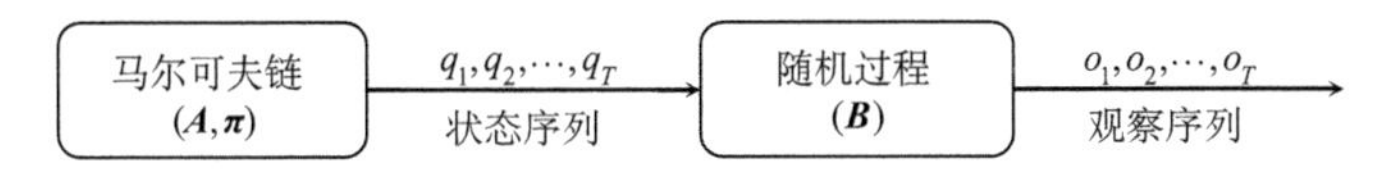

图 3-29 HMM 中马氏链状态转移示意图

在 HMM 中，马尔可夫链由 $\boldsymbol{A},\boldsymbol{\pi}$ 描述，其职能是产生状态序列 $\{q_1,q_2,\cdots,q_T\}$；随机过程则由 $\boldsymbol{B}$ 描述，其职能是输出观察序列 $\{o_1,o_2,\cdots,o_T\}$。依据观察值的概率分布特点(离散还是连续)，HMM 可分类为离散隐马尔可夫模型和连续隐马尔可夫模型。根据 HMM 原理和特点，HMM 可较好地模拟地理对象时空演变产生的过程：①根据地理对象的初始状态概率密度矢量 $\boldsymbol{\pi}$，选择一个初始状态 $q_t=s_i$；②置观察时间 $t=1$；③根据地理对象当前状态下观察值的概率分布 $\boldsymbol{B}$，选择 $o_t=v_k$；④依据状态转移概率分布 $\boldsymbol{A}$，即可得到地理对象的下一个状态 $q_{t+1}=s_j$；⑤置 $t=t+1$，判断 $t<T$，成立回到第③步依次循环，否则结束该过程。

在基于马尔可夫链的时空数据模型的应用中，如果状态内的时空数据点是无穷多的，则使用连续隐马尔可夫模型进行建模；反之，则使用离散隐马尔可夫模型进行建模。

2. HMM 模型的三个基本问题及其解决方案

基于隐马尔可夫模型构建时空数据模型需解决 HMM 模型的以下三个基本问题。

1) 估值问题

估值问题(evaluation problem)是指给定观察序列 O 和模型 $\lambda=\{\boldsymbol{A},\boldsymbol{B},\boldsymbol{\pi}\}$，则模型输出观察序列的概率 $P(O|\lambda)$ 如何计算？考虑模型输出观察序列概率 $P(O|\lambda)$ 的物理意义是观察序列与模型的吻合程度，因此该类问题的实质是一个模型的评估问题。

按照式(3-19)直接计算 $P(O|\lambda)$ 需要 $(2T-1)N^T$ 次乘法运算和 N^T-1 次加法运算，显然其计算量过于庞大，因此需要更为有效的算法。对于估值问题的解决，可引入前向概率和后向概率两个概念减小运算量，即“前向-后向”(forward-backword)算法。

前向概率 $\alpha_t(i)$ 表示给定模型 λ 下，前 t 个时刻的观察序列为 $\{o_1,o_2,\cdots,o_t\}$ 且 t 时刻处在状态 s_i 的概率(王丙锡等, 2005)，定义为

$$\alpha_t(i)=P(o_1o_2\cdots o_t,q_t=s_i|\lambda) \tag{3-20}$$

前向概率 $\alpha_t(i)$ 可通过递推过程求取：

$$\begin{cases}\alpha_1(i)=\pi_i b_i(o_1)\\ \alpha_{t+1}(i)=\left[\sum_{i=1}^{N}\alpha_t(i)a_{ij}\right]\cdot b_j(o_{t+1})\end{cases}\tag{3-21}$$

式中，$1\leqslant i\leqslant N$，$1\leqslant j\leqslant N$，$1\leqslant t\leqslant T-1$。

前向算法的核心思想是递推，由式(3-22)计算概率$P(O|\lambda)$。相对于式(3-19)，前向算法仅需$N[(N+1)(T-1)+1]$次乘法运算和$N(N-1)(T-1)$次加法运算，其计算量得到了大幅降低。

$$P(O|\lambda)=\sum_{i=1}^{N}\alpha_T(i)\tag{3-22}$$

后向概率$\beta_t(i)$表示给定模型λ下，从$t+1$时刻开始到序列结束的输出观察序列为$\{o_{t+1},o_{t+2},\cdots,o_T\}$且$t$时刻处在状态$s_i$的概率(王丙锡等, 2005)，定义为

$$\beta_t(i)=P(o_{t+1}o_{t+2}\cdots o_T,q_t=s_i|\lambda)\tag{3-23}$$

同理，后向概率$\beta_t(i)$也可通过递推过程求取：

$$\begin{cases}\beta_T(i)=1\\ \beta_t(i)=\sum_{j=1}^{N}a_{ij}b_j(o_{t+1})\beta_{t+1}(j)\end{cases}\tag{3-24}$$

式中，$1\leqslant i\leqslant N$，$t=T-1,T-2,\cdots,1$。

后向算法与前向算法原理相同，但递推方向相反，计算概率$P(O|\lambda)$公式为

$$P(O|\lambda)=\sum_{i=1}^{N}\beta_1(i)\pi_i\tag{3-25}$$

综合前向及后向算法也可推导出计算概率$P(O|\lambda)$为

$$\begin{aligned}P(O|\lambda)&=\sum_{i=1}^{N}\alpha_t(i)\beta_t(i)\\&=\sum_{i=1}^{N}\sum_{j=1}^{N}\alpha_t(i)a_{ij}b_j(o_{t+1})\beta_{t+1}(j)\end{aligned}\tag{3-26}$$

式中，$1\leqslant t\leqslant T-1$。

2) 译码问题

译码问题(decoding problem)是指给定观察序列O和模型λ，输出最佳观察序列O的状态序列$q=\{q_1,q_2,\cdots,q_T\}$如何确定？该问题的核心在于选用怎样的最佳准则来决定状态的转移(王丙锡等, 2005)，由此演变出了很多解决方案。在众多解决方案中，以Viterbi算法最为理想，其可以叙述如下(王丙锡等, 2005; 张骥祥, 2007; 王金芳, 2009)：

定义最佳准则为t时刻处于状态s_i，并使得模型λ沿状态序列$\{q_1q_2\cdots q_t\}$产生观

察序列$\{o_1 o_2 \cdots o_t\}$的最大概率，即

$$\delta_t(i) = \max_{q_1 q_2 \cdots q_{t-1}} P\left[q_1 q_2 \cdots q_{t-1}, q_t = s_i, o_1 o_2 \cdots o_t \middle| \lambda\right] \tag{3-27}$$

显然该最佳准则考虑了状态序列的整体特性。根据如上最佳准则的定义，有如下递推过程：

$$\delta_{t+1}(j) = \left[\max_i \delta_t(i) a_{ij}\right] \times b_j(o_{t+1}) \tag{3-28}$$

式中，$\delta_{t+1}(j)$的物理含义是$t+1$时刻的最佳状态为s_j最大概率。为了求取此状态序列，定义$\Psi_t(j)$为跟踪各时刻t和状态S_j的最大概率公式(3-28)的参数。

那么，最佳状态序列$q^* = \{q_1^*, q_2^*, \cdots, q_T^*\}$和$P\left[O, q^* \middle| \lambda\right]$的求取过程如下：

(1) 初始化：

$$\begin{cases} \delta_t(i) = \pi_i b_i(o_1) \\ \Psi_t(i) = 0 \end{cases} \tag{3-29}$$

式中，$1 \leqslant i \leqslant N$。

(2) 递推：

$$\begin{cases} \delta_t(i) = \max_i \left[\delta_{t-1}(i) a_{ij}\right] b_j(o_t) \\ \Psi_t(j) = \arg\max_i \left[\delta_{t-1}(i) a_{ij}\right] \end{cases} \tag{3-30}$$

式中，$1 \leqslant i \leqslant N$，$1 \leqslant j \leqslant N$，$2 \leqslant t \leqslant T$。

(3) 终止：

$$\begin{cases} P\left(O, q^* \middle| \lambda\right) = \max_i \left[\delta_T(i)\right] \\ q_T^* = \arg\max_i \left[\delta_T(i)\right] \end{cases} \tag{3-31}$$

式中，$1 \leqslant i \leqslant N$。

(4) 返回状态序列：

$$q_t^* = \Psi_{t+1}\left(q_{t+1}^*\right) \tag{3-32}$$

式中，$t = T-1, T-2, \cdots, 1$。

3) 参数估计问题

HMM 模型的核心问题是参数估计问题(parameter estimation problem)，即如何根据观察序列调整修正模型参数$(\boldsymbol{A}, \boldsymbol{B}, \pi)$，从而使得模型$\lambda$输出的观察序列$O$的概率$P(O|\lambda)$最大。该问题的实质就是根据训练序列优化模型参数构建最佳的 HMM 模型，也是由于训练序列的有限性而不存在解析法估计λ，使其成为三个问题中最难的问题。参数估计问题的解决方案通常是使用迭代法或梯度法实现$P(O|\lambda)$的局部最大化，其中以 Baum-Welch 算法最为经典。下面对 Baum-Welch 算法加以介绍。

首先定义两个相关概率$\xi_t(i,j)$和$\gamma_t(i)$。在给定观察序列O和模型λ的情况下，$\xi_t(i,j)$表示t时刻处于状态s_i，$t+1$时刻处于状态s_j的概率；$\gamma_t(i)$表示t时刻处于状态s_i的概率。根据$\xi_t(i,j)$和$\gamma_t(i)$的定义以及前向概率$\alpha_t(i)$和后向概率$\beta_t(i)$，可定义$\xi_t(i,j)$和$\gamma_t(i)$如下：

$$\xi_t(i,j)=\frac{P\left(q_t=s_i,q_{t+1}=s_j,O\middle|\lambda\right)}{P\left(O\middle|\lambda\right)}=\frac{\alpha_t(i)a_{ij}b_j(o_{t+1})\beta_{t+1}(j)}{P\left(O\middle|\lambda\right)} \tag{3-33}$$

$$\gamma_t(i)=\frac{P\left(O,q_t=s_i\middle|\lambda\right)}{P\left(O\middle|\lambda\right)}=\sum_{j=1}^{N}\xi_t(i,j)=\frac{\alpha_t(i)\beta_t(j)}{\sum_{i=1}^{N}\alpha_t(i)\beta_t(j)} \tag{3-34}$$

综上定义，$\sum_{t=1}^{T-1}\gamma_t(i)$表示观察序列中从状态$s_i$转移出去次数的期望；$\sum_{t=1}^{T-1}\xi_t(i,j)$则表示从状态$s_i$转移到状态$s_j$次数的期望。

Baum-Welch 算法的基本思想是(王丙锡等, 2005)：按照某种参数重估公式，从现有的模型λ估计出重估的模型$\bar{\lambda}=\left\{\bar{\boldsymbol{\pi}},\bar{\boldsymbol{A}},\bar{\boldsymbol{B}}\right\}$，使得$P\left(O\middle|\lambda\right)\leqslant P\left(O\middle|\bar{\lambda}\right)$，并用$\bar{\lambda}$替代$\lambda$；然后重复如上过程直到重估模型$\bar{\lambda}$输出观察序列概率$P\left(O\middle|\bar{\lambda}\right)$收敛为止，由此可得到最大似然模型$\bar{\lambda}$。

Baum-Welch 算法中的参数重估计公式为

$$\bar{\pi}_i=\frac{P\left(O,q_0=s_i\middle|\lambda\right)}{P\left(O\middle|\lambda\right)}=\gamma_0(t)=\frac{\alpha_0(i)\beta_0(i)}{\sum_{j=1}^{N}\alpha_T(j)} \tag{3-35}$$

$$\bar{a}_{ij}=\frac{\sum_{t=1}^{T}P\left(O,q_{t-1}=s_i,q_t=s_j\middle|\lambda\right)}{\sum_{t=1}^{T}P\left(O,q_{t-1}=s_i\middle|\lambda\right)}=\frac{\sum_{t=1}^{T}\xi_{t-1}(i,j)}{\sum_{t=1}^{T}\gamma_{t-1}(i)}=\frac{\sum_{t=1}^{T}\alpha_{t-1}(i)a_{ij}b_j(o_t)\beta_t(i)}{\sum_{t=1}^{T}\alpha_{t-1}(i)\beta_{t-1}(i)} \tag{3-36}$$

$$\bar{b}_i(k)=\frac{\sum_{t=1}^{T}P\left(O,q_t=s_i\middle|\lambda\right)\delta(o_t,v_k)}{\sum_{t=1}^{T}P\left(O,q_t=s_i\middle|\lambda\right)}=\frac{\sum_{\substack{t=1\\o_t=v_k}}^{T}\gamma_t(i)}{\sum_{t=1}^{T}\gamma_t(i)}=\frac{\sum_{t=1}^{T}\alpha_t(i)\beta_t(i)\delta(o_t,v_k)}{\sum_{t=1}^{T}\alpha_t(i)\beta_t(i)} \tag{3-37}$$

由重估公式定义可知模型参数$\bar{\pi}_i,\bar{a}_{ij},\bar{b}_i(k)$均具有明显的物理含义：①$\bar{\pi}_i$等于时刻$t=1$处于状态$s_i$的概率；②$\bar{a}_{ij}$等于从状态$i$转移到状态$j$的转移次数期望与从状态$i$出发转移出去的转移次数期望的比值；③$\bar{b}_i(k)$等于从状态$j$中观察到符号$k$的次数期望与出现状态$j$的次数期望的比值。

3. 统计建模应用

针对传统时空数据模型缺乏时空数据分析和挖掘手段的问题，基于隐马尔可夫模型的时空统计分析模型可有效地描述运动对象的时空演变，同时提供了数据统计和数据挖掘的技术方法。这里将时空数据进一步抽象，以交通行为分析和运动目标识别为例，探讨统计建模的典型应用。

1) 交通行为分析

前面提到，隐马尔可夫模型只需要 $\lambda=\{\boldsymbol{A},\boldsymbol{B},\boldsymbol{\pi}\}$ 即可完全表达。实际上，可假定所有状态的初始概率相同，即 $\boldsymbol{\pi}$ 可忽略不计。

$\boldsymbol{A}$ 为转移概率矩阵，不妨假设整个模型包含 $N\times M$ 个状态，记 s_{ij} 为第 i 行第 j 列的状态，$a_{ij,pq}$ 为从 s_{ij} 转移至 s_{pq} 的概率，选择合适的空间粒度后，每个状态只能转移至自身或相邻状态，则每个状态 s_{ij} 的转移概率矩阵 $\boldsymbol{A}_{ij}$ 可简化为

$$\boldsymbol{A}_{ij}=\begin{bmatrix} a_{ij,i-1j-1} & a_{ij,i-1j} & a_{ij,i-1j+1} \\ a_{ij,ij-1} & a_{ij,ij} & a_{ij,ij+1} \\ a_{ij,i+1j-1} & a_{ij,i+1j} & a_{ij,i+1j+1} \end{bmatrix} \tag{3-38}$$

式中，$i,j>0$。当 $i-1\leqslant 0$ 或 $i+1\geqslant N$ 或 $j-1\leqslant 0$ 或 $j+1\geqslant M$ 时，状态转移概率取值为 0。如 $a_{11,01}$ 不存在，故其取值为 0。

$\boldsymbol{B}$ 为观测值的概率分布，为了更好地描述位置信息的时变特征，实际上通常采用连续的概率分布，即用 $b_j(\boldsymbol{o})$ 表示在 $\boldsymbol{o}$ 和 $\boldsymbol{o}+\mathrm{d}\boldsymbol{o}$ 之间观察矢量的概率。这里 $b_j(\boldsymbol{o})$ 称为参数的概率密度，采用高斯 M 元混合密度，其定义为

$$b_j(\boldsymbol{o})=\sum_{k=1}^{M}c_{jk}N\left[\boldsymbol{o},\mu_{jk},\boldsymbol{U}_{jk}\right]\quad j\in[1,N] \tag{3-39}$$

式中，$\boldsymbol{o}$ 为观察矢量；c_{jk} 为状态 j 中第 k 个混元的混合加权系数；$N[\bullet]$ 为正态密度函数；μ_{jk} 和 $\boldsymbol{U}_{jk}$ 分别为状态 j 中第 k 个混合分量的均值和协方差矩阵。其中，c_{jk} 应满足：

$$\sum_{k=1}^{M}c_{jk}=1 \tag{3-40}$$

式中，$c_{jk}\geqslant 0$；$0\geqslant j\geqslant N$。

在如上定义下，HMM 中重估计 $\boldsymbol{B}$ 参数的式(3-39)转化为对 c_{jk}，μ_{jk} 和 $\boldsymbol{U}_{jk}$ 的重估计，即

$$\overline{c}_{jk}=\frac{\sum_{t=1}^{T}\gamma_t(j,k)}{\sum_{t=1}^{T}\sum_{k=1}^{M}\gamma_t(j,k)} \tag{3-41}$$

$$\bar{\mu}_{jk} = \frac{\sum_{t=1}^{T} \gamma_t(j,k) \cdot \boldsymbol{o}_t}{\sum_{t=1}^{T} \gamma_t(j,k)} \tag{3-42}$$

$$\bar{\boldsymbol{U}}_{jk} = \frac{\sum_{t=1}^{T} \gamma_t(j,k) \cdot \left(\boldsymbol{o}_t - \boldsymbol{\mu}_{jk}\right)\left(\boldsymbol{o}_t - \boldsymbol{\mu}_{jk}\right)^{\mathrm{T}}}{\sum_{t=1}^{T} \gamma_t(j,k)} \tag{3-43}$$

式中，$\gamma_t(j,k)$ 为 t 时刻的观察矢量 $\boldsymbol{o}_t$ 由状态 j 中第 k 个混合分量产生的概率，即

$$\gamma_t(j,k) = \left[\frac{\alpha_t(j)\beta_t(j)}{\sum_{j=1}^{N} \alpha_t(j)\beta_t(j)}\right]\left[\frac{c_{jk} N\left[\boldsymbol{o}_t, \mu_{jk}, \boldsymbol{U}_{jk}\right]}{\sum_{m=1}^{M} c_{jm} N\left[\boldsymbol{o}_t, \mu_{jm}, \boldsymbol{U}_{jm}\right]}\right] \tag{3-44}$$

运用 Baum-Welch 算法和如上 $\boldsymbol{B}$ 参数的重估公式，输入浮动车时空数据，对 HMM 进行训练，当参数收敛后，得到一组 $\lambda = \{\boldsymbol{A}, \boldsymbol{B}, \boldsymbol{\pi}\}$ 即为 HMM 模板。

假设某城市的一个十字路口可恰好以 50m×50m 的空间粒度(长为两个路口间参考距离)进行四边形格网划分，浮动车历史轨迹时间粒度为 2s，观察矢量为 $[x, y, v, \alpha]$ (其中，x、y、v、α 分别表示浮动车的经度、纬度、速度、航向)，将每 0.5h 市区所有的浮动车交通数据输入 HMM，训练得到 HMM 模板。那么，路口的转向信息可从 HMM 模板中的转移概率矩阵 $\boldsymbol{A}$ 得到，如图 3-30 所示。

11	12	13	14	15
21	22	23 人民路	24	25
31	32 中山路	33	34	35
41	42	43	44	45
51	52	53	54	55

图 3-30　基于 HMM 统计模型的交通行为分析示意图

由训练所得 HMM 模板可得：如果 $a_{33,43} > a_{33,23}$，则表示该路口右转车辆流量要多于左转车辆流量；如果 $a_{33,43}$ 长时间等于 0 或者为极小值，则表示该路口在该时段内是禁止右转的；如果 $a_{33,33}$ 过大则表示该路口的等待时间较长。由此可见，实际应用中仅需存储训练所得 HMM 模板参数即可，无须在线存储大量的浮动车历史轨迹，

同时可以降低时空数据的查询调阅耗时以及计算量，从而有效地提高浮动车时空数据的利用率。

同理，车流流向、拥堵信息可从观测值的概率分布 $\boldsymbol{B}$ 得到。由于速度作为观察矢量参与运算，$\boldsymbol{B}$ 参数中包含速度均值和方差，每个状态(对应每个路段)的平均速度可描述历史时段的拥堵信息，车流流向可从方向的均值方差得到。车流量可从速度和位置方差得到，方差越小，车流量越大。同时，因为每个时段都生成了 HMM，所以可得到每个时段的交通行为数据。

2) 运动目标识别

在现实运动目标管理与监测应用中，存在着海量、复杂的对方或我方的飞机、舰船、车辆等移动目标，加之一些不具识别价值的移动目标的干扰，极易致使区域内目标态势信息异常复杂，因此从海量且纷繁复杂的态势信息中提取出需重点关注的目标，对于态势监视的自动处置、提高监控效率具有十分重要的现实意义。

例如，重点侦察目标提取问题可归结为模式识别问题，可采用基于 HMM 的时空对象统计模型对运动目标的轨迹形状进行分析并识别其类型，如图 3-31 所示。

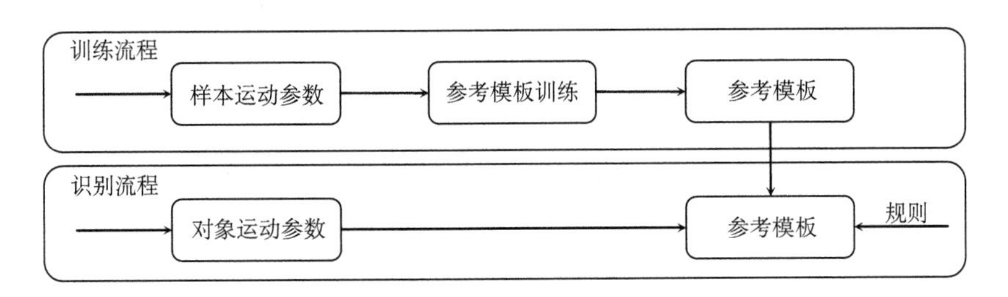

图 3-31　基于 HMM 统计模型的运动目标识别原理示意图

运动目标识别分为两个步骤：训练和识别。

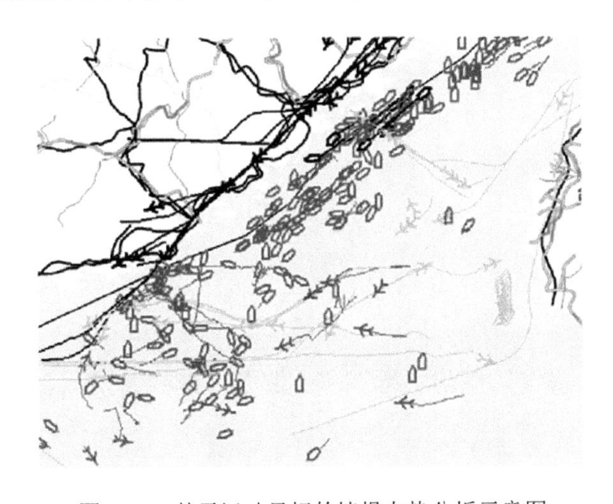

图 3-32　基于运动目标的情报态势分析示意图

（1）根据侦察目标的运动特点进行训练，为每一类侦察目标按不同时段建立一组HMM，观察矢量和参数的选择与交通行为分析类似。

（2）识别时，将当前目标的运动参数输入HMM，根据式（3-26）计算概率得分，如得分超过一定阈值，则结合相关规则进行确认，从而筛选出不同类型的目标对象。

图3-32取自某相关业务管理部门的态势监视系统，采用基于HMM的时空对象统计模型对所得飞机和船只时空数据进行识别，识别类别为甲方、乙方和丙方。图3-32中黑色轨迹表示甲方飞机或船只，灰色轨迹表示乙方飞机或船只，浅灰色轨迹表示丙方飞机或船只。

3.4 小　结

本章通过对现有时空数据模型的分析和对比，采用面向对象的技术方法，对时空立方体模型进行改进和扩展而提出了一种面向应用的时空数据模型——基于马尔可夫链的时空数据模型。该数据模型采用面向对象的技术，从面向应用的角度引入马尔可夫链状态转移和时空粒度两个概念描述地理对象的时空演变，并结合动态马尔可夫编码有效地集数据模型和数据压缩为一体；通过不同时空粒度的选择，集成了序列快照模型、基态修正模型和时空立方体模型等时空数据模型，从而提高了时空数据模型的可用性和通用性；将多尺度整数编码作为空间索引方法组织和管理时空数据，较传统的R树空间索引在数据查询效率方面提高了一个量级，有效提升了海量地理空间数据的管理和查询效率；使用基于隐马尔可夫模型构建了面向应用的统计分析模型，可有效地对模型所管理的数据进行信息提取及数据挖掘，为时空数据面向应用建模提供了新的技术手段。

第4章　面向城市智能交通的时空数据建模及应用方法

随着物联网的逐步推广，人们对网络服务模式下的大数据产生了更高的智能化需求，因此大数据分析也将迎来巨大的发展机遇，物联网也必将对大数据的存储、处理、分析和利用等产生深刻影响，包括其理念、技术、形态和效果。大数据分析的智能化为计算机技术在各个领域中的应用提供了广阔的前景，是物联网应用的必然要求。

随着经济的高速发展，城市化进程的加速和人口的突增带来的交通行为变化是解决资源浪费、交通拥堵和大气污染等诸多负面问题的重要环节，不仅需要通过大数据分析动态准确和实时地获取人类交通行为的现势形式和状态，为应急抢险和预案制定提供数据支撑和信息保障，而且需要大数据分析预测及模拟交通行为态势的发展过程，为城市发展和经济设计提供辅助决策信息参考。具体实施过程是通过人工监视、交通监控设施和移动式设备等方式以现场探测获取交通出行者和交通工具等相关信息数据为基础，结合城市规划和道路交通网络模拟交通活动情况，再以地理信息系统(GIS)为工具，通过道路交通相关数据(如浮动车轨迹数据、监控视频数据、网络数据等)和道路交通基础地理空间数据(遥感影像、数字高程模型、矢量电子地图、目标三维模型等)的定量和定性分析，以此得到出行者、交通工具和道路网络对人们活动的影响，为交通参与者和管理者提供动态、实时、准确和可视化的交通决策辅助信息。

因此，迫切需要一种能够在空间、时间和属性等三个维度上组织和处理各类交通信息数据的技术手段，同时需要面向实际应用构建数据分析模型和设计相应的技术方法，从而能够更好地分析和预测道路交通行为和态势，最终为解决资源浪费、交通拥堵和大气污染等问题提供信息数据保障和理论技术支撑。

4.1　交通信息

随着经济的高速发展、城市化的加速以及城市人口的突增，交通运输领域受到了前所未有的挑战。例如，自1982年起，美国人口几乎以每年20%的速度在增长，每个人花在交通方面的时间也增长到236%，由交通拥堵带来的经济损失大约为780亿美元[①]。因此，如何提高出行效率、减少交通拥堵、降低交通事故率、减少大气污染等成为现代化交通面临的主要问题。随着计算机技术、遥感技术、自动控制理论、

① Kim S. 2003. Optimal vehicle routing and scheduling with real-time traffic information. Michigan: University of Michigan.

通信技术、网络技术和人工智能等科学技术的高速发展，作为解决城市交通管理问题的智能交通系统(intelligent transportation systems, ITS)概念应运而生，并成为近十几年来国内外各级政府和交通专家关注的热门话题。

智能交通系统在美国、欧洲和日本等国家和地区发展起步较早，其研发与应用重点是道路交通系统，并且主要与各种交通运输方式组织化程度的等级相关。交通运输方式按组织化程度高低依次排序为铁路、航空、水路、道路。道路交通在交通运输方式中最为随意，几乎是处在完全随机的状态。因此，智能交通中一个重要内容就是城市实时交通信息系统。随着智能交通系统的发展，各国对智能交通系统研究内容的描述也不同(如日本为 9 类；美国为 6 类)，但交通信息是智能交通系统的数据支撑和基础。

交通信息化(蔡先华, 2005; 杨晓光, 2000)的基础就是如何对交通现象进行高度抽象和提炼浓缩，通常人们使用数据作为交通信息的表达方式，可通过对数据解译、归纳、分析、综合等处理提取其所抽象的语义。而在计算机学科中，数据被定义为所有支持计算机存储和处理且可被计算机程序处理的所有符号的总称(严蔚敏和吴伟民, 1997)。根据交通系统的组成，交通数据反映了交通出行者、管理者、交通工具、道路网络等相关信息。交通数据的来源、数据内容、数据结构的差异使其具备多源、海量、时变和异构等特点(戢晓峰, 2009)。按照交通数据的种类可以把交通数据分为空间数据、时态数据、属性数据等，其具有数据量大和操作性复杂等特点。按照交通数据随时间变化的属性可将其分为静态交通数据和动态交通数据。静态交通数据主要包括基础地理信息数据、交通管理信息数据、交通管理者信息数据和交通管理对象信息数据；动态交通数据包括规律性信息(如交通路况信息、气象信息、道路维修养护信息等)或突发式信息(如突发自然灾害信息、事故灾难信息、重大活动交通管制信息等)。

4.2　交通基础地理信息的抽象和表达

交通基础地理信息的抽象和表达是指面向交通导航的交通地理系统数据模型，其一般表现形式为国家规定的系列比例尺地图。区别于其他应用领域的地理信息，交通基础地理信息侧重于面向交通导航的应用。国外陆地导航数据模型以欧洲 GDF(geographic data files)导航数据格式、美国 SDAL(shared data access library)导航数据格式和日本 KIWI 导航数据格式最具代表性。国内研究起步较晚，至今还未形成统一的行业标准。目前具有相关资质的地图数据生产企业(如上海高德软件有限公司和北京易图通科技有限公司)制定了各自的导航数据格式。

国内外实时路况信息发布系统中的交通基础地理信息模型遵循现有导航数据格式，针对各系统的特点可在其基础上增加一些字段，从而为交通信息服务提供基础数据支撑。

4.2.1 基础地理信息数据对象要素

根据基础地理信息描述的对象数据要素的不同，交通基础地理信息可以分为表 4-1 所列举的对象要素。

表 4-1 交通基础地理信息数据要素

要素名称			要素描述
矢量格式	陆地交通	道路网络	道路网络中心线
		铁路	铁路网络中心线(包括地铁)
	航海交通		河流、海洋的助航设备及航道
	航空交通		航空航线
	植被		植被覆盖区域等
	居民地及其附属设施		居民地、商业区等建筑物区域
	水系水域		河流、湖泊、海洋等
	境界与政区		依据国家或行政管理区域为单位划分的界线
	兴趣点		兴趣点 POI 位置(包含交通电子眼、测速仪等设施位置)
栅格格式	道路交叉口实景图		道路交叉口的模拟图像或实景图像
	要素情景图		地物要素情景图像或序列图像
	配置图标		兴趣点 POI 等点状对象的渲染图标
	遥感图像		区域范围内的航空/航天遥感影像(背景图像)
	DEM		栅格形式的数字高程模型

4.2.2 基于 Web 浏览服务的矢量地图发布

基于 Web 服务的空间数据发布模式不但改变了传统空间数据发布模式的设计、开发和应用方法，而且完全改变了空间数据的共享模式，使空间数据共享达到了一个制高点。目前基于 Web 浏览服务的空间数据发布技术可根据发布数据的描述方式分为基于矢量的地图发布技术和基于栅格的地图发布技术，二者的区别在于客户端向服务端申请某一区域的地图请求时，服务端根据申请请求向客户端发送相应的数据是矢量的还是栅格的，同时基于矢量的地图发布技术需要客户端渲染地图时安装相应的插件。现有的基于 Web 地图服务平台以基于栅格的地图发布技术为主，其中以 Google Earth、Google Map、Bing Map、百度地图、天地图等最具代表性。

交通基础地理信息数据中包含矢量地图、遥感影像和 DEM 等，目前的交通信息服务平台向用户同时发送矢量地图和遥感影像两种数据。考虑实时动态交通信息的表达是在矢量数据基础上的，因此二者的数据发布也分别采用不同的机制，即矢量地图采用基于矢量的地图发布技术，遥感影像采用基于栅格的地图发布技术。对于矢量地图的发布策略则依托于全球多级格网模型，针对矢量地图特点对全球多级格网“瓦片”数据做相应的处理，其基本思想如下。

(1) 按照地物要素对地图数据进行分层，并对图层进行显示图层设置(level of detail, LOD)。

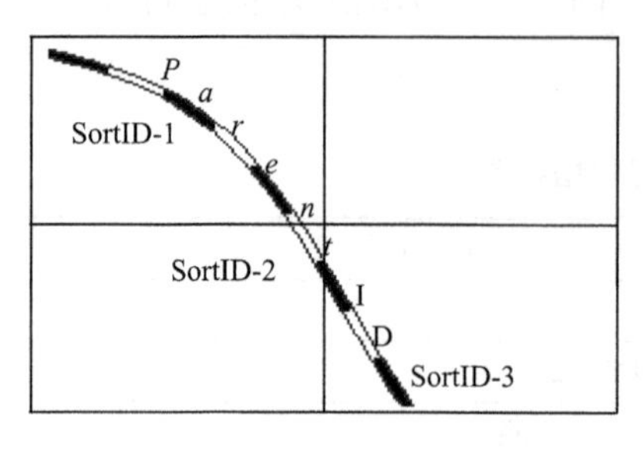

图 4-1　空间对象的连续性和完整性示意图

(2) 按照矢量地图比例尺所对应相应分辨率的全球多级格网模型对矢量数据进行剖分和破坏性裁剪，即将跨格网的线状要素和面状要素用“瓦片”界线打断，以保证每个地物要素独立存在于一个“瓦片”中，并记录下被“瓦片”打断以后每个地物要素所处的“瓦片”编号。显然在地物要素经过裁剪处理后，原来数据的整体性不可避免地遭到了破坏，这样的数据不适合查询和分析。因此在数据打断时，不仅要记录地物被打断后新的标识码(SortID)，还要记录被打断要素原来的标识码(ParentID)。这样，既保证了被“瓦片”打断后数据相对于各个“瓦片”的独立性，又保存了数据的整体性，如图 4-1 所示。在进行数据压缩后，按照一定命名规则存放各图层的“瓦片”矢量数据，同时利用多尺度整数编码构建相应的空间索引。

(3) 根据客户端申请数据的要求发送相应的“瓦片”数据包。

4.3　动态交通信息的数据采集与管理

交通信息的覆盖面是非常广泛的，如铁路、航空、水路、道路，乃至将来的太空。人们更多的出行活动在于陆地交通，这里重点介绍道路交通信息的采集方法。交通信息是智能交通系统的基础核心数据，而动态交通信息的采集则是智能交通系统的首要任务。动态交通信息采集指以各类交通检测器为采集设备，通过各种交通信息采集模型和算法，实时或延时为交通管理和参与者提供辅助决策信息(戢晓峰, 2009)。

4.3.1　动态交通信息采集技术

目前动态交通信息采集技术大致可以分为基于人工监视的采集技术、基于交通监控设施的采集技术、基于移动式的采集技术，如图 4-2 所示。

基于人工监视的采集技术主要依靠特定人员通过视频监控、实地交通协管、交通通信上报等手段人工判定交通流量、平均车速、车辆数目等信息，这种方法在一定程度上充分利用了人类经验，但是采集信息的准确度取决于作业员的业务水准，同时又存在工作量大以及不能全天候工作的缺点。

基于交通监控设施的采集技术主要是依托环形线圈检测(Vanajakshi and Rilett, 2004)、雷达测速仪、无线射频识别(Kim et al., 2008)、视频自动检测(Zhang G H et al., 2008)等技术手段采集相关交通信息。虽然这些技术各有特点，但是都存在一定缺陷，同时硬件投入比较大、成本高。

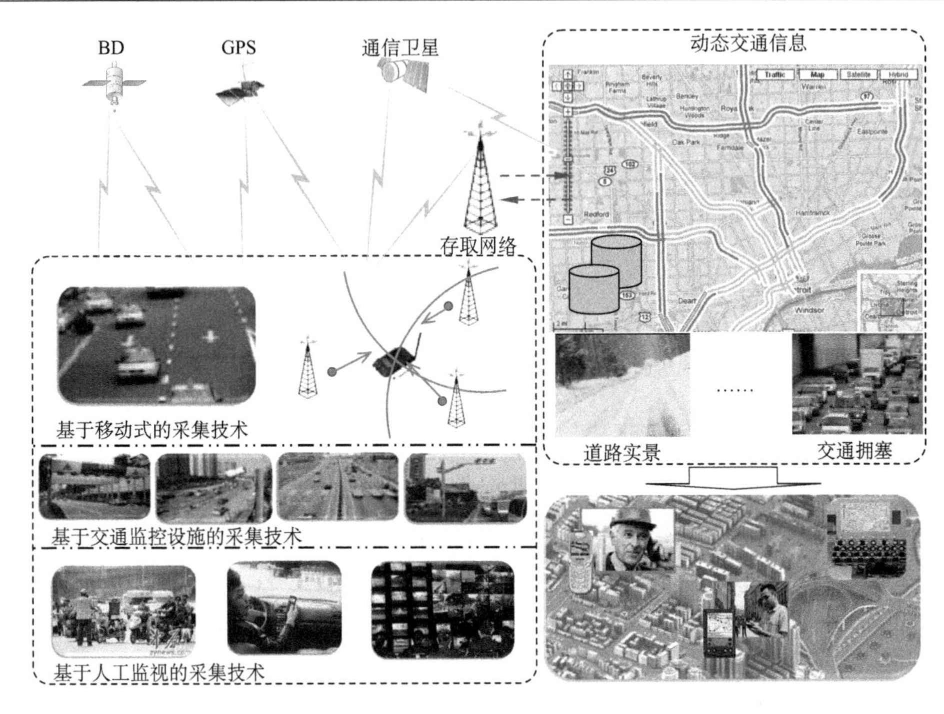

图 4-2　动态交通信息采集系统物理框架结构图

基于移动式的采集技术主要由基于蜂窝无线定位(郭丽梅, 2010; Fontaine et al., 2007)的交通信息采集和基于浮动车(张存保等, 2007; 江龙晖, 2007)的交通信息采集组成。基于蜂窝无线定位的交通信息采集是通过移动通信网络(GSM、CDMA、WCDMA 等)的蜂窝结构获取运动手机的实时位置，现有的手机定位技术有：基于蜂窝小区识别号定位、基于接收信号强度的定位、基于上行链路到达时间差定位、基于下行链路观察时间差定位、基于信号到达角定位、基于接收信号指纹定位等。虽然基于手机定位交通信息采集技术是一种新兴的动态交通采集技术，但该技术的定位精度通常在 100m 左右(除 A-GPS 和 GPSOne)，定位精度低于全球定位系统，同时需要投入大量基础设施。相对而言，基于浮动车的交通信息采集技术更为成熟，其主要依靠安装在车辆上的定位设备(如 GPS、BD、GLONASS 等)和通信模块采集车辆行驶信息，配合车辆管理系统和地理信息系统通过数据挖掘技术获取动态实时的交通信息，同时这种技术还具备成本低、范围广、全天候、便捷等优点。

如表 4-2 所示，基于浮动车的交通信息采集技术更优于其他采集技术，因此其也成为智能交通系统发展的热点和趋势。

目前，国外已实用化的基于浮动车的交通信息采集系统有美国 ADVANCE (Advanced Driver and Vehicle Advisory Navigation Concept)、德国 FCD (Floating Car Data)、英国 FVDS(Floating Vehicle Data System)、日本 VICS(Vehicle Information and Communication System)和日本 P-DRGS(Probe- Dynamic Route Guidance System)等。

表 4-2　不同交通信息采集技术的对比

影响条件	人工采集	交通监控设施				移动式	
		环形线圈检测	无线射频识别	雷达测速仪	视频检测	蜂窝无线	浮动车
交通流量采集	难	易	易	易	中	易	易
车辆信息描述	难	难	中	难	易	难	易
车速采集难度	难	易	难	易	中	易	易
全天候、全天时	×	√	√	√	×	√	√
成本状况	中	高	高	高	高	低	低
定位精度	高	高	高	低	中	中	高
可靠性	差	差	差	差	可靠	较好	好

国内相对比较成熟的有浙江宁波的城市实时交通信息发布与动态导航系统、广东中山的基于全球导航卫星定位的车辆定位系统、北京与中欧合作的 DYNASTY 计划和北京动态交通信息服务示范工程(北京)，其余的则为由高校、研究院所研究的示例程序，主要有北京交通发展研究中心、北京工业大学、吉林大学、北京交通大学、北京航空航天大学、华南理工大学等。

基于浮动车的交通信息采集技术通常由浮动车、通信服务设备和交通信息监控服务器组成。其基本原理是：由车载定位设备实时获取行驶在道路上车辆的定位信息，然后使用车载通信设备通过无线传输方式将定位信息传输到交通信息监控中心，最后由交通信息监控中心对这些数据进行存储、处理和分析，对车辆定位位置与道路进行地图匹配，通过提取车辆速度、行程时间和行程速度等参数分析获取道路网络的路况信息。由浮动车采集的数据包括车载设备号、车辆位置信息、瞬时速度、行驶方向、定位时间等基本数据，如果浮动车装备有传感器还可传输道路实景状况图像或视频等数据。因此，基于浮动车的交通信息的应用技术主要以运动对象的时空数据为基础，通过构建相应的时空数据模型进行实际应用，其应用环节主要包括运动对象时空数据的采集、存储、处理、查询、分析及应用等，如图 4-3 所示。

4.3.2　运动对象的抽象与描述

1. 运动对象的概念

在特定的应用环境中，人们需要考虑现实世界中的空间实体在空间中的位置，称为空间对象。空间对象由与空间无关的描述性数据(主体属性或属性数据)和空间位置数据(空间属性或空间数据)组成。现实世界中任何对象或事件的存在总是与某个时间相关联的，因此不能简单把空间对象从时间维中割裂出来进行研究，即要对这些空间对象的空间和时间信息进行综合地和系统地管理、处理和分析。显然，对象的空间位置或范围变化通常不是以离散形式存在的，而是以连续形式存在的。因此，将连续系统下的空间几何变化对象称为运动对象(moving object)。

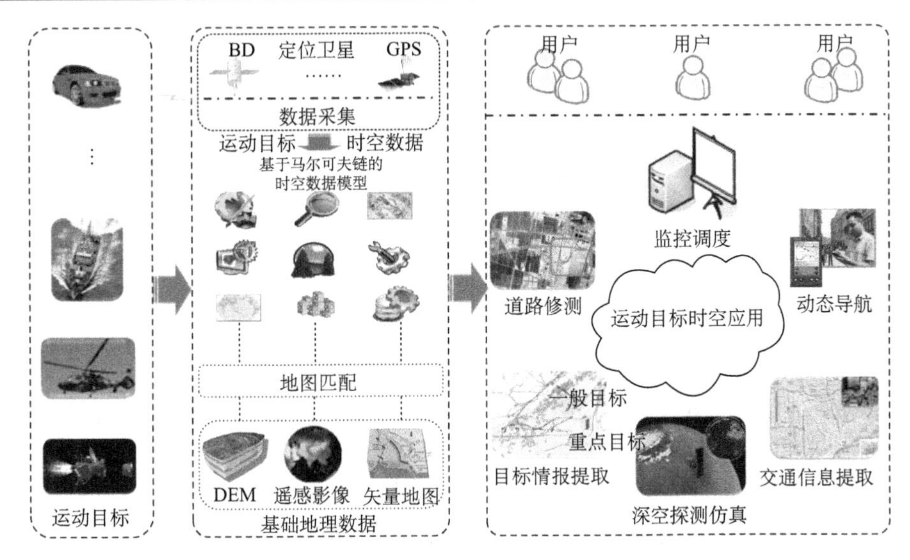

图 4-3　运动对象时空数据时空建模与应用流程图

2. 运动对象的数据类型

运动数据类型(moving data types)是指从时间域到某个类型域的映射，其值是描述某个域的值在时间上变化的函数(Güting et al., 2000)。例如，表征一个二维/三维空间上连续运动的点为时间序列$\left\{t^k\right\}\subseteq R$所对应的坐标点位置序列$\left\{p^k\right\}\subseteq R^D$，其中$D=2,3$。如果该点的运动轨迹是简单曲线(一条曲线没有交叉点且端点不能在线内，可为环)，则存在从一维空间(时间)到二维/三维空间的映射$f:\left\{t^k\right\}\to\left\{p^k\right\}$。考虑时间维和空间维是连续的，则映射变换为$f:\overline{\mathrm{DA}}_{\mathrm{instant}}\to\overline{\mathrm{DA}}_{\mathrm{point}}$，该映射即称为运动类型，其中，$\overline{\mathrm{DA}}_\alpha$表示数据类型$\alpha$的不包含“无定义”的域。如果给定一数据类型$\alpha$(包括所有基本类型和空间类型)，则其对应的运动类型和域可分别表示为$\mathrm{Moving}(\alpha)$和$\mathrm{DA}_{\mathrm{Moving}(\alpha)}=\left\{f\middle|f:\overline{\mathrm{DA}}_{\mathrm{instant}}\to\overline{\mathrm{DA}}_\alpha\right\}$。由于有效时间对运动对象的约束，$\mathrm{Moving}(\alpha)$的域函数$f$应是分段连续的，其中$f$在某段时间运动对象呈无定义状态。因此$f:\overline{\mathrm{DA}}_{\mathrm{instant}}\to\overline{\mathrm{DA}}_\alpha$是一个偏函数，而且仅包含有限数量的连续分量(Güting et al., 2000)。

$\mathrm{Moving}(\alpha)$的域中的每一个值f是描述α域的一个值随时间演变的函数，是时间分段函数。通过对类型α的操作而产生的数据类型$\mathrm{Moving}(\alpha)$为新的数据类型，因此Moving被称为类型构造因子(type constructor)。

与基本类型和空间类型相似，可以通过给参数类型加上前缀“M”用以标识运动类型，即MInteger、MReal、MString、MBoolean、MPoint、MPoints、MPolyline、MPolygon 和 MMeta。通过运动类型构造因子产生的数据类型实质上是集合函数，下面以MPoint为例加以说明。

$$
\begin{aligned}
&\text{MPoint} ::= \langle N_{\mathrm{u}}, I_{\mathrm{u}}, T_{\mathrm{r}} \rangle \\
&T_{\mathrm{r}} ::= \langle u_1, u_2, \cdots, u_n \rangle \\
&N_{\mathrm{u}} ::= \langle \text{Integer} \rangle \\
&I_{\mathrm{u}} ::= \langle \text{Integer} \rangle \\
&u_j ::= \langle t_{\mathrm{s}}, p \rangle \quad j \in [1, n]
\end{aligned}
$$

式中，N_{u}、I_{u}、T_{r} 分别表示移动对象所包含单元数量、当前单元的标识码索引、运动轨迹集合；t_{s} 表示单元的时间戳；p 表示坐标位置。

所有的运动类型，应有与到域的投影相对应的操作以返回域的一个范围。例如，Moving(Real)是实型对应的运动类型，其值来自一个一维域，投影可被简洁地表示为这个一维域上间隔的集合。在应用中对表示实数、整数等类型上的间隔集合感兴趣，这些类型可通过一个Range类型构造因子获得Range(α)。时空数据模型中对时态属性更为注重，因此可特别引入时间范围的类型Range(instant)。

3. 运动对象时空数据建模

为了对运动对象构建时空数据模型及其应用，首先定义运动对象的一些相关概念：

定义 1　假设作为空间实体，运动对象具备唯一性，其自有空间信息和属性信息随时间变化而变化，这样运动目标 o_{M} 可定义为

$$
o_{\mathrm{M}} = \{u_{\mathrm{ID}}, S(t), P(t), T(T_{\mathrm{v}}, T_{\mathrm{d}}), A\} \tag{4-1}
$$

式中，u_{ID} 表示运动对象 o_{M} 的对象标识码，该标识码表示其在应用对象集合中是唯一的；$S(t)$ 表示运动对象随时间变化的空间特性集合；$P(t)$ 表示运动对象随时间变化的属性特性集合；$T(T_{\mathrm{v}}, T_{\mathrm{d}})$ 表示运动对象的状态发生改变的时态性，如产生、消亡，T_{v} 和 T_{d} 分别表示有效时间和事务时间；A 表示运动对象的行为操作，即对象的时间、空间和属性的运算操作。

$$
S(t) = \{(x_1, y_1, z_1, t_1), (x_2, y_2, z_2, t_2), \cdots, (x_n, y_n, z_n, t_n)\} \tag{4-2}
$$

$$
P(t) = \left\{\left(A_1^1, A_2^1, \cdots, A_m^1, t_1\right), \left(A_1^2, A_2^2, \cdots, A_m^2, t_2\right), \cdots, \left(A_1^n, A_2^n, \cdots, A_m^n, t_n\right)\right\} \tag{4-3}
$$

式中，A_j^i 表示运动对象 o_{M} 第 j 个属性特性在 t_i 时刻的状态，其中，$j \in [1, m]$，$i \in [1, n]$。

定义 2　假设三维运动目标在四维空间(三维空间+一维时间)内的运动轨迹 T_r 是一条空间折线，那么，其可表示为一个点列集合 $\{(x_1, y_1, z_1, t_1), (x_2, y_2, z_2, t_2), \cdots, (x_n, y_n, z_n, t_n)\}$，其中，$t_1 < t_2 < \cdots < t_n$。

轨迹定义了运动目标的位置是随时间变化的函数：目标在 t_i 时刻的位置为 (x_i, y_i, z_i)；在时间段 $[t_i, t_{i+1}]$ 内，运动目标沿直线从点 (x_i, y_i) 运动到点 $(x_{i+1}, y_{i+1}, z_{i+1})$，如果假设运动目标为匀速的话，则其速度 v_i 为

$$v_i = \frac{\sqrt{\left(x_i - x_{i+1}\right)^2 + \left(y_i - y_{i+1}\right)^2 + \left(z_i - z_{i+1}\right)^2}}{t_{i+1} - t_i} \tag{4-4}$$

轨迹上两个连续的点所处时间不同，但如果二者在 XYZ 平面上的位置相同，称其处于静止状态。

定义 3　假设给定运动目标 o_{M} 的运动轨迹 T_{r}，则运动目标在时刻 t_i 和 t_{i+1} 时刻（$1 \leqslant i < n$）之间任意时刻 t 的平面位置可依据两时刻对应位置 $\left(x_i, y_i\right)$ 和 $\left(x_{i+1}, y_{i+1}\right)$ 和速度 v_i, v_{i+1} 由三次埃尔米特插值函数得到。

$$\begin{cases} x(t) = a_0 + a_1\left(t - t_i\right) + a_2\left(t - t_i\right)^2 + a_3\left(t - t_i\right)^3 \\ y(t) = b_0 + b_1\left(t - t_i\right) + b_2\left(t - t_i\right)^2 + b_3\left(t - t_i\right)^3 \end{cases} \tag{4-5}$$

式中，$t \in \left[t_i, t_{i+1}\right]$；$a_0, a_1, a_2, a_3, b_0, b_1, b_2, b_3$ 为系数，可由时刻 t_i 和时刻 t_{i+1} 下运动目标的坐标位置和速度求得

$$\begin{cases} a_0 = x_i \\ a_1 = v_i \\ a_2 = -\dfrac{3x_i}{\left(t_{i+1} - t_i\right)^2} - \dfrac{2v_i}{t_{i+1} - t_i} + \dfrac{3x_{i+1}}{\left(t_{i+1} - t_i\right)^2} - \dfrac{v_{i+1}}{t_{i+1} - t_i} \\ a_3 = \dfrac{2x_i}{\left(t_{i+1} - t_i\right)^3} + \dfrac{v_i}{\left(t_{i+1} - t_i\right)^2} - \dfrac{2x_{i+1}}{\left(t_{i+1} - t_i\right)^3} + \dfrac{v_{i+1}}{\left(t_{i+1} - t_i\right)^2} \end{cases} \tag{4-6}$$

$$\begin{cases} b_0 = y_i \\ b_1 = v_i \\ b_2 = -\dfrac{3y_i}{\left(t_{i+1} - t_i\right)^2} - \dfrac{2v_i}{t_{i+1} - t_i} + \dfrac{3y_{i+1}}{\left(t_{i+1} - t_i\right)^2} - \dfrac{v_{i+1}}{t_{i+1} - t_i} \\ b_3 = \dfrac{2y_i}{\left(t_{i+1} - t_i\right)^3} + \dfrac{v_i}{\left(t_{i+1} - t_i\right)^2} - \dfrac{2y_{i+1}}{\left(t_{i+1} - t_i\right)^3} + \dfrac{v_{i+1}}{\left(t_{i+1} - t_i\right)^2} \end{cases} \tag{4-7}$$

运动目标在现实世界中的运动是连续的，用计算机对其进行时空数据建模管理需进行相应的离散化，因此破坏了其原有连续特性。为了能够使时空数据模型具备还原一定时间段内的运动连续特性，通过插值函数得到两采样点之间的运动变化。考虑运动目标的运动规律是复杂的，因此采用三次埃尔米特插值函数作为模拟两采样点之间运动轨迹的函数，这样可相对精确地还原其运动轨迹，同时减小误差。该定义适用于一维或二维空间的运动目标，可通过目标的其他信息(如姿态)选取相应变化矩阵扩展到三维空间，使时空数据模型可支持三维空间需求，如飞机、潜艇、卫星、空间碎片等。

定义 4　假设运动目标在时间段 $[t_j, t_{j+n}]$ 内的运动行为称为事件 e_j，其定义为

$$e_j = \left\{ j, u_{\mathrm{ID}}, S(t), P(t), t_{\mathrm{s}}, t_{\mathrm{e}} \right\} \tag{4-8}$$

式中，j 表示事件的序号；t_s、t_e 分别表示运动目标运动行为的起始时间点、终止时间点。由此，运动目标 o_M 在时间段 $[t_1,t_n]$ 内的行为可由 m 个事件组成，即 $o_M=\{e_1,e_2,\cdots,e_m\}$，其中，$m\leqslant n$。事件的个数由基于马尔可夫链的时空数据模型中的粒度决定。

针对交通领域内空间运动对象的特点，使用基于马尔可夫链的时空数据模型建模思想对其构建相应的时空数据模型，建模流程如图 4-4 所示。

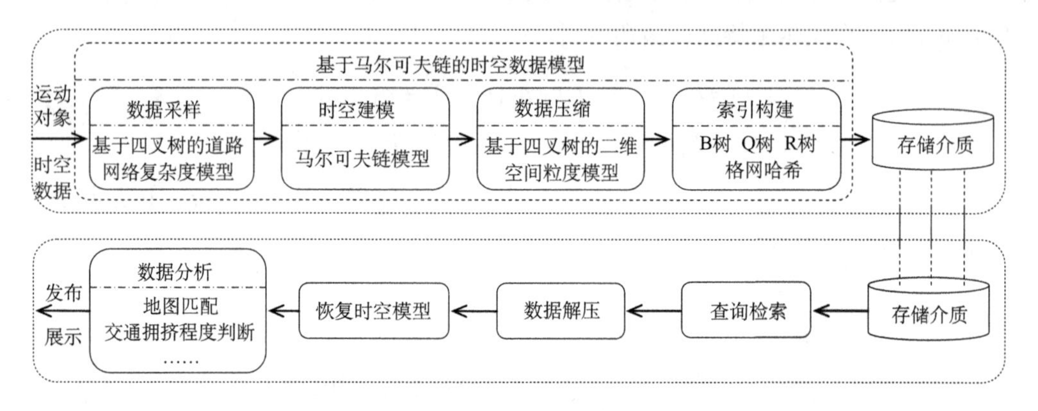

图 4-4　运动对象时空数据建模处理流程图

运动对象时空数据建模流程如图 4-4 所示，包括入库和出库两个方面。

1) 入库流程

(1) 运动对象时空数据经数据采样经通信系统后传入数据服务中心。

(2) 数据服务中心对运动对象进行基于 HMM 时空建模，并采用动态马尔可夫编码进行数据压缩。

(3) 对压缩数据的空间、属性和时态数据分别构建相应的索引机制，随后保存至存储介质。

2) 出库流程

(1) 根据用户输入实际需求设置查询检索 SQL 语句。

(2) 对满足查询条件的结果数据集进行解压或解码，并恢复时空模型。

(3) 根据应用需求对数据进行处理和分析，并进行发布展示数据分析结果。

4. 运动对象时空数据库的应用

随着更多的应用领域开始强调时间的因素，运动对象的应用也成为人们重点关心的热点问题，在国防军事、抢险救灾、交通管理等领域更为突出。

1) 监控调度

基于运动对象时空数据库的典型应用就是通过监控中心监控特殊车辆的运行轨迹，为有关部门或人员提供快速、准确、全面的动态信息，其在物流运输、安全保障、警用调度、紧急救援等应用领域发挥着重要的作用。

2) 交通信息提取

动态交通信息是指交通设施的空间特征或属性特征随时间变化而变化产生的信息，主要包括道路车流量、车道占有率、道路拥堵程度及分布情况、突发事件等动态信息。通过建立运动对象时空数据模型，可动态、实时提取相应的交通信息。例如，根据行驶在道路上运动对象的行驶速度提取其所在道路的拥堵程度数据。再如，通过对运动对象时空数据库中历史轨迹和道路网络的地图匹配，自动提取道路网络的交通管制信息(如禁止左转行驶等)。

3) 动态导航

随着经济的发展，道路交通网络需要实时、动态的交通信息进行交通诱导，以此引导出行者避开交通拥挤的路线，有效缓解城市道路交通网络的拥挤程度。通过建立运动对象时空数据库，可获取全面的、动态的、准确的、可靠的交通信息，辅以车载导航系统和通信设备实现动态导航的目的。动态导航的一个关键点在于交通基础地理信息数据设计初期，要对每条道路路段制定唯一的标识编码和交通拥堵程度字段。

4) 道路修测

随着城镇建设和经济的高速发展，道路网络等基础设施的建设得到了飞速的发展，随之电子地图的更新也要求与时俱进。使用 GPS 设备对新修道路进行修测已经成为人们监测路网的主要手段，尤其是在自然灾害抢险救灾中，将运动目标的轨迹用于行动路线的修测显得尤为重要。例如，2008 年我国南方特大雪灾救灾中抢修电力设备时，仅需存储先行者的运动轨迹即可为下一步行动制定出具体路线，以提高抢险救灾的效率。

5) 深空探测仿真

随着科技的发展，人们的活动已经从地球表面扩展到地月空间、太阳系乃至更遥远的太空，即对地测绘发展到深空测绘，用以描述深空地理实体和环境现象。深空环境中的空间实体以各种形态表现，主要包括空间环境要素数据和空间实体目标数据，二者空间特征和属性特征都是随时间变化而变化的。尤其需要准确定位星体、空间飞行器及碎片的轨道和位置，精确细化描述月球、火星以及其他星球的时空数据。通过建立运动目标时空数据模型，为人类深空探测提供深空多维数据的一体化管理、动态处理和时空分析仿真的技术支撑。

6) 军事/反恐应用

军事/反恐战场态势涉及的目标种类、武器平台、攻击范围、作战任务既纷繁复杂又各不相同，同时态势运动目标的数量庞大，从纷繁复杂的态势目标中分析提取情报信息是非常重要的。目前该领域的情报获取和整编主要是由人工或自动的方法筛选出重点关注目标，并在此基础上系统地研究态势情报的计算机辅助分析方法。显然，仅依靠人力进行态势分析是十分困难的。此外，态势分析处理通常依赖于军事/反恐规则，而军事/反恐规则是平时业务工作内容的高度浓缩，因此，结合态势辅助分析方法研究相关军事/反恐规则和态势情报理论具有较高的理论价值。

态势可分为宏观态势和微观态势。对于微观态势分析，在时空统一的条件下建立特定地域重点关注目标的三维显示场景，可以更清晰地展示战场地形地貌，更直观地展示目标的空间关系，便于业务人员在作战行动的决策与谋划中做出更准确的判断。战场重点目标是指重点关注目标，重点关注目标与业务工作重点密切相关，但仍然具有一些通用特征。例如，民航、民船等具有规则航线的目标一般不是战场重点目标，而一些在敏感地区进行频繁活动的目标可能就是人们需要关注的重点目标。

4.4 基于浮动车的交通信息采集间隔优化

对基于浮动车的交通信息采集技术来说，一个最基本的问题是交通时空数据的采样间隔如何确定。交通时空数据的采样间隔包括浮动车位置数据的采集间隔、数据传输间隔和交通数据分析间隔。一般而言，数据传输间隔通常根据通信资费而定，交通数据分析间隔则根据实际需求而定，如雅典国家技术大学(National Technical University of Athens, NTUA)每 15min 更新实时交通信息；伊利诺伊大学芝加哥分校(University of Illinois at Chicago, UIC)每 2min 更新实时交通信息。如果以浮动车自身为单位，那么数据传输间隔也就是浮动车连续两次向监控中心发送数据的时间间隔。一条 GPS 数据(NMEA0183 格式)的字节数为 70，而如果使用常用的 GSM 信道短信业务可以发送 160B 大小的数据，可根据位置数据的采集间隔和通信资费代价进行确定。交通数据分析间隔也决定着浮动车位置数据的采集间隔，如 NTUA 的实时交通信息更新频率是 15min，则该系统下的浮动车位置数据的采集间隔就不需制定的很小；UIC 实时交通信息更新频率是 2min，则其浮动车位置数据的采集间隔一定要小于 2min。

相对而言，数据传输间隔和交通数据分析间隔对交通信息提取的重要性没有浮动车位置数据采集间隔重要，因此研究学者通常侧重于浮动车位置数据的采集间隔的确定，同时为了获取更为实时的交通路况信息需要对浮动车采样间隔进行优化选取，并以此构建浮动车时空数据模型及交通信息分析发布系统。

如图 4-5 所示，采用不同采样间隔会带来不同的结果：如果采样间隔过小，虽然可以精确地描述交通信息，但是会造成较大的数据冗余和无线网络的过重负载；

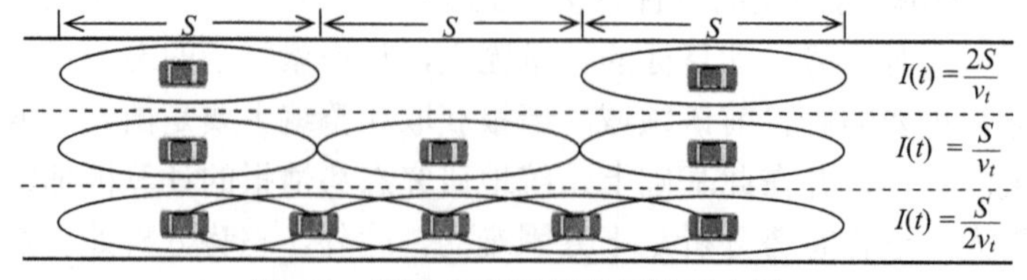

图 4-5　浮动车不同采样间隔示意图

采样周期过大，虽然减小了数据冗余和系统服务负载，但是会降低数据描述交通信息的精度。因此，交通信息的精度与信息的采集成本是优化浮动车采样间隔应该考虑的关键因素。

目前，采样间隔确定方法主要分为三大类：主观确定法、统计分析法(张存保等, 2007; 江龙晖, 2007)和动态调整法(郭丽梅, 2010; Fontaine et al., 2007)。主观确定法大多依赖主观经验确定采样间隔，由于操作人员的实际经验存在差别，导致没有规律可循，不具备通用性。统计分析法通过对历史数据进行统计分析，进而设计最优采样间隔。张存保等(2007)利用傅里叶变换得到速度信号的频谱，然后根据香农采样定理，确定浮动车在不同等级公路上的最优采样间隔。动态调整法是根据浮动车所在道路或区域和浮动车实时速度进行动态采样，即速度越快采样间隔越短，反之采样间隔越长。虽然这类算法考虑到了道路或区域的差异，但要求浮动车定位设备具备电子地图并存储大量的道路或区域经验信息，而目前用于浮动车的车辆大多是不具备电子地图的出租车，同时地图数据的更新和实时地图匹配误差会引入较大的粗差，其实用性存在较大的局限性。总而言之，目前的采样间隔方法没有综合考虑浮动车速度差异、路网的拓扑关系和几何特性，没有精细地刻画各种交通管制手段以及不同交通状态的影响，不能很好地满足交通信息采集系统的要求。因此，这里介绍一种顾及实际道路网络的浮动车采样间隔优化方法(曹闻等, 2012; 曹闻和彭煊, 2014)，该方法能够在不同复杂程度的道路网络情况下动态调整采样间隔，不仅确保了采样数据的精度，而且降低了采样数据容量，满足实用要求。

4.4.1 顾及实际道路网络的浮动车自适应采样算法

顾及实际道路网络的浮动车自适应采样算法的基本思想为：首先通过构建四叉树模型对城市道路网络进行划分，确定空间采样分辨率，然后利用历史轨迹对浮动车的速度进行短时预测，最后在不影响空间采样分辨率的基础上实时动态优化采样间隔，在交通信息的精度与信息的采集成本之间取得平衡。图 4-6 给出了顾及实际道路网络浮动车自适应采样下的交通信息提取体系结构图。

1. 浮动车自适应采样的基本思想

浮动车信息采样间隔确定的理想原则应该是：既能准确地描述交通信息，又能避免数据的冗余。因此对于不同复杂程度的道路网络需要制定不同的采样间隔，即保证一个合适的采样空间分辨率 S，如图 4-5 所示。显然，当目标运动过快时采样间隔应更精细，从而确保数据的精度；反之采样间隔应更大，避免数据冗余现象。

假设浮动车在 t 时刻的速度为 v_t，则浮动车的采样间隔 $I(t)$ 为[①]

① Hong J, Zhang X D, Wei Z Y, et al. 2007. Spatial and temporal analysis of probe vehicle-based sampling for real-time traffic information system. Istanbul: 2007 IEEE Intelligent Vehicles Symposium.

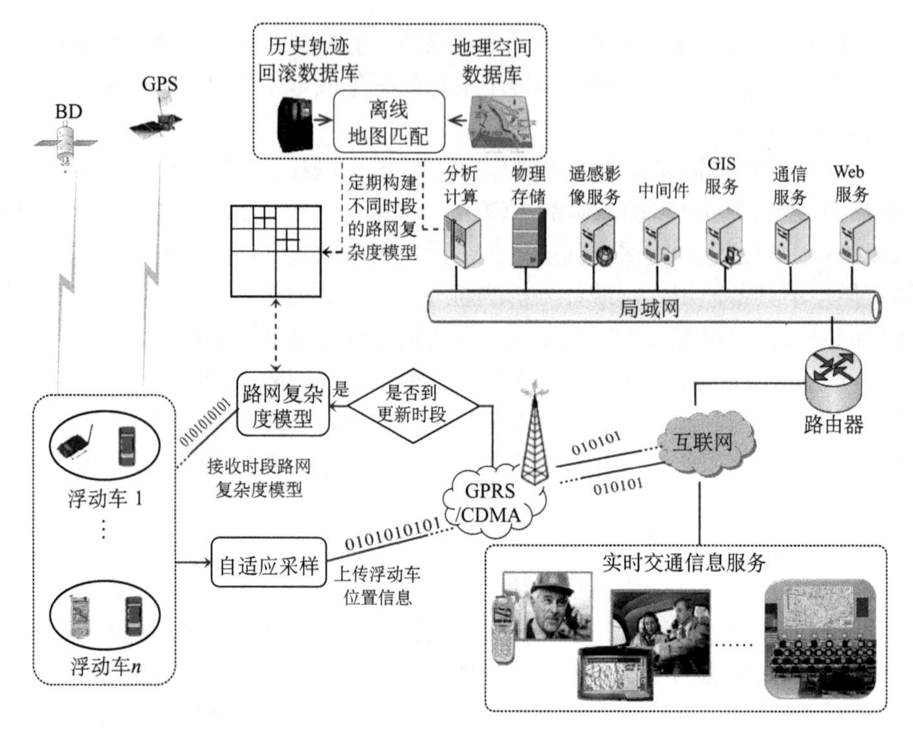

图 4-6　顾及实际道路网络浮动车自适应采样下的交通信息提取体系结构图

$$I(t)=\frac{S}{v_t} \tag{4-9}$$

式中，S 表示采样空间分辨率。

该方法通过确定特定时刻的采样空间分辨率 S 和浮动车瞬时速度 v_t，综合考虑了城市道路网络中不同道路的拓扑关系和几何特性，从而确定最优采样间隔。

2. 采样空间分辨率 S 的确定

为了确保交通信息的有效性和实时性，有必要对不同几何关系和交通状态的道路采取不同的采样间隔。因此，合理地确定不同道路区域的采样空间分辨率对于提高交通信息可靠性具有重要意义。

城市的交通规划通常由地理位置、历史文化、经济结构等因素决定，不同城市乃至同一城市不同地区的交通道路网络的复杂程度都不一样，因此在不同道路上用于描述该道路交通信息的浮动车信息采样间隔应该是有区别的，那么就可以根据不同拓扑关系和属性特征的道路以及浮动车速度特性自适应确定采样空间分辨率 S 。借鉴地形复杂模型原理(Kristofer et al., 2011;刘春等, 2009)构建四叉树模型描述道路交通网络的复杂度：①根据道路的拓扑关系和几何特征对道路进行路段划分；②对子路段进行抽象点简化并构建其复杂因子；③通过计算道路路段抽象点的平均路网复杂度完成四叉树模型的构建。进而给出采样空间分辨率的计算公式：

$$S = \frac{\min\{W_{\mathrm{ht}}, H_{\mathrm{ht}}\}}{n} \tag{4-10}$$

式中，W_{ht}和H_{ht}分别表示浮动车位置处于道路网络四叉树复杂度模型节点对应格网的宽度和高度，距离越短表明该区域实际交通状态越复杂；n 表示四叉树节点对应格网内所包含经过路段划分后复杂度节点所构德洛奈三角形的个数，使用该参数是根据不同格网对应区域实际道路网络拓扑关系进一步区分相同大小格网对应区域的不均衡交通状态。

1) 路段划分

传统的道路路段划分方法是采用道路中心线作为道路的矢量描述，即使用道路节点(图 4-7 中黑色圆点 N_1 和 N_2)和弧段(图 4-7 中黑色虚线线段 N_1N_2)来表示道路网络。其中，节点主要由道路路段的始末端点和交叉口构成，弧段则由两个连接节点之间的路段构成。浮动车在道路网络中的行为表现为在路段上行驶与节点处的合流和分流，但因为城市交通管制、路网规模、交通时变需求及车辆饱和度等众多因素的影响，同一道路路段的不同位置、不同时间的交通状态是不一样的，所以需要重新对道路路段进行合理划分。

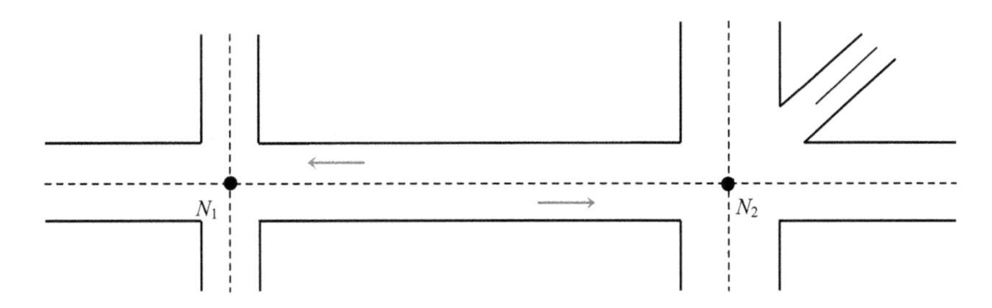

图 4-7　传统的道路路段划分方法示意图

考虑道路交叉口连接复杂程度、交通信号管制以及同一道路路段不同位置、不同时间的交通状态的不均衡性，需要对传统路段划分的结果进行进一步的细化划分。细化划分原则应该遵循的规则(Li, 2004)为：①道路弧段的长度大于细化阈值长度 ε；②细化弧段能够充分描述不同位置的交通状态。显然，路段细化阈值长度 ε 是决定道路 R_i ($i=1,2,\cdots,n$)是否进一步细化的关键所在。

目前关于路段划分基本是使用固定经验值或者根据浮动车的采样间隔而定的，显然这样的阈值长度 ε 决定缺乏理论依据，路段划分结果的合理性自然完全依靠经验值的选取，同时这种方法没有考虑不同城市交通道路网络的复杂性及车辆保有量等因素，因此需进一步改进现有的路段划分方法。考虑不同城市或不同道路上浮动车的行驶状态反映了以上各种因素对交通信息的影响，该方法对实际浮动车采样数据进行数据统计分析，进而依据实际交通流量情况对路段进行划分。这里需要说明的是：用于统计分析的浮动车历史轨迹中的每一个采样点与实际道路网络之间的映射方法可利用离线地图匹配实现，主要有 Marchal 算法(Marchal et al., 2005)、遗传算法(司毅博等, 2010)、Hausdorff 距离相似性测度(曹闻等, 2013)和失配轨迹提取(沙宗尧等, 2019)等方法。

根据描述道路路段交通状态至少需要两个浮动车采样点的原则，同时考虑相同路段在不同时段的实际交通状态也是不均衡的，因此将道路 R_i 的细化临界长度定义为随时间 T 变化的函数 $\varepsilon_i(t)$：

$$\varepsilon_i(t) = I_i(t)\tilde{v}_i + 2\theta_p \tag{4-11}$$

式中，θ_p 表示试验数据噪声(如 GPS 定位误差)；$\tilde{v}_i$ 表示道路 R_i 的设计速度；$I_i(t)$ 表示 t 时刻道路 R_i 上浮动车的采样间隔。这里需要说明的是：用于路段划分的采样间隔 $I_i(t)$ 并非浮动车的最终采样间隔，使用傅里叶频谱分析和香农采样定理进行确定。

从图 4-8 可以看出：浮动车的瞬时速度是一条随时间波动的曲线，对该曲线进行采样就可以得到浮动车的真实运行状态，进而获取该路段的车辆运行状况。常用的数据分析方法是对其进行时域分析(主要包括均值分析、方差分析等)，但时域分析得到的信息非常有限，不能揭示速度变化的内在特征，而频域分析可以清晰地描述信号的频谱特征并具有清晰的物理意义，所以首先对速度信号进行频谱分析，从而确定最优的采样时刻，其基本思想是：首先利用傅里叶变换得到速度信号的频谱，然后根据香农采样定理确定用于路段划分的浮动车最优采样频率和采样周期。

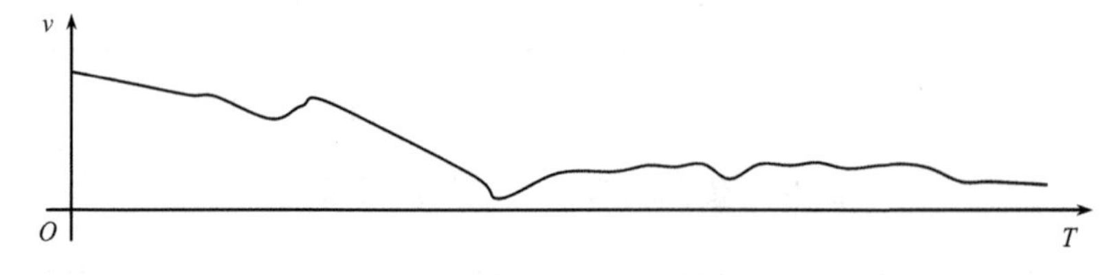

图 4-8　浮动车瞬时速度变化曲线示意图

因为每次采集到的数据样本是有限的，所以其为频带受限的，完全满足香农采样定理条件，因此可以采用傅里叶进行频域分析。不妨假设样本历史轨迹信息(采样周期为 1s)在 t 时刻道路 R_i 路段矢量数字化方向对应的速度集合 $\left\{v_1^i, v_2^i, \cdots, v_m^i\right\}$，则傅里叶频域分析的定义为

$$V^i(s) = \sum_{k=1}^{m} v_k^i \mathrm{e}^{\frac{-j2\pi ks}{m}} \tag{4-12}$$

$$v_k^i = \frac{1}{m}\sum_{s=1}^{m} V^i(s)\mathrm{e}^{\frac{j2\pi ks}{m}} \tag{4-13}$$

采用频域分析的目的是在保证信号特征的条件下降低采样频率，以减小数据传

输率和系统复杂度。根据频谱特征可以采用类似信噪比准则选择最优的采样频率：信号频谱为带宽受限信号，将频谱分割为低频部分和高频部分，低频部分代表信号主能量部分，必须保留；高频部分代表噪声部分，可以忽略。低频和高频之间的分割点位置决定最低的采样频率，设该分割点位置为 n 且 $n \in (1,m)$，则信噪比 R_{SNR} 定义为

$$R_{\mathrm{SNR}} = \frac{E_s}{E_n} = \frac{\sum_{s=1}^{n} \left| V^i(s) \right|^2}{\sum_{s=n+1}^{m} \left| V^i(s) \right|^2} \tag{4-14}$$

根据信噪比准则：对应不同的信噪比（一般要求信噪比大于 15dB）可求得相应的 n 值，设频谱分辨力为 Δf，则得到浮动车速度数据对应的截止频率 f_{c} 为

$$f_{\mathrm{c}} = n\Delta f \tag{4-15}$$

由香农采样定理可以得到用于路段划分的采样间隔 $I_i(t)$：

$$I_i(t) \leqslant \frac{1}{2f_{\mathrm{c}}} \tag{4-16}$$

在得到细化临界长度 $\varepsilon_i(t)$ 之后，对于路段 $N_iN_j\ (i \neq j)$ 的长度 $l_i < \varepsilon_i(t)$ 的道路 R_i 不做进一步的划分，而路段 N_iN_j 的长度 $l_i \geqslant \varepsilon_i(t)$ 的道路 R_i 则将进一步划分。

考虑道路交叉口对于其关联道路交通状态的重要影响，需要对道路的不同位置加以区分，其基本思想是：将道路分为路口邻近子路段 $N_1N_{12}^1$、$N_{12}^2N_2$ 和中央子路段 $N_{12}^1N_{12}^2$，其中节点 N_1、N_2 对应道路交叉口。因为节点 N_2 关联的道路数目大于节点 N_1 关联的道路数目，所以，$N_{12}^2N_2$ 子路段比 $N_1N_{12}^1$ 子路段的交通状态更为复杂，如图 4-9 所示。

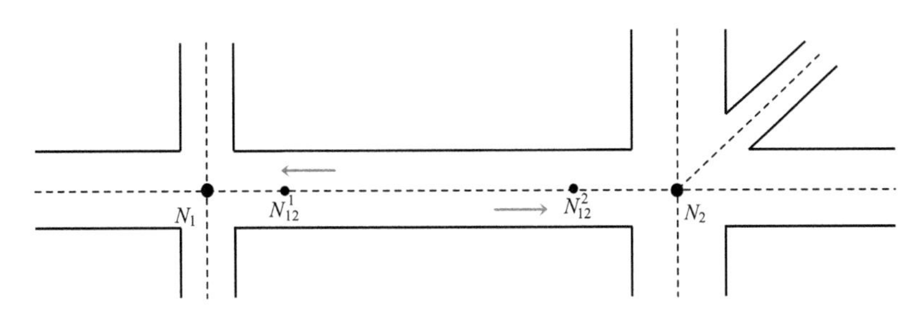

图 4-9　道路路口邻近子路段和中央子路段剖分原理示意图

由此可见，确定 $N_1N_{12}^1$、$N_{12}^1N_{12}^2$、$N_{12}^2N_2$ 子路段是区分道路路段上不同位置交通状态的关键。通常意义上，车辆在路口邻近路段和中央路段进行切换行驶的速度有较大的变化。因此，可以通过统计历史轨迹信息寻找随时间变化速度曲线图的二阶过零点加以确定，即

$$\frac{\partial V^2(p,t)}{\partial p^2}=0 \tag{4-17}$$

式中，$V(p,t)$ 表示 t 时刻浮动车在道路路段 $p:(x,y)$ 位置的速度。由于历史轨迹噪声 ζ 的存在，则式(4-17)变为

$$\frac{\partial V^2(p,t)}{\partial p^2}\leqslant\zeta \tag{4-18}$$

如果所获历史轨迹速度过于平稳，则通过式(4-19)加以确定：

$$l\left(N_{ij},N_{ij}^k\right)=l_r+\theta_p \tag{4-19}$$

式中，l_r 表示道路交叉口修正长度；i,j 表示节点编号；k 表示路口邻近子路段相邻节点的编号。

道路路段进行划分虽然区分了交叉口和中央路段交通状态不均衡问题，但如果路段划分后的路段长度过长则会降低交通状态获取的实时性。例如，如果 $N_{12}^1N_{12}^2$ 路段的长度为 1km，则以 40km/h 速度行驶的浮动车从路段起点至终点需 15min。如果根据描述道路路段交通状态至少需要两个浮动车采样点的原则，则该浮动车所反映的交通状态的时间间隔为 15min，显然由其所得交通信息的实时性根本无法满足现代社会的实际需求。因此，为了进一步精确描述道路不同位置交通状态的不均衡性，在完成道路路口邻近子路段和中央子路段剖分之后，根据道路 R_i 细化临界长度 $\varepsilon_i(t)$ 对子路段进行进一步的等分处理(如图 4-10 中中央路段的三角点)，直到等分子路段的长度小于临界长度 $\varepsilon_i(t)$ 为止。

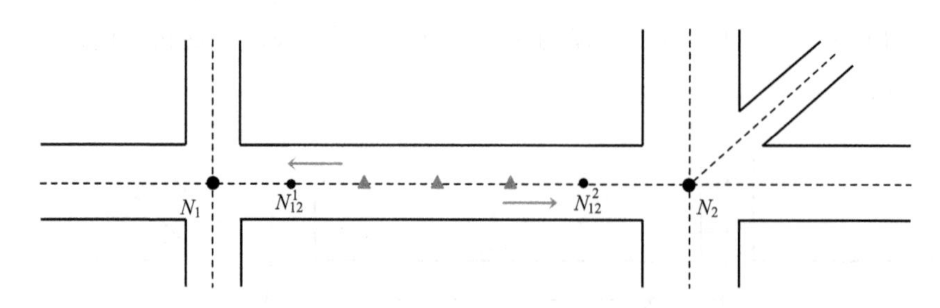

图 4-10　道路子路段剖分原理示意图

2) 复杂度节点划分

参考使用等高线提取 DEM 的基本原理，为了构造道路网络复杂度模型，对道路路段划分结果进行进一步的节点划分。其基本思想如下：

(1) 对于道路长度小于细化临界长度 $\varepsilon_i(t)$ 而未进行路段划分的道路，因为这些路段通常是交叉路口连接路段，如图 4-11 中的黑色圆点，所以将该路段的起始和末尾端点作为复杂度节点。

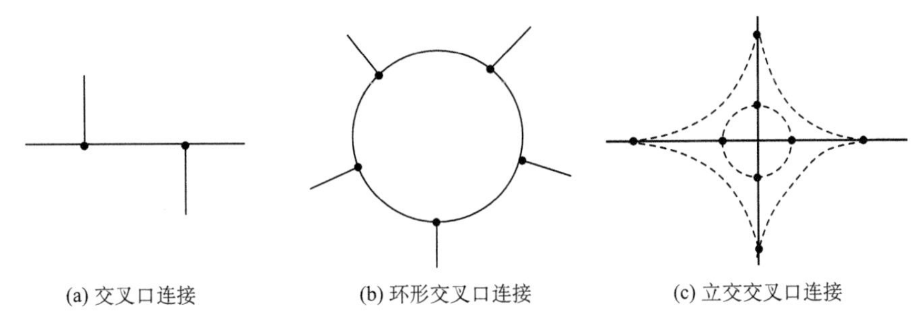

图 4-11　未经过路段划分的道路路段复杂度节点划分原理示意图

(2) 对于经过路段划分的道路路段，对划分的子路段取中间点作为该子路段的复杂度节点，如图 4-12 的灰色方点，同时将子路段中原始道路交叉口节点也作为道路路段复杂度节点。

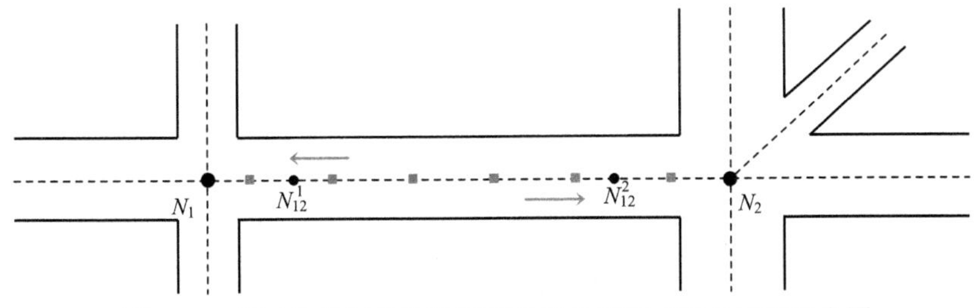

图 4-12　经过路段划分的道路路段复杂度节点划分原理示意图

3) 复杂度节点影响因子

不妨假设经过路段划分和节点划分的复杂度节点为 n_j^k，j 及 k 分别表示复杂度节点序号索引及节点类型。其中，如图 4-12 中的 N_1, N_2 对应的节点类型 $k=1$；$N_1N_{12}^1, N_{12}^2N_2$ 子路段之间的节点类型 $k=2$；$N_{12}^1N_{12}^2$ 子路段之间的节点类型 $k=3$。

道路的数量、布局及其属性不同决定着城市道路网络的复杂度，因此作为道路路段划分抽象的复杂度节点 n_j^k 对道路网络的复杂度的影响因子 c_j^k 就可以定义为其关联道路属性的函数：

$$c_j^k = f\left\{n_j^k \middle| g_j^1, g_j^2, g_j^3, g_j^4, g_j^5, \cdots\right\} \tag{4-20}$$

式中，$g_j^1, g_j^2, g_j^3, g_j^4, g_j^5, \cdots$ 分别表示复杂度节点 n_j^k 关联道路 R_i 的平均实际道路拥塞程度(可根据实时路况信息系统的历史信息对每条道路定期更新)、车道连通因子、道路等级因子、车道因子、宽度因子等。由于每个影响因子的单位不同，需要对每个影响因子进行多量纲的归一化处理。下面以车道连通因子为例，对影响因子进行多量纲的归一化处理。

地理信息系统中对道路网络的描述仅仅为节点和弧段，不能直观地描述道路交叉口附近车道连通情况。Sheffi 等根据不同交通应用需求提出了两种道路交叉口通行关系描述表达方式(姜桂艳等, 2010)，如图 4-13 所示。按照图 4-13(b)方式，统计城市道路网络中所有道路在交叉路口中的连通条数 $C_j\left(R_i\right)$，得到其中最大值 $C_{\max}$，则车道连通个数因子 g_j^2 定义为

$$g_j^2=\frac{C_j\left(R_i\right)}{1+C_{\max}} \tag{4-21}$$

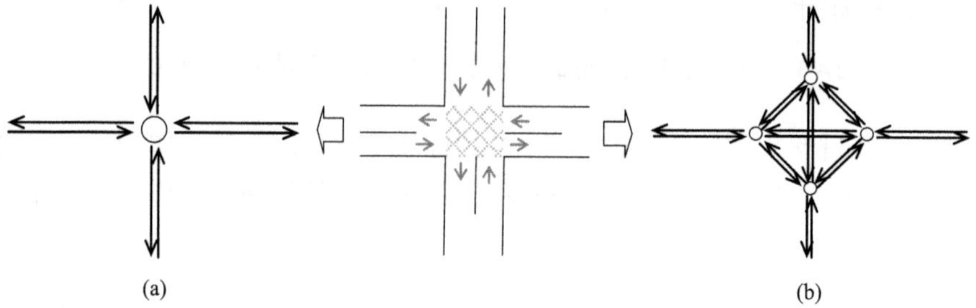

(a)　　(b)

图 4-13　道路交叉口通行状态示意图

为了区分不同道路属性以及同一道路不同位置对道路交通状态不同程度的影响，为复杂度节点 n_j^k 关联道路 R_i 的归一化属性设定不同的权值 $\lambda_j^s(k)$，并满足以下两个条件：①道路属性因子差异条件：$\lambda_j^1(k) \geqslant \lambda_j^2(k) \geqslant \lambda_j^3(k) \geqslant \lambda_j^4(k) \geqslant \lambda_j^5(k) \geqslant \cdots$；②道路路段位置差异条件：$\lambda_j^s(1) \geqslant \lambda_j^s(2) \geqslant \lambda_j^s(3)$。其中，$s=1,2,\cdots$ 表示道路属性次序。

综上所述，复杂度节点 n_j^k 对道路网络的复杂度的影响因子 c_j^k 定义为

$$c_j^k=\lambda_j^1(k) g_j^1+\lambda_j^2(k) g_j^2+\lambda_j^3(k) g_j^3+\lambda_j^4(k) g_j^4+\lambda_j^5(k) g_j^5+\cdots \tag{4-22}$$

4)基于四叉树的城市道路网络复杂度

在完成城市道路网络的路段划分和路段节点划分之后，如图 4-14 所示，对城市道路网络区域按照四等分原则进行剖分从而得到基于四叉树的城市道路网络复杂度模型，其基本过程如下。

(1)根据待剖分区域内的复杂度节点的分布情况，计算落在该区域内所有复杂度节点对城市道路网络复杂度的影响因子 c_j^k，从而得到该区域的道路网络复杂度影响因子 $\tilde{c}_{ht}$：

$$\tilde{c}_{ht}=\begin{cases}\dfrac{1}{N_{ht}} \sum c_j^k & N_{ht} \neq 0 \\ T_c-1 & N_{ht}=0\end{cases} \tag{4-23}$$

式中，N_{ht} 表示四叉树第 h 级第 t（$t=1,2,\cdots,2^{2h}$）个格网内复杂度节点的个数。

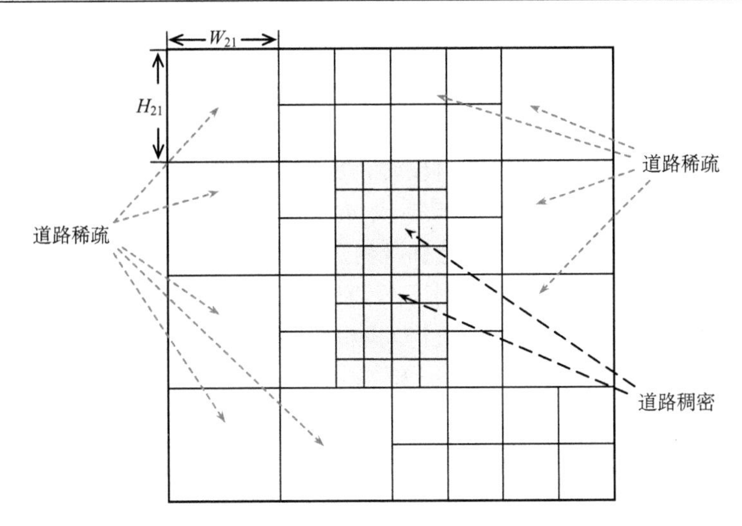

图 4-14　基于四叉树的道路网络复杂度模型原理示意图

(2) 当待剖分区域的道路网络复杂度影响因子 $\tilde{c}_{ht} \geqslant \xi_c$（$\xi_c$ 是判断该区域是否进一步细分的阈值）时，对该区域进行四等分生成该区域的 4 个子区域，再将区域内所有的复杂度节点配置到新的子区域内，然后将该区域属性修改为根，而新的 4 个子区域的属性配置为叶。

(3) 重复步骤 (1) 和 (2)，直到所有叶子区域的道路网络复杂度影响因子 $\tilde{c}_{ht} < \xi_c$ 为止。

经过如上区域的剖分，得到基于四叉树的城市多分辨率道路复杂度，即道路稀疏的地方，四叉树节点区域间距大一些；道路稠密的地方，四叉树节点区域间距小一些。

3. 速度 v_t 的确定

考虑浮动车的行驶状态具有马尔可夫性和短时平稳性，因此可以通过历史轨迹对速度进行短时预测，然后将轨迹运行趋势考虑到采样算法中。考虑浮动车定位设备的定位频率为 1s，可采用指数平滑法对速度进行短时预测[①]。

$$\hat{v}_{t+1} = \alpha v_t + \alpha(1-\alpha) v_{t-1} + \cdots \tag{4-24}$$

式中，$v_t, v_{t-1}, \cdots$ 表示浮动车的实际观察速度；$\hat{v}_{t+1}$ 表示 $t+1$ 时刻的估计速度；$\alpha \in (0,1)$，表示估计系数。

为了防止某个位置点上速度存在较大误差导致采样间隔过分抖动，使用一定预测时间内的平均速度 $\overline{v}_t$ 代替 t 时刻的速度：

① Ye Q, Wong S C, Szeto W Y. 2010. Short-term traffic speed forecasting based on data recorded at irregular intervals. Madeira Island: The 13th International IEEE Conference on Intelligent Transportation Systems.

$$\overline{v}_t = \frac{1}{s+1}\left(v_t + \hat{v}_{t+1} + \cdots + \hat{v}_{t+s}\right) \tag{4-25}$$

4. 浮动车的自适应采样

当浮动车首次启动或到达不同时段时，应用服务器向浮动车发送浮动车所在城市实际道路网络四叉树模型；然后根据式(4-2)自适应计算动态优化采样间隔$I(t)$，向服务器发送实时采样数据，从而达到既覆盖行驶道路路段又降低数据量的目的。

因为道路网络拥塞以及交通管制等，浮动车有时处于静止状态（$\overline{v}_t = 0$），所以需制定固定采样间隔T_I，则浮动车的采样间隔$I(t)$为

$$I(t) = \begin{cases} T_I & \overline{v}_t < \xi_v \\ \dfrac{S}{\overline{v}_t} & \text{else} \end{cases} \tag{4-26}$$

式中，ξ_v表示浮动车处于静止状态的速度阈值。

4.4.2 浮动车采样间隔评价标准

1. 道路覆盖率 ρ_s

考虑实际交通中同一道路上不同位置路段的交通通行状态不同的特点，目前大多学者将道路进行了路段划分以示区分。如果以较大采样间隔进行浮动车信息采样会造成某些路段的数据丢失，从而影响对该路段的交通信息描述精度。根据基于四叉树的道路网络复杂度模型中的路段划分原则，则道路覆盖率ρ_s定义为

$$\rho_\mathrm{s} = \frac{\sum_{i=1}^{n} N_\mathrm{s}(R_i)}{\sum_{i=1}^{n} N_\mathrm{o}(R_i)} \tag{4-27}$$

式中，$N_\mathrm{o}(R_i)$和$N_\mathrm{s}(R_i)$分别表示原始样本数据和采样数据覆盖道路R_i子路段的个数。

通常意义上道路覆盖率ρ_s越大，则表示采样数据描述道路交通信息的精度越高；反之，描述道路交通信息的精度越低。

2. 地图匹配精度 ρ_m

因为地理环境的影响，定位设备的定位精度一般存在着系统误差和随机误差，同时描述道路交通空间关系的电子地图存在着几何位置误差，所以行驶在道路上的浮动车实际位置往往不在电子地图的道路上(李德仁等, 2000)。地图匹配技术通过特定的模型和算法将浮动车位置与电子地图上的道路相关联，是解决该问题的技术手段。

目前的地图匹配算法更多地依赖于数据采样频率(理想状态下为1s)，即采样频率越小，算法匹配精度越高；采样频率越大，算法匹配精度越低。因为浮动车采样频率通常大于1s，所以需要制定合理的地图匹配算法进行匹配。如果仅采用单点进

行地图匹配，匹配精度通常较低，并且无法对各种浮动车采样算法进行评价，因此可以采用基于 Curve-Curve 距离的匹配算法(Quddus et al., 2009)作为评价算法。

地图匹配精度 ρ_{m} 定义为采样数据在某种地图匹配算法下的正确匹配数据点个数 N_{r} 与所有采样数据个数 N_{a} 之比，即

$$\rho_{\mathrm{m}} = \frac{N_{\mathrm{r}}}{N_{\mathrm{a}}} \tag{4-28}$$

3. 采样间隔速度方差 σ_{v}

假设浮动车原始数据点速度集合为 $\{v_1,\cdots,v_i,\cdots,v_n\}$，经过时间间隔 $I(t)$ 采样后的数据点速度集合为 $\{v'_1,\cdots,v'_j,\cdots,v'_m\}$，采样样本点速度 v'_j 在原始数据点集合中的数据点速度为 v_i，该点所属采样间隔范围内的数据点速度集合为 $\{v_{i-I(t)/2},\cdots,v_i,\cdots,v_{i+I(t)/2}\}$，则采样样本点速度 v'_j 在该采样间隔内的速度均值 $\mu(v'_j)$ 为

$$\mu(v'_j) = \frac{1}{I(t)} \sum_{k=-I(t)/2}^{I(t)/2} v_{i+k} \tag{4-29}$$

则采样间隔速度方差 σ_{v} 为

$$\sigma_{\mathrm{v}} = \frac{1}{m-1} \sqrt{\sum_{j=1}^{m} \left[v'_j - \mu(v'_j)\right]^2} \tag{4-30}$$

4.4.3　仿真试验与分析

1. 道路网络复杂度分析

城市交通系统由人员、车辆、道路和环境构成，系统的复杂性受到多种因素影响，但其动力学行为和复杂演变规律的主要影响因素是人类行为，而由浮动车采集的动态时空数据反映了人们的思维和行为。城市道路网络复杂度模型是以浮动车时空数据为基础的，这些数据涵盖了道路本身的几何形态特征，道路网络几何关系和拓扑关系与浮动车时空数据之间是存在着密切关系的，因此可以假定不同城市及同一城市不同地区的道路网络复杂度不同，并依此设计浮动车自适应采样算法。

1) 基于道路网络复杂度节点的德洛奈三角网试验

为了验证不同经济、政治、文化发展的城市道路网络复杂度的不同，分别对北京市和郑州市两个城市市区按照等间隔路段划分后的道路节点构建德洛奈三角网，然后通过统计不同单位面积内包含三角形的个数验证不同城市及同一城市不同区域复杂度也不同的假设。通过试验统计北京市和郑州市的德洛奈三角形的个数分别为 95098 和 29527，由此可见两个城市的道路几何分布规模不同。如图 4-15 所示，同一城市不同区域内的三角形密度分布不同，密度越大说明该部分的道路网络拓扑关系越复杂，由此可见不同城市及同一城市不同区域的道路网络复杂度不同的假设是成立的。

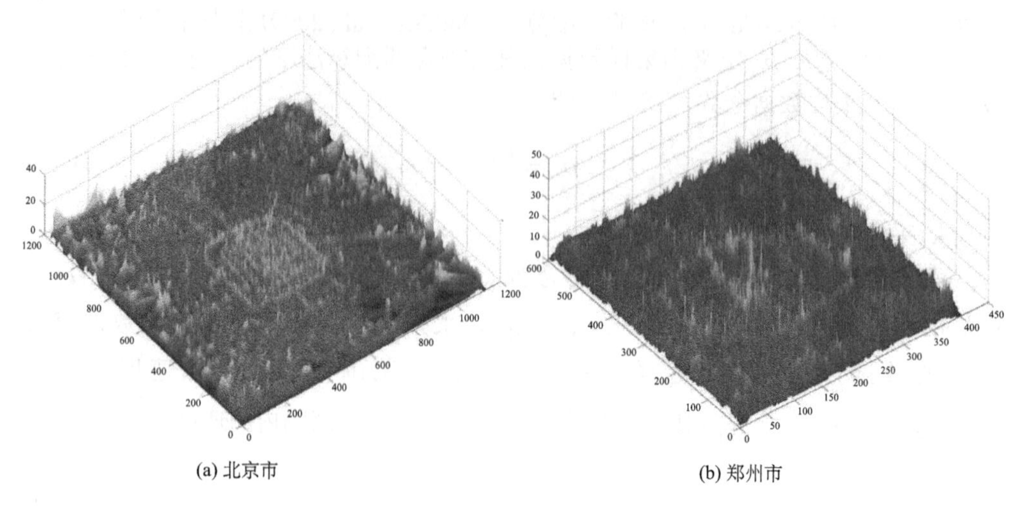

图 4-15　城市道路节点德洛奈三角网密度分布图

2) 不同道路的路段划分截止频率试验

不同道路的路段划分截止频率试验的目的是验证不同属性的道路以及同一道路不同时间的交通状态存在差异的假设，为浮动车自适应采样算法提供理论基础。试验集数据是采集于工作日 06:30～21:30 时间段、覆盖郑州市市区的 GPS 信息点集(采样间隔为 1s)。

(1) 同一道路不同时间的路段划分截止频率试验。同一道路不同时间的路段划分截止频率试验的时间间隔为 30min，试验路段为嵩山路路段(陇海路至伊河路由南向北行驶)，通过统计行驶速度信号及傅里叶频谱分析研究同一道路不同时间内的交通状态差异。

由表 4-3 可知，同一道路在不同时间段内的截止频率是不同的，其物理意义代表着同一道路在不同时间段的实际交通拥挤状态是不一样的。随着我国社会和经济的快速发展，人们的出行方式也更多依赖公共交通、私家车和非机动车，同时道路网络的规划也存在着一定的滞后性，因此工作日期间人们的上下班出行将会造成交通拥堵，其现象反映在浮动车的速度变化频繁，即速度信号的截止频率较大。以河南省郑州市陇海中路和嵩山北路交叉口附近区域为例，嵩山北路路段的交通拥堵高峰时间段主要集中在上午 07:30～09:00，主要原因在于陇海中路以南以居民区为主，而以北则以工作区为主；同时在下午 18:30～20:00 迎来一个小高峰，相对于上午高峰稍微通畅一些，但其反方向(伊河路至陇海路由北向南行驶)则迎来一天的最高峰(路段截止频率最高达到 0.0743，而同时段反方向则为 0.0366)。

表 4-3　不同时间段内同一道路所对应的路段细化截止频率和采样间隔

时间段	截止频率/Hz	采样间隔/s	速度均值方差	时间段	截止频率/Hz	采样间隔/s	速度均值方差
06:30～07:00	0.0297	16.833	0.0971	14:00～14:30	0.0469	10.667	–0.0201
07:00～07:30	0.0348	14.375	0.0334	14:30～15:00	0.0462	10.833	0.0166
07:30～08:00	0.0682	7.333	0.0212	15:00～15:30	0.0492	10.167	–0.0136
08:00～08:30	0.0543	9.200	0.0236	15:30～16:00	0.0455	11.000	0.0443
08:30～09:00	0.0532	9.393	–0.0557	16:00～16:30	0.0317	15.750	–0.0093
09:00～09:30	0.0411	12.167	0.0321	16:30～17:00	0.0341	14.667	0.0486
09:30～10:00	0.0364	13.750	0.0733	17:00～17:30	0.0361	13.833	–0.0192
10:00～10:30	0.0351	14.250	0.0805	17:30～18:00	0.0362	13.800	0.0667
10:30～11:00	0.0385	13.000	–0.0631	18:00～18:30	0.0415	12.063	0.0191
11:00～11:30	0.0412	12.125	0.0011	18:30～19:00	0.0366	13.667	0.0918
11:30～12:00	0.0391	12.786	0.0084	19:00～19:30	0.0479	10.400	–0.0247
12:00～12:30	0.0308	16.250	0.0232	19:30～20:00	0.0492	10.167	–0.004
12:30～13:00	0.0278	18.000	–0.1462	20:00～20:30	0.0395	12.667	–0.0316
13:00～13:30	0.0331	15.125	–0.0484	20:30～21:00	0.0370	13.500	0.0092
13:30～14:00	0.0455	11.000	0.0443	21:00～21:30	0.0326	15.330	–0.0527

(2) 不同道路等级的路段划分截止频率试验。不同道路等级的路段划分截止频率试验首先参照国家规定的道路管理等级方法，将试验区域内的道路分为 10 个等级，其中用于路况引导的主要为前 6 个等级的道路；然后挑选其中具有代表性的 6 条道路路段作为试验对象，对工作日 19:00～19:30 内浮动车历史轨迹的行驶速度信号进行傅里叶频谱分析，根据傅里叶频谱和香农采样定理可以得到如下道路等级对应的路段细化截止频率和采样间隔(表 4-4)。

表 4-4　不同等级道路上的路段细化截止频率和采样间隔

道路等级	截止频率/Hz	采样间隔/s	速度均值方差
1	0.0219	22.833	–0.1988
2	0.0351	14.250	0.0805
3	0.0482	10.375	0.0298
4	0.0533	9.389	0.0253
5	0.0743	6.727	0.0306
6	0.1207	4.143	0.0052

由表 4-4 可知，不同等级道路的截止频率是不同的，其中所选第 6 等级的道路是道路狭窄、非法停靠、不良驾驶习惯、下班以及放学等多种因素导致的交通拥堵，从而使得浮动车行驶过程中急走急停，截止频率过高。由此可见，不同等级道路的

实际交通状态是不一样的，因此不仅需要对行驶在相同道路上不同速度的浮动车进行自适应采样，而且需要针对不同等级的道路进行相应的自适应采样。

综上所述，浮动车的采样算法需要考虑不同道路或同一道路不同时间段下的实际交通状态存在着差异的问题。根据该原则通过对道路路段和节点划分，构建了基于四叉树的道路网络复杂度模型，并以此设计了相应的自适应采样算法。以河南省郑州市局部区域为例，图 4-16 给出了该局部区域的道路网络复杂度模型具体描述。

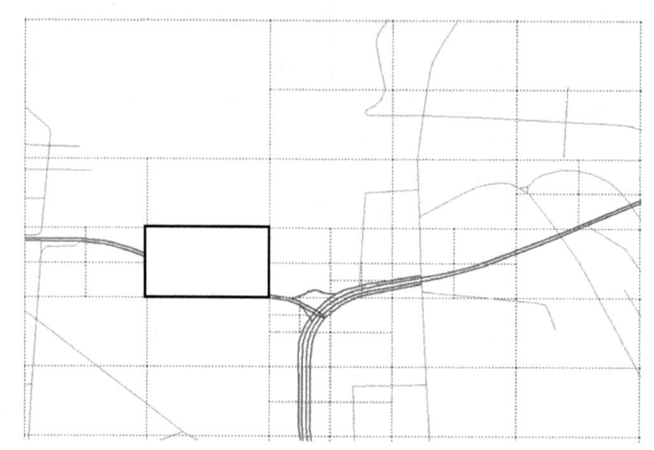

图 4-16　郑州市基于四叉树的道路网络复杂度模型局部描述示意图

2. 浮动车采样算法评价分析

为了验证顾及实际道路网络的浮动车自适应采样算法，可以根据道路网络几何特性、拓扑关系、道路属性特征和浮动车自身速度变化的差异动态优化采样间隔，通过主观确定法、统计分析法、动态调整法和新算法进行道路覆盖率、地图匹配精度、速度均值方差和压缩比的数据统计，如表 4-5 所示。

表 4-5　浮动车时空数据采样算法评价参数对比

采样算法		道路覆盖率/%	地图匹配精度/%	速度均值方差	压缩比/%
主观确定法	3s	99.7	92.8	0.05	33.3
	5s	97.2	89.2	0.09	19.8
	9s	90.6	85.3	0.13	10.6
	15s	81.8	78.9	0.18	6.4
	20s	73.3	65.0	0.22	4.9
	30s	64.9	50.4	0.28	3.3
统计分析法		81.6	81.1	0.16	8.7
(张存保等, 2007)		84.5	86.7	0.08	15.4
动态调整法		85.4	84.2	0.077	15.1
自适应算法(曹闻和彭煊, 2014)		92.4	89.8	0.075	13.2

1) 道路覆盖率

由表 4-5 数据可得：顾及实际道路网络的浮动车采样间隔优化算法（曹闻和彭煊，2014）的道路覆盖率处于主观确定法的 5s 和 9s 之间，原因在于其在道路交叉路口附近的采样分辨率 S 较小，基本可以完全覆盖路口附近的路段；但在道路路口连接中央路段（如图 4-16 黑色粗线方框区域）的采样空间分辨率 S 较大，因此在该部分的两个采样点之间的距离会大于路段划分阈值，即丢失了部分路段上的采样点，其采集的数据点也随即减小。考虑道路路口连接中央路段通常在交通信息发布时可看作一个整体，因此虽然覆盖率有所降低，但对交通信息描述不会产生过大影响，同时也在一定程度上降低了采样点的数据量，表 4-5 中的压缩比数据也正确反映了这一点。

统计分析法中文献（张存保等，2007）采用的算法仅考虑了高速公路（20s）和城市道路（10s）两级，在试验区以城市道路为主，其本质相当于采样间隔为 10s 的主观确定法。统计分析法中文献采用的算法是对速度进行区间划分并设定经验采样间隔，其本质与主观确定法没有实质上的区别。

动态调整法是根据其实际位置和浮动车速度调整采样间隔，但在速度较快的情况下设定的采样间隔较大，会跨越较多的路段，因此其覆盖率劣于新算法。虽然统计分析法和动态调整法考虑到了不同道路的差异和速度差异，但都未综合考虑浮动车的速度差异、道路属性差异和道路拓扑关系，因此其描述交通信息的数据精度低于顾及实际道路网络的浮动车采样间隔优化算法。

2) 地图匹配精度

由表 4-5 数据可得：顾及实际道路网络的浮动车采样间隔优化算法（自适应算法）在地图匹配精度方面优于≥5s 的主观确定法、统计分析法和动态调整法。随着采样间隔的增加，主观确定法所得采样点之间的相关性将大大降低，其匹配精度也随之降低；统计分析法是简单采用速度区间划分设定采样间隔经验值，可根据速度快慢调整采样间隔，其采样点之间的相关性有所保持，因此其地图匹配精度相对比较高，与自适应算法基本持平；动态调整法虽然也根据不同区域和速度动态调整，但受其采样前的地图匹配误差和经验阈值的影响，其对应的地图匹配精度有所降低。自适应算法在道路网络复杂区域（如交叉口附近）的采样空间分辨率较小，则采样间隔较小，这样用于地图匹配采样点之间的相关性得到了提高，则匹配精度就相对提高；在道路网络复杂度较低区域（如道路交叉口中间连接段）内的采样点个数较少，虽然采样点之间相关性有所降低，但该区域内的预选匹配道路的稀少也在一定程度上扼制了匹配精度的降低。

3) 速度均值方差

速度均值方差反映了采样样本运动趋势与原始运动趋势之间的关系。由表 4-5 数据可知：主观确定法随采样间隔增大，速度均值方差呈递增趋势。如果主观确定法使用较大采样间隔进行交通信息提取，运动趋势的差异将会被平滑模糊，从而降低描述交通信息的数据精度。统计分析法、动态调整法和自适应算法都采用了浮动车速度确定采样间隔，因此三类算法的速度均值方差基本一致。

4) 压缩比

压缩比是采样点与样本个数之比，反映了采样算法的数据压缩能力。由表 4-5 数据可知：该自适应算法优于统计分析法文献和动态调整法；劣于≥9s 主观确定法和统计分析法文献的性能，但这些采样算法是以降低描述交通信息数据精度为代价的。综合所有指标，该自适应算法在较好保持了描述交通信息数据精度的基础上，也降低了数据容量。

综上所述，顾及实际道路网络的浮动车采样间隔优化算法可以根据浮动车速度变化、城市道路分布状况和道路属性等信息动态调整采样频率，不仅确保了采样数据的精度，而且减少了数据量。

4.5 浮动车时空数据与地理空间数据的匹配

智能交通系统涉及遥感、定位、信息和通信等多个领域，可最大限度发挥现实世界中交通系统和硬件设施的作用，其中，导航系统扮演着举足轻重的角色。智能交通系统中的导航系统应包含两个最基本的组件：①运动目标的位置估计设备；②能够描述当地道路交通空间关系的地理信息系统。

目前运动目标的位置估计设备大致可以分为：航位推算设备(dead reckoning equipment，DRE)、陆地无线频率和全球导航卫星系统(global navigation satellite system，GNSS)。其中，航位推算设备是一种利用运动目标的实时位置、方向和速度推测未来一段时间内的位置和方向的设备。在峡谷、隧道、桥梁、涵洞和高磁场等易丢失全球导航卫星系统信号的地区，航位推算设备可以弥补运动目标的导航信息。例如，车辆航位推测仪可利用加速度计、磁罗盘和陀螺仪等设备推算其未来一段时间的位置坐标。全球导航卫星系统是一种利用天基的无线电导航定位和时间传递系统，能够为地球表面和近地空间的各类用户提供全天候、全天时、高精度的位置、速度和时间等信息服务，如 BDS、GPS、GLONASS 和 GALILEO。

因为地理环境的影响，定位设备的定位精度一般存在着系统误差和随机误差，同时描述道路交通空间关系的电子地图存在着几何位置误差，所以行驶在道路上的动态目标实际位置往往不在电子地图的道路上(Pereira et al., 2009)。因此，解决这个问题成为智能交通系统学术界重点关注的研究方向。通过特定的模型和算法将动态目标位置与电子地图上的道路相关联可以解决如上问题，而这种行为称为地图匹配技术(Quddus et al., 2009)。根据实际应用对算法实时性的要求，地图匹配技术可以分为在线匹配和离线匹配两大类(Kellaris et al., 2013)。在线地图匹配技术主要应用于实时性要求相对较强的领域，如车载导航系统和实时路况信息提取等，如图 4-17 所示。

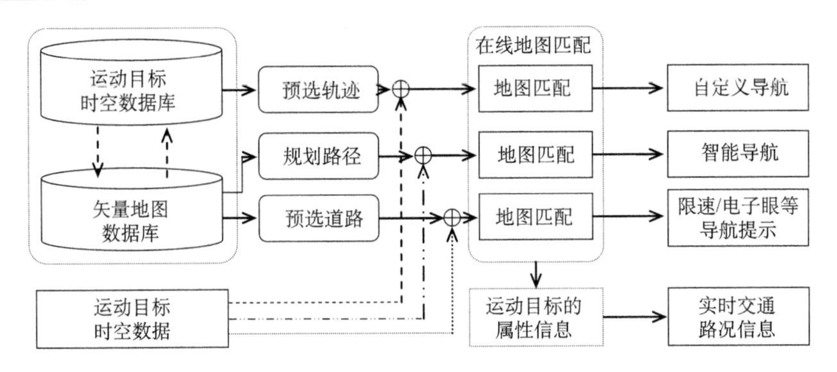

图 4-17　运动对象时空数据库中在线地图匹配应用技术示意图

离线地图匹配技术偏重于匹配精度、对算法的实时性无特殊要求的应用领域，如道路修测、重点目标情报提取和交通规划信息提取等，如图 4-18 所示。

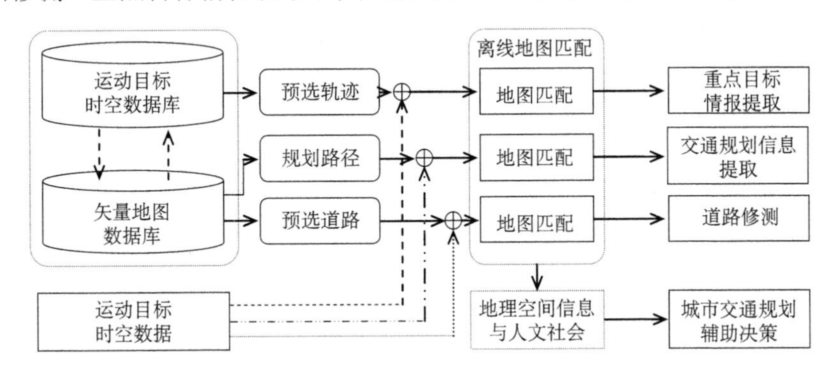

图 4-18　运动对象时空数据库中离线地图匹配应用技术示意图

4.5.1　在线地图匹配技术

在线地图匹配技术的基本思想是：在 GPS 定位数据基础上引入其他属性数据（如航向、速度、航距、轨迹等）来提高地图匹配精度。Pereira 等（2009）在详细总结该类地图匹配算法的基础上将在线地图匹配算法分为基于几何关系、基于拓扑关系、基于概率统计和其他匹配算法四大类。

1. 基于几何关系的地图匹配算法

基于几何关系的地图匹配算法依据是位置数据和地图矢量数据之间几何关系、时空属性信息（行驶方向和速度等）和道路拓扑关系等信息。该类地图匹配算法的基本思想是单纯地将待匹配点和地图矢量数据之间的几何关系作为地图匹配依据。根据地图匹配算法的匹配依据，Singh 等（2019）将其分为基于 Point-Curve 距离、基于 Curve-Curve 距离和基于 Curve-Curve 夹角的地图匹配算法三种，如图 4-19 所示。

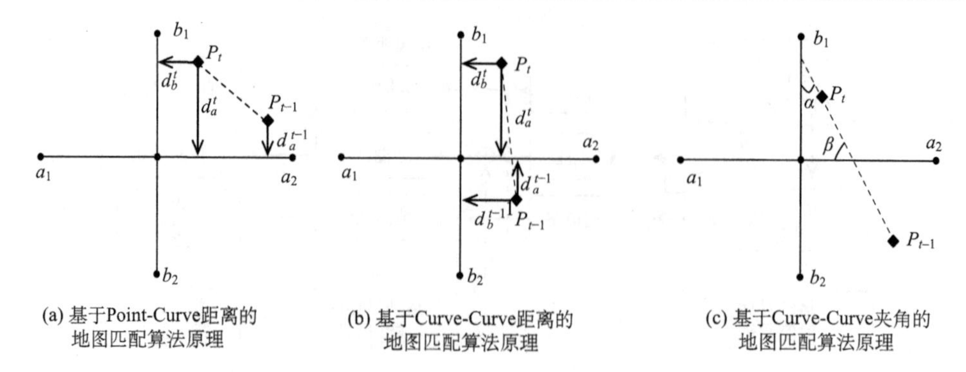

(a) 基于Point-Curve距离的地图匹配算法原理　(b) 基于Curve-Curve距离的地图匹配算法原理　(c) 基于Curve-Curve夹角的地图匹配算法原理

图 4-19　基于简单几何关系的地图匹配算法

1) 基于 Point-Curve 距离的地图匹配算法

基于 Point-Curve 距离的地图匹配算法的基本思想是：根据 t 时刻定位点 P_t 的坐标到候选道路弧段距离的大小判断定位点的匹配位置。如图 4-19(a) 所示，定位点 P_t 至道路弧段 a_1a_2、b_1b_2 的垂直距离分别为 d_a^t、d_b^t，显然 $d_a^t > d_b^t$，则定位点 P_t 对应的实际点应在道路 b_1b_2 上。同理可得定位点 P_{t-1} 对应的实际点应在道路 a_1a_2 上。

这里需要指出的是，基于 Point-Curve 距离通常定义(White et al., 2000)为：当曲线中组成线段包含待匹配点时，其距离为待匹配点到其在线段上垂点之间的距离；而线段不包含待匹配点时，其距离为待匹配点到线段两个端点之间最小的距离。若定义线段为 AB，点 P 在线段 AB 或其延长线上的垂点为 P'，则点 P 到线段 AB 的距离 $d(P,AB)$ 可表示为

$$d(P,AB)=\begin{cases} d_{\mathrm{e}}(P,P') & P'\in[AB] \\ \min\left[d_{\mathrm{e}}(P,A),d_{\mathrm{e}}(P,B)\right] & P'\notin[AB] \end{cases} \tag{4-31}$$

式中，d_{e} 为欧氏距离。如果下文中的距离不再另行说明，则所有距离均为式(4-31)所定义的距离。

基于 Point-Curve 距离的地图匹配算法的优点是方法简单、计算量小、实时性高；但其在诸如存在两平行且距离较近道路情况下容易产生在不同道路来回“跳跃”的错误匹配现象。因此，不少学者为了解决这种方法的缺点，利用 t 时刻之前的 n 个定位点来描述该时刻定位点的运动趋势，从而提出了基于 Curve-Curve 距离(夹角)的地图匹配算法。

2) 基于 Curve-Curve 距离的地图匹配算法

基于 Curve-Curve 距离的地图匹配算法的基本思想是：以时刻 $t-1$、时刻 t 的两个定位点在预选道路弧段上的垂直距离和作为判断 t 时刻定位点匹配依据。如图 4-19(b) 所示：定位点 P_{t-1}、P_t 距预选道路 a_1a_2、b_1b_2 弧段的垂直距离分别为 $d_a^t,d_b^t,d_a^{t-1},d_b^{t-1}$，显然 $d_a^t+d_a^{t-1} > d_b^t+d_b^{t-1}$，则定位点 P_{t-1}、P_t 对应的实际点都在道路 b_1b_2 上。

虽然基于 Curve-Curve 距离的地图匹配算法在一定程度上避免了基于 Point-Curve 距离的地图匹配算法的缺点，但其运算量增大会降低其时效性，同时轨迹点的个数会使当前时刻的定位点出现滞后现象，且当定位信号存在较弱、失锁或漂移等情况时均会出现较大的错误匹配。

3) 基于 Curve-Curve 夹角的地图匹配算法

基于 Curve-Curve 夹角的地图匹配算法的基本思想是：以时刻 $t-1$、时刻 t 的两个定位点连线与预选道路弧段的夹角作为判断 t 时刻定位点匹配依据。如图 4-19(c) 所示，定位点 P_{t-1}、P_t 的连线 $P_{t-1}P_t$ 与预选道路 a_1a_2、b_1b_2 弧段的夹角分别为 α, β，显然 $\alpha < \beta$，则定位点 P_{t-1}、P_t 对应的实际点都在道路 b_1b_2 上。

基于 Curve-Curve 夹角的地图匹配算法和基于 Curve-Curve 距离的地图匹配算法的原理大体一致，仅仅单独考虑距离或夹角一种特征，因此该类方法也容易受到单种特征局限性的影响，从而得到错误的匹配结果。

总而言之，该类算法基本上处于地图匹配算法研究早期，算法简单、计算量小、时效性高，但是在复杂道路网络中的匹配精度差、鲁棒性较差。

2. 基于拓扑关系的地图匹配算法

基于拓扑关系的地图匹配技术(唐进军和曹凯, 2008; 曹凯等, 2007)的基本思想是采用曲线匹配(curve matching)作为匹配准则。曲线匹配是指以待匹配曲线在某特定分割状态下的曲线节点距参考曲线特定距离的平均值作为匹配准则函数，以此评价两条曲线之间的相似性。该类匹配方法以如下三个假设条件为基础：①运动目标是行驶在道路网络中的；②道路网络具有连通性；③运动目标的历史轨迹曲线形状与其行驶过的道路连接曲线形状存在相似性。

基于拓扑关系的地图匹配技术的重点在于如何定义曲线之间的相似性和曲线的自适应采样。目前，该类算法主要通过定义最小距离(孙棣华等, 2005)、平均距离(彭飞等, 2001)、Hausdorff 距离和 Fréchet 距离(曹凯等, 2007; Alt and Godau, 1995; Alt et al., 2003)等准则作为曲线相似性的描述，此外需要考虑匹配曲线的分割问题。如果曲线分割段较碎，则分割段无法准确地描述曲线特征；反之，则会引起计算量过大且易受奇异点的影响。例如，车载导航仪中的实时地图匹配，选择多少历史轨点作为待匹配曲线会严重影响匹配结果的精度，同时其轨迹曲线的长度和预选道路网络路径重组调阅使计算负担加重，从而严重降低了车载导航系统对地图匹配算法实时性的要求。另外，该类算法在无法获取相对完备或完整连续的历史轨迹数据情况下的匹配精度大大降低。例如，一些智能交通实时交通信息系统从综合应用及成本两方面考虑，定位设备的位置采样间隔通常设置为 30s 以上，利用该类匹配算法对上传服务器的浮动车数据进行匹配而提取实时交通信息会引入较大的粗差并加重分析负担。

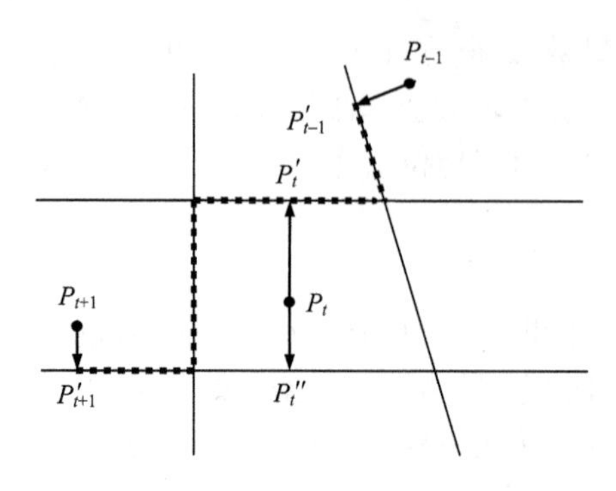

图 4-20　基于路径搜索的长时间间隔的地图匹配算法原理示意图

另一种基于拓扑关系的地图匹配算法则认为运动目标一般按照特定最优准则在道路上行驶，然后利用局部最优路径搜索进行延时匹配(章威, 2007; Yang et al., 2005)。该类方法可最大限度地利用路网搜索和道路网络的交管信息(如交通限行)，因此非常适用于长时间间隔的地图匹配问题，如图 4-20 所示。

假设当前 $t+1$ 时刻和之前的两个历史时刻 t、$t-1$ 进行延时匹配 t 时刻的位置 P_t，以 $t-1$、$t+1$ 时刻的位置 P'_{i-1}、P'_{i+1} 分别作为起点、终点，根据特定准则搜索一条最优路径(如图 4-20 中的虚线部分)，然后将该最优路径中的道路作为匹配的预选道路，最后使用垂直投影距离最小确定 t 时刻的位置 P_t 的最终匹配位置为 P'_i。虽然这种基于拓扑关系的地图匹配算法能够得到较理想的结果，但其延时性也是明显的，导致其应用范围较窄。

总而言之，该类算法通过引入历史轨迹信息，在复杂道路网络中可一定程度修正基于几何关系的地图匹配算法信息量不足引起的错误匹配，但是也存在计算量较大、时效性较低的缺陷，同时过度依赖定位信号的连续性和稳定性，在采样时间间隔过长、信号失锁、丢失等情况下算法的鲁棒性较差。虽然这类算法的在线匹配应用存在很大的缺陷，但为离线地图匹配技术提供了技术支撑。

3. 基于概率统计的地图匹配算法

基于概率统计的地图匹配技术(Quddus et al., 2007)以概率论和数理统计为基础，通过引入定位误差椭圆来进行筛选待匹配位置所对应的预选道路集合，然后根据待匹配位置的属性信息与预选道路之间的几何关系(包括历史轨迹信息和道路的连通性等)确定最终匹配位置。Quddus 等认为采用误差椭圆作为选择匹配候选道路的方法存在路段起始点、末尾点或拐点不在误差椭圆内的情况，这会导致候选路段缺失的问题(龚勃文, 2010)。因此，有学者使用误差圆形区域(龚勃文, 2010)或基于格网索引的道路组织拓扑结构(章威, 2007)进行检索调阅预选道路策略，这两种方法都较为实用。

该类算法其实是以上述两类地图匹配技术为基础的，因此其匹配精度相对较高，但计算量的增大降低了其时效性。

4. 其他匹配算法

该类地图匹配算法(章威, 2007; 毕军等, 2002; 谷正气等, 2008)的核心是引入信息融合的思想，在 GPS 定位坐标数据基础上融合其他所得匹配信息(如速度、航向、航距、历史轨迹、道路拓扑关系等)，进而得到最优化或者更为合理的匹配准则权值，然后根据所得匹配准则权值得到最终的匹配结果。目前使用的信息融合算法有：加权平均(章威, 2007)、D-S 证据理论(Dempster-Shafer evidence theory)(毕军等, 2002; 谷正气等, 2008)、模糊逻辑模型、贝叶斯推理、卡尔曼滤波等。该类算法具有一定的智能性，可在一定程度上提高地图匹配精度，但其融合机理更多地使用了人为经验值进行干预，因此该类算法依然无法彻底解决地图匹配技术中的复杂问题。

地图匹配技术的匹配精度更依赖于定位设备和电子地图的定位精度以及实际道路网络的复杂程度，其在一些复杂道路网络情况下不能得到较为满意的结果，如图 4-21 所示。道路三岔口情况下，当 P_3 点处于道路 BC 与 BD 之间，距道路 AB、BC、BD 的距离相等且行驶方向为$\angle CBD$ 的一半时，P_3 点的匹配位置可能在道路 AB、BC、BD；平行道路情况下，当 P_1、P_2 和 P_3 点落在平行道路之间，且距道路 AB 和 CD 的距离相等，同时三点行驶方向平行于道路 AB 和 CD 时，P_3 点的匹配位置就可能在道路 AB 或 CD。

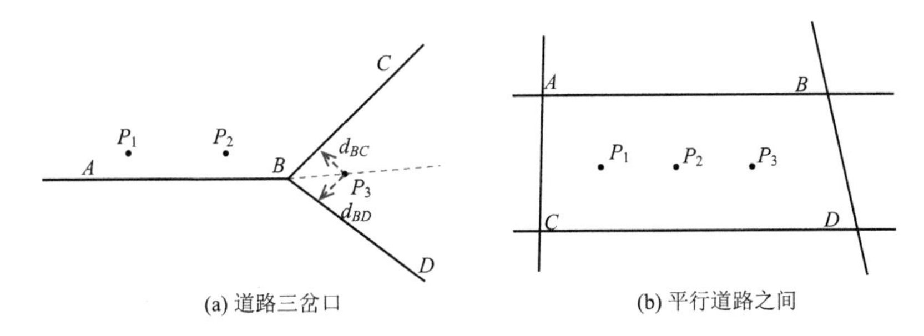

图 4-21　地图匹配算法匹配精度较低对应的复杂道路网络示意图

为了能够适用于不同采样间隔的基于浮动车交通信息采集系统，同时更好地解决在线地图匹配技术存在的问题，结合离线地图匹配技术和历史轨迹短时预测思想进一步提高长采样间隔下的地图匹配精度和效果(曹闻等, 2010)，如图 4-22 所示。

该算法的基本思想是：当浮动车连续几个采样点的采样时间间隔小于指定阈值 δ_m 时，使用历史轨迹对浮动车采样点进行短时预测，然后将预测所得“未来”位置与预选道路之间的几何关系(如垂距、夹角)作为地图匹配依据，最后使用 D-S 证据理论融合待匹配点与预选道路之间的几何关系，并选择最优化匹配准则系数确定最终的匹配结果；反之，则通过前后采样点行程时间与采样时间间隔之差最小作为最终匹配结果。

5. 浮动车地图匹配模型算法

1) 运动目标的短时预测

经过多年众多学者的研究，发现行驶在道路上的动态目标(如汽车)的移动模式具有马尔可夫性和短时平稳性的性质，因此其未来一段时间内的运动模式是可以根据历史信息进行短时预测的。目前运动目标的短时预测模型可以分为线性模型和非线性模型，虽然线性模型(如仿射变换)简单、运算速度快，但其无法充分表示动态

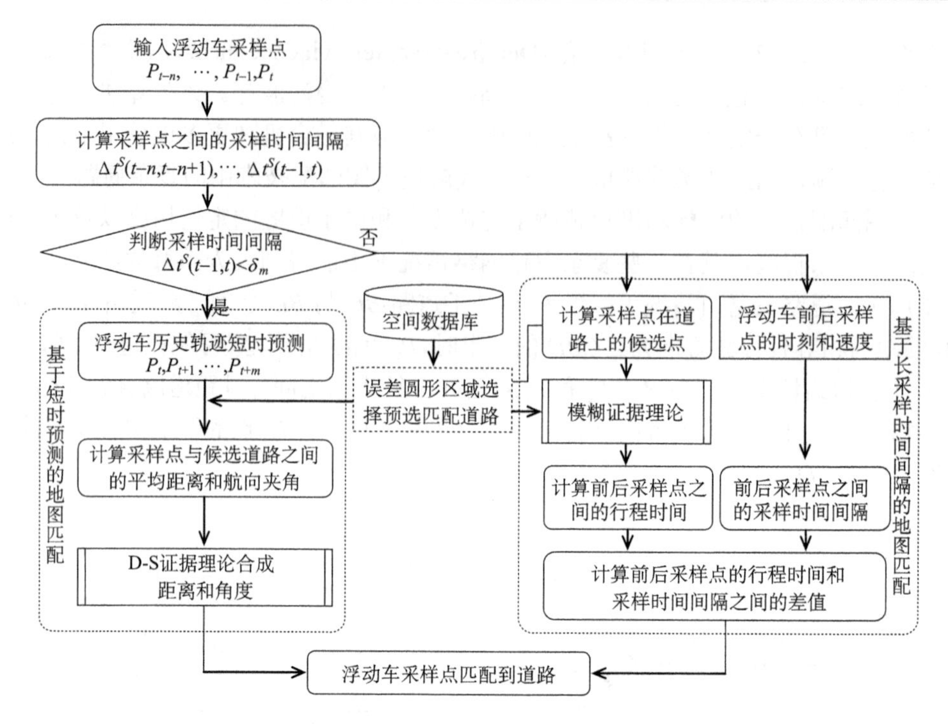

图 4-22　浮动车地图匹配模型算法流程示意图

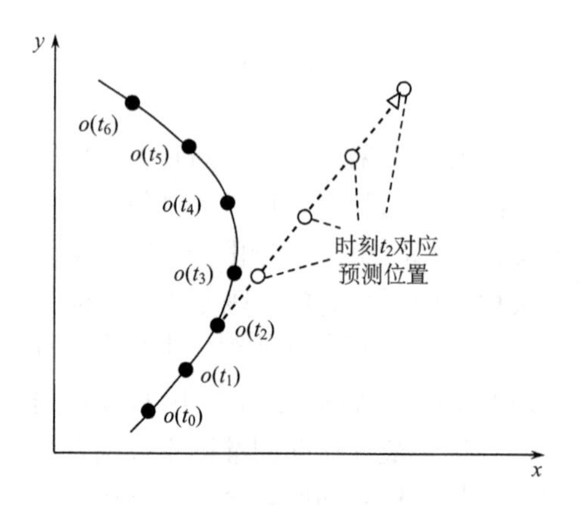

图 4-23　线性变换预测模型错误示意图

目标的复杂行驶规律。如图 4-23 所示，采用线性预测模型根据 t_0、t_1、t_2 三个时刻进行预测，其结果势必是图中虚线走势，其预测精度将会大大降低。为了得到可靠的“未来”信息，可采用非线性多项式模型作为短时预测模型。考虑多项式预测模型在目标运动速度很小的情况下会产生奇异解，因此在此基础上结合车辆行驶规律将其运动模式分为静止、直线和随机三种，然后分别对三种运动模式建立相应的短时预测模型。

假设动态目标从 $t-m$ 时刻到 t 时刻的位置序列为 $P_{t,-m}$，$o(j)$ 表示目标从 t 时刻运动到 $j=t+n$ 时刻位置序列 $P_{t,+n}$ 的预测位置序列。由于预测位置序列 $o(j)$ 与位置序列为 $P_{t,-m}$ 和时刻 j 有关系，则其可以表示为 $P_{t,-m}$ 和 j 的函数 $g(P_{t,-m},j)=R(j)$，其中把函数 g 称为位置预测函数。

那么，如果目标位置序列 $P_{t,-m}$ 满足条件 C，则认为该运动目标从 $t-m$ 时刻 t 的运动模式为 C（静止模式 C_s、直线模式 C_e 和随机模式 C_r）。

(1) 静止模式 C_s。假设目标位置序列 $P_{t,-m}$ 在任意时刻 $i(i=t-m,t-m+1,\cdots,t-1,t)$ 的位置为 $p(i)$，如果该目标满足如下条件则定义该目标从 $t-m$ 时刻到 t 时刻时间段内处于静止模式 C_s。

$$\left|p(i)-p(t)\right|=0 \tag{4-32}$$

但现实世界中，任何试验数据存在着噪声 θ_p，因此静止模式 C_s 可如式 (4-32) 重新定义为：目标在 $t-m$ 时刻到 t 时刻时间段内的移动距离小于临界距离 θ_p 的状态。

$$C_s:\left|p(i)-p(t)\right|<\theta_p \quad p(i)\in P_{t,-m} \tag{4-33}$$

式中，$|p|$ 表示向量 p 的长度。

根据静止模式 C_s 的定义，位置预测函数 $g_s(P_{t,-m},j)$ 可定义为

$$g_s(P_{t,-m},j)=p(j-1) \tag{4-34}$$

该模式可不进行位置预测，直接将处于该模式下的待匹配位置对应的匹配点选择为上一不为静止模式的匹配位置。

(2) 直线模式 C_e。假设运动目标位置序列 $P_{t,-m}$ 在时刻 i 的航向和速度分别为 $\alpha(i)$ 和 $v(i)$，在时刻 j 的航向和速度分别为 $\alpha(j)$ 和 $v(j)$，在时刻 t 的航向和速度分别为 $\alpha(t)$ 和 $v(t)$，其中 $i<j<t$。由于速度噪声 θ_p 和航向噪声 θ_α 的影响，当运动目标同时满足在 i,j 两时刻速度比值与 j,t 两时刻速度比值的差值绝对值小于速度噪声 θ_p 和任意时刻的航向与该时段内航向均值之间差值的绝对值小于 θ_α 时，则认为目标从 $t-m$ 时刻到 t 时刻时间段内的运动规律为直线模式 C_e：

$$C_e:\begin{cases}\left|\dfrac{v(i)}{v(j)}-\dfrac{v(j)}{v(t)}\right|<\theta_p\\ \left|\alpha(i)-\dfrac{1}{m}\sum\limits_{k=t-m}^{t}\alpha(k)\right|<\theta_\alpha\end{cases} \tag{4-35}$$

根据直线模式 C_e 的定义，位置预测函数 $g_e(P_{t,-m},j)$ 可定义为

$$g_e(P_{t,-m},j)=p(t)+v_0(j-t)+\frac{1}{2}a_0(j-t)^2 \tag{4-36}$$

式中，v_0 表示 t 时刻目标的行驶速度；a_0 表示目标的加速度。

(3) 随机模式 C_r。假设运动目标的行驶速度最大值为 v_{max}，在不满足 C_s 和 C_e 两种模式情况下，随机模式下的目标在时刻 i 的位置必然在以时刻 t 的位置 $p(t)$ 为圆心，$(t-i)v_{max}$ 为半径的圆形区域内，即

$$C_r:\left|p(i)-p(t)\right|\leqslant(t-i)v_{max} \tag{4-37}$$

式中，$t-m\leqslant i\leqslant t$。

如同静止模式和直线模式受到噪声 θ_p 影响一样，实际中的随机运动可定义为

$$C_r : |v(i)| \leqslant v_{max} + \theta_p \tag{4-38}$$

根据随机模式 C_r 的定义，位置预测函数 $g_r(P_{t,-m}, j)$ 定义为

$$g_r(P_{t,-m}, j) = \{(x, y) | y = a_0 + a_1 x + a_2 x^2 + \cdots + a_n x^n\} \tag{4-39}$$

式中，n 表示多项式的阶数(通常 $n \leqslant 10$)。

为了得到行驶在道路上的运动目标的行驶趋势，通过如上短时预测技术得到待匹配时刻之后某段时间内的位置信息。其中，预测将来时间可根据运动目标的速度和实际路网拓扑关系进行自适应调节。

2) 基于短时预测的地图匹配准则

为了更好地结合目前在线和离线地图匹配算法的优点，该算法首先利用运动目标马尔可夫和短时平稳性的运动规律特点，分别对坐标位置和运动目标的行驶方向建立多项式模型并对其进行短时预测得到待匹配时刻“未来”位置信息；然后计算预测所得“未来”点与预选道路之间的距离和交角，并按照预测精度加权修正待匹配位置与路网道路之间的距离和方向；最后使用 D-S 证据理论对距离和方向两个支持特征进行信息融合，从而得到最终对于地图匹配的综合支持程度。

证据理论是一种不确定性推理方法，且不需要先验概率，因此比传统的概率论能更好地把握问题的未知性与不确定性。同时，证据理论提供了一个证据的合成方法，能够融合多个证据源提供的证据。基于短时预测的地图匹配准则就是利用证据理论的优点，融合实际位置投影至预选道路上的距离 d_p 以及运动目标的航向角与预选路网道路弧段之间的夹角 θ_c 得到匹配最终支持程度。该思想的关键在于：① 如何构造匹配证据及消除证据不同度量衡之间的差异；② 如何设定融合证据对匹配命题的支持程度。

利用预测运动目标实际位置 $o(t)$ 的“未来”位置 $o(t+1), o(t+2), \cdots$ 至预选道路上的距离 $d_{o(t+i)}$ 修正运动目标实际位置投影至预选道路上的距离 $d_{o(t)}$，得到运动目标相对于预选道路的距离 d_p：

$$d_p = w_1 d_{o(t)} + w_2 d_{o(t+1)} + w_3 d_{o(t+2)} + \cdots \tag{4-40}$$

式中，$w_1, w_2, w_3 \cdots$ 为权值且满足 $1 = w_1 + w_2 + w_3 + \cdots$，权值的大小选择依据为上一步预测精度，即上一步 $o(t+i)$ 预测精度越低则其权值 w_{i+1} 越小，通常意义上讲 $w_1 \geqslant w_2 \geqslant w_3 \geqslant \cdots$。为地图匹配建立辨识框架 $U = \{R_1, R_2, \cdots, R_n\}$，其中，$R_1, R_2, \cdots, R_n$ 表示运动目标待匹配时刻对应的预选道路。因为 d_p 和 θ_c 之间存在着度量衡的差异，所以定义证据对命题 $R_i (i = 1, 2, \cdots, n)$ 的支持概率分配函数 $m_j(R_i)$ 为

$$m_j(R_i) = \frac{f_{j,i}}{\sum_{i=1}^{n} f_{j,i} + (1 - k_j)} \tag{4-41}$$

$$m_j(E)=\frac{1-k_j}{\sum_{i=1}^{n}f_{j,i}+(1-k_j)} \tag{4-42}$$

式中，$E=R_1\cup R_2\cup\cdots\cup R_n$，表示运动目标不能确认在预选道路中哪条道路上的命题；可靠性参数 $k_j(j=1,2)$ 表示证据对命题的支持程度，证据之间的可靠性参数大小表示证据对地图匹配算法的贡献支持程度。这里需要注明的是：选择不同的可靠性参数 k_j 决定了融合不同证据对命题支持的融合机制。为了解决不同特征度量衡不统一的问题，定义 d_p 和 θ_c 两个证据对命题的支持特征 $f_{j,i}$ 为

$$f_{1,i}=\frac{1}{d_p^i}\Big/\sum_{i=1}^{n}\frac{1}{d_p^i} \tag{4-43}$$

$$f_{2,i}=\frac{1}{\theta_c^i}\Big/\sum_{i=1}^{n}\frac{1}{\theta_c^i} \tag{4-44}$$

式中，d_p^i 表示当前时刻运动目标投影至预选道路 R_i 上的距离；θ_c^i 表示运动目标航向角与预选道路 R_i 弧段之间的夹角[其中可充分考虑道路的单行属性，若运动目标航向角与预选道路 R_i 弧段单行背离则赋予其一个比较小的值，这样可在一定程度上解决图 4-24(b)所示情况]。当 d_p^i、θ_c^i 任一变量为 0 时，赋予其一个比较小的值。

因为地图匹配的辨识框架 U 可能出现不完备的情况、不精确的信任函数模型或者证据自身的不确定性导致证据之间的冲突，所以不同研究者根据这些原因设计了不同的证据合成公式，如 Dempster 合成公式、Smets 合成公式、Yager 合成公式、Dubois 合成公式和 Li 合成公式等。考虑所采用证据的特点，可以采用 Li 合成公式。Li 合成公式(李弼程等, 2002)把证据冲突概率按各个命题的平均支持程度加权进行分配。令

$$q(R_i)=\sum_{j=1}^{2}\alpha_j m_j(R_i) \tag{4-45}$$

式中，$q(R_i)$ 表示证据对 R_i 的平均支持程度；$\alpha_j\ (0\leqslant\alpha_j\leqslant1)$ 表示证据 m_j 的权重，且 $\sum_{j=1}^{2}\alpha_j=1$。α_j 的选取原则是：对与其他证据相容的“好”证据，赋予较大的权重；对与其他证据不相容的“坏”证据，赋予较小的权重。相对于行驶在道路上的目标而言，其选取原则可定义为：在行驶点处于道路交叉口时，调整航向证据的权重 α_2 大于距离证据的权重 α_1；反之则调整距离证据的权重 α_1 大于航向证据的权重 α_2。

Li 合成公式定义为

$$m_L(R_i)=m\cap(R_i)+q(R_i)\cdot m\cap(E) \tag{4-46}$$

式中，$m\bigcap(R_i)$ 表示证据的交运算；$m\bigcap(E)$ 表示证据之间的冲突概率。

最后取 $\max\{m_L(R_1),m_L(R_2),\cdots,m_L(R_n)\}$ 对应的道路 R_i 作为运动目标所在道路，取运动目标至道路 R_i 的最小距离(White et al., 2000)对应的投影点为匹配点。当 $\{m_L(R_1),m_L(R_2),\cdots,m_L(R_n)\}$ 中依然存在相近结果时，选择前一步历史轨迹匹配所在道路作为最终的匹配点。

3)基于长采样间隔的地图匹配

当浮动车采样时间间隔较长时，前述基于短时预测匹配算法将失去其提高匹配精度的意义，同时会引入较大的粗差。龚勃文(2010)在基于最优路径延时匹配算法的基础上通过计算浮动车前后采样点行程时间和采样时间间隔之间差值作为匹配准则，有效解决了长采样间隔的地图匹配问题，但该算法存储了道路网络各节点间的最短路径先验信息，导致服务器端需要存储大量数据，从而影响服务器效率。考虑动态交通信息采集系统中浮动车采样时间间隔通常不会超过 10min，前后两采样点的行程距离也不会太大，因此可以在服务器端使用基于模糊证据理论的最优路径算法实时计算预选两采样点 P_i、P_j(采样点之间可存在其他采样点，确保两采样点不在一条道路上)在道路网络中候选投影点 P_i'、P_j' 之间的最优路径，然后根据两采样点的平均速度 $\overline{v}_{i,j}$ 计算其行程时间 $\Delta t_{i,j}^J$，最后选择行程时间与采样时间间隔 $\Delta t_{i,j}^S$ 差值 Δt 较小的作为最后的匹配结果。

$$\Delta t=\left|\frac{L_{i,j}}{\overline{v}_{i,j}}-\Delta t_{i,j}^S\right|=\left|\frac{2L_{i,j}}{v_i+v_j}-t_j+t_i\right| \tag{4-47}$$

式中，$L_{i,j}$ 表示候选投影点之间最优路径的长度；v_i,v_j 表示浮动车前后采样点的瞬时速度，满足 $v_i+v_j\neq 0$；t_i,t_j 表示浮动车前后采样点时刻，且 $t_i<t_j$。

4)仿真试验与结论

为了验证浮动车地图匹配模型算法的有效性和实用性，在嵌入式导航系统上进行了仿真试验，试验包括两部分：①短时预测算法的测试；②地图匹配算法的测试。两种试验的测试平台为 HP hx2400，测试区域为郑州市市区，GPS 原始采样时间间隔为 1s。

(1)短时预测算法的测试。浮动车地图匹配模型算法中所使用的“未来”信息是依据动态目标的马尔可夫性和短时平稳性使用短时预测而得的，因此短时预测的参数选择和精度是算法的优劣性基础。为了测试短时预测对地图匹配算法的影响，选择在郑州市市区不同时间段、不同道路拓扑关系情况下考查历史轨迹点个数和多项式模型幂级数与预测精度(预测点与实际点之间的距离)之间的关系。

表 4-6 描述的是多项式模型幂级数与预测精度之间的关系，其中试验选取 $n+2$ 个历史轨迹点进行最小二乘估计多项式模型参数，由此可得到如下结论：当多项式模型幂级数 $n=2$ 时预测精度最高。具体依据为：①幂级数 $n=2$ 的多项式模型可以充

分描述行驶在道路网络中的运动轨迹及趋势；②幂级数 $n=2$ 的多项式模型参数估计使用到的历史轨迹点个数相对于幂级数 $n\geqslant 3$ 的多项式模型进行短时预测而言更为合理(大量的历史轨迹点会使得运动轨迹过于平滑)。

表 4-6　多项式模型幂级数与预测精度之间的关系　(单位：m)

幂级数	预测误差				
	1s	2 s	3 s	4 s	5 s
1	1.224	2.281	3.801	6.243	9.762
2	1.204	2.212	3.338	5.762	8.440
3	1.570	4.030	7.027	11.738	16.059
4	2.265	5.824	8.976	13.858	18.927
5	2.684	7.527	13.652	19.195	28.559

当多项式模型幂级数 $n=1$ 时，多项式模型演化成只能描述线性运动的线性变换模型，而车辆在实际道路网络中的运动轨迹及趋势显然不仅仅为线性运动，所以其预测精度要比幂级数 $n=2$ 时差，但是车辆在行驶过程中更多地为线性运动，因此其预测精度优于幂级数 $n\geqslant 3$ 的多项式模型。当多项式模型幂级数 $n\geqslant 3$ 时，其用于短时预测的历史轨迹点最少为 5 个，而过多的历史轨迹点会使得其描述的目标运动趋势过于平滑，因此其预测精度要比幂级数 $n=2$ 的差。由此也可得到用于短时预测的历史轨迹点个数最佳选择为 3～4 个。根据不同幂级数下的多项式模型对应的预测未来时间间断的预测精度，同时综合考虑“未来”信息在地图匹配中的应用需求可以得出：短时预测未来时间间断应该在 5s 以内。

(2) 地图匹配算法的测试。地图匹配算法的测试以三岔口情况的道路拓扑关系作为测试条件，如图 4-24 所示。图 4-24 中的灰色实心点为浮动车采样点(箭头指示浮动车的行驶方向)，显然 $d_1=d_1'$ 且 P_3 点行驶方向与道路 BD、BC 的夹角相等，该种情况下使用现有匹配算法得到的最终结果均为模糊多选的，即 P_3 点的最终匹配位置可能在道路 BC、BD 上。而采用曹闻等(2010)的算法可以根据 P_1、P_2、P_3 三采样点预测浮动车的运动趋势，其中图 4-24 中的黑色曲线表示运动拟合轨迹，三个灰色实心三角点表示浮动车的“未来”位置。在该种情况下，显然 $d_2>d_2', d_3>d_3', d_4>d_4'$，因此根据式(4-39)所得 P_3 点到道路 BC、BD 的平均距离得到了有效扩大，即扩大了待匹配道路之间的差异，使得 P_3 点的最终匹配位置在道路 BD 上，从而提高了地图匹配算法的鲁棒性。

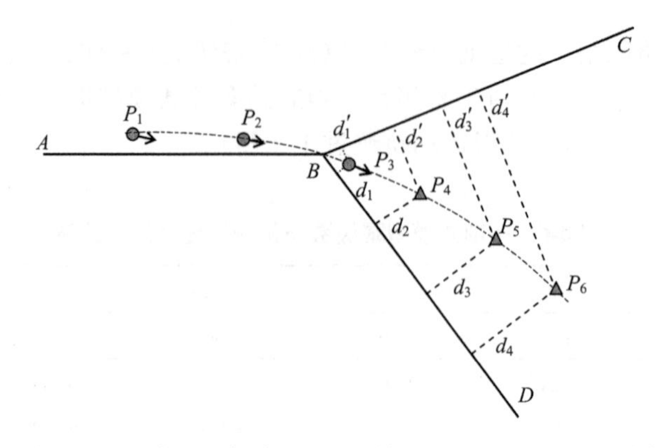

图 4-24　短时预测在道路三岔口情况下的匹配结果示意图

浮动车地图匹配模型算法验证了复杂环境下可以改善其他在线地图匹配算法的匹配精度并提高了算法鲁棒性，进一步在郑州市市区进行了实测行车数据测试，得到了表 4-7 中的匹配结果。

表 4-7　在线地图匹配算法结果比较

地图匹配算法	错误匹配个数/个	匹配精度/%
Fu 等①	192	88.00
毕军等, 2002	187	88.31
浮动车地图匹配模型算法	154	90.37
定位测试点个数	1600	

从仿真试验的结果可以看出：该算法充分利用了移动目标短时预测技术所获取的“未来”信息，相对传统地图匹配算法进一步减少了错误匹配点的个数，提高了匹配精度。新算法在如立交桥复杂道路拓扑情况下的匹配精度更高一点，但在车辆调头等情况下还存在较大的问题，这也是算法将来待改进之处。

4.5.2　离线地图匹配技术

离线地图匹配技术主要应用于后期数据处理领域(如道路修测系统)，该类算法(Marchal et al., 2005; Pereira et al., 2009)不仅使用待匹配时刻之前的历史轨迹信息，而且使用该时刻未来一段时间内的轨迹信息，因此离线地图匹配算法的匹配精度通常优于在线地图匹配算法。

1. Marchal 算法

Marchal 算法(Marchal et al., 2005)是一种离线地图匹配方法：遍历距待匹配点

① Fu M Y, Li J, Wang M L. 2004. A hybrid map matching algorithm based on fuzzy comprehensive judgment. Washington, D C: IEEE Intelligent Transportation Systems Conference.

一定距离范围内的所有预选道路或轨迹曲线，选择距离轨迹点一定范围内的道路连线作为候选路线；然后根据轨迹点至预选曲线的距离及其拓扑关系计算最终的匹配点。

不妨假设有 n_c 条预选曲线 $P_k\{s_1,s_2,\cdots,s_m\}$，$s_i$ 表示曲线上的线段；待匹配曲线为 $Q\{q_1,q_2,\cdots,q_n\}$，q_j 表示待匹配曲线组成点，则按照式(4-31)定义待匹配点 q_j 到预选曲线 k 中线段 s_i 的距离 $d_k\left(q_j,s_i\right)$。

待匹配曲线在预选曲线上匹配过程中，假设待匹配曲线两点之间的距离为 $d_{\mathrm{e}}\left(q_j,q_{j+1}\right)$，预选曲线 k 中线段 s_i 的长度为 $L_k\left(s_i\right)$，则判断待匹配点 q_j 是否到达预选曲线 k 中线段 s_i 的末尾端点的关系准则定义为

$$\sum d_{\mathrm{e}}\left(q_j,q_{j+1}\right)-\alpha L_k\left(s_i\right)<\delta_l \tag{4-48}$$

式中，α 表示线段长度的权值；δ_l 表示临界阈值，二者均为经验值。

根据以上关系准则对待匹配点序列 Q 在预选曲线 P_k 上进行搜索匹配，如果待匹配点已经到达曲线 P_k 线段 s_i 的末尾端点，将产生新的候选线段 s_{i+1}，如此不断循环，直到最后一条路段的终点为止，并计算该预选曲线的匹配权值 F_k。

定义第 k 条预选曲线 P_k 的匹配权值 F_k 为

$$F_k=\sum_{i=1}^{m}\sum_{j=1}^{n}d_k\left(q_j,s_i\right)\delta_{ji} \tag{4-49}$$

式中，δ_{ji} 的取值取决于点 q_j 是否匹配至线段 s_i 上。如果匹配到线段 s_i 上，则 $\delta_{ji}=1$；反之 $\delta_{ji}=0$。在遍历所有预选曲线之后，取最小的匹配权值 F_k 对应的曲线作为最终匹配结果。

Marchal 算法时间效率较高，但在道路交叉口、U 形路口和平行道路等复杂情况下的匹配精度较差。如图 4-25 中曲线转弯处的弧度较大，即 d_{e} 的变化也大，因此根据式(4-49)很难准确判断其是否到达终点，从而发生错误匹配；如图 4-26 中 U 形路口情况下，因为仅依靠距离进行判断而未考虑轨迹的方向性，所以其匹配结果也是错误的。

图 4-25　Marchal 算法在道路路口处的错误匹配示意图

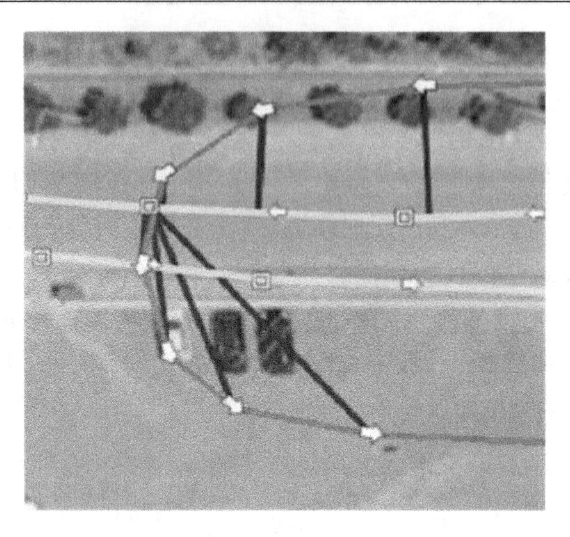

图 4-26　Marchal 算法在道路 U 形路口处的错误匹配示意图

2. 基于遗传算法的地图匹配算法

遗传算法(周明和孙树栋, 1999)最早是由美国密歇根大学的 Holland 教授提出的，是模拟生物在自然环境中的遗传和进化过程而形成的一种自适应全局化概率搜索算法。在遗传算法计算过程中，不需要对所求问题的实际决策变量直接进行操作，而是对表示可行解的个体编码进行交叉、选择、变异等运算，通过这种遗传操作来达到优化目的(周明和孙树栋, 1999)。司毅博等(2010)将遗传算法引入离线地图匹配算法，提出了基于遗传算法的地图匹配算法。

在基于遗传算法的地图匹配算法中，基因为待匹配曲线坐标点，个体为“点到弧”的匹配序列。算法的终止条件有两种：①指定遗传的代数，即当遗传算法运行到指定的代数之后就停止运行。②最优个体的适应度与种群适应度之差小于某一阈值，则运算终止。

算法终止表明群体进化已经成熟且不用再向好的方向优化。

Goldberg(1989)则将这两种终止方法融合，算法满足任一终止条件则运算均终止。匹配结果分为已匹配曲线点和未匹配曲线点两部分，即选择算法中个体适应度最差的点作为最终匹配曲线点。

遗传算法中使用适应度来衡量群体中每个个体在优化计算中可能达到或有助于找到最优解的优良程度。遗传算法是基于个体适应度值对个体进行选择的，适应度值高的被选为父代的概率高。评价个体适应度的方式是建立适应度函数。基于遗传算法的地图匹配算法中的适应度函数 $f\left(Q|P_k\right)$ 综合考虑平均距离、最大最小距离、未匹配点序列长度、待匹配曲线上两个相邻点匹配到不同预选曲线上等情况，适应度函数值越小，其个体越优秀。

$$f\left(Q\middle|P_k\right)=\frac{w_1\bar{d}\left(P_k\right)}{D}+\frac{w_2d_{\max}\left(P_k\right)}{D}+\frac{w_3\tilde{d}_{\max}\left(P_k\right)}{D}+\frac{w_4d'\left(P_k\right)}{3D}+\frac{w_5d'_{\max}\left(P_k\right)}{3D}$$
$$+\frac{w_6L_u\left(P_k\right)}{L_s\left(P_k\right)}+\frac{w_7\left[L_s^2\left(P_k\right)-L_m\left(P_k\right)\right]}{L_m\left(P_k\right)}+\frac{w_8L_g\left(P_k\right)}{3D} \tag{4-50}$$

式中，$\bar{d}\left(P_k\right)$和$d_{\max}\left(P_k\right)$分别表示待匹配曲线点q_j到预选曲线P_k路段的平均匹配距离和最大距离；$\tilde{d}_{\max}\left(P_k\right)$表示预选曲线$P_k$中已匹配路段最小匹配距离的最大值；$L_u\left(P_k\right)$表示预选曲线$P_k$中未匹配曲线的长度；$L_s\left(P_k\right)$表示预选曲线$P_k$中路段$s_i$的长度；$L_m\left(P_k\right)$表示预选曲线$P_k$中已匹配路段的长度平方和；$L_g$表示两段已匹配曲线之间不连续部分的长度；$w_1,\cdots,w_8$表示上述 8 个适应度参数的影响权值，代表了参数的重要性差异，其中w_6,w_7,w_8赋予较大的权值。

相对于经典的 Marchal 算法而言，基于遗传算法的地图匹配算法的匹配精度比较高，有效解决了 Marchal 算法在拐弯处及 U 形路口等情况下匹配精度较低的问题，但是其运算效率较低，耗时为 Marchal 算法的 3～4 倍。

为了解决 Marchal 算法匹配精度低和基于遗传算法的地图匹配算法耗时长的问题，曹闻等(2013)提出了一种基于 Hausdorff 距离相似性测度的地图匹配算法，利用航向角和距离构造新的 Hausdorff 距离相似性测度，在确保匹配精度和鲁棒性的基础上减小运算量。

3. 基于 Hausdorff 距离相似性测度的地图匹配算法

基于 Hausdorff 距离相似性测度的地图匹配算法首先将待匹配轨迹与预选曲线(道路或历史轨迹)之间的航向角和距离作为评价曲线之间相似性的两个因素，在此基础上修正了 Hausdorff 距离相似性测度；然后对待匹配曲线进行了分段处理，选取相邻接的$n=3$个子段作为一个整体计算曲线之间的相似性测度；最后选取相似性测度最小的候选曲线作为最终匹配曲线，以垂直投影方式确定匹配点位置，如图 4-27 所示。

1) 待匹配曲线的分段处理

Marchal 算法是对整条轨迹进行遍历搜索计算匹配相似度，其计算量和耗时势必会明显提升。随着轨迹长度的增长，Marchal 匹配算法的搜索空间呈指数增长，不仅会影响离线匹配的运行效率，而且会降低算法的匹配精度和鲁棒性。为了提高 Marchal 匹配算法的效率，首先依据预选曲线形状对待匹配曲线进行分段，其次将分段后的n个连续子段视为一个计算单元参与匹配相似性测度的计算。

(1) 预选曲线的骨架提取。预选曲线包括道路网络和历史轨迹两种类型。道路网络通常使用道路节点和弧段表示，弧段之间的关系表示其拓扑关系，因此在对待匹配曲线进行分段时，直接采用弧段作为分段依据即可。而历史轨迹的长度通常很长，同时相邻两点之间的曲率变化比较小，如果以此作为待匹配曲线分段依据，势必会影响分段的准确性和时间效率。为了使预选曲线中的历史轨迹与道路网络保持一致，

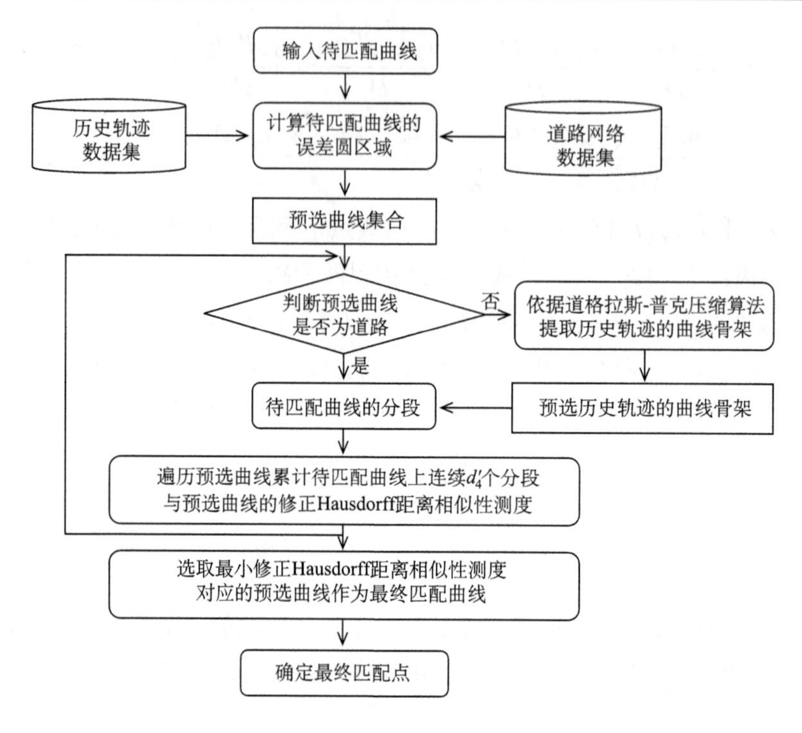

图 4-27　基于 Hausdorff 距离相似性测度的地图匹配算法原理示意图

参考道格拉斯-普克(Douglas-Peucker)压缩算法原理对历史轨迹提取骨架，在计算匹配相似性测度时按照其骨架对待匹配曲线进行分段：连接曲线首尾两点，计算两点之间所有中间点到该直线的垂直距离，如果其中最大垂直距离小于给定阈值则舍掉两点之间的所有中间点；反之保留最大垂直距离的点，并以该点为界将曲线分为两部分，然后对这两部分依次重复上述过程，如图 4-28 所示。

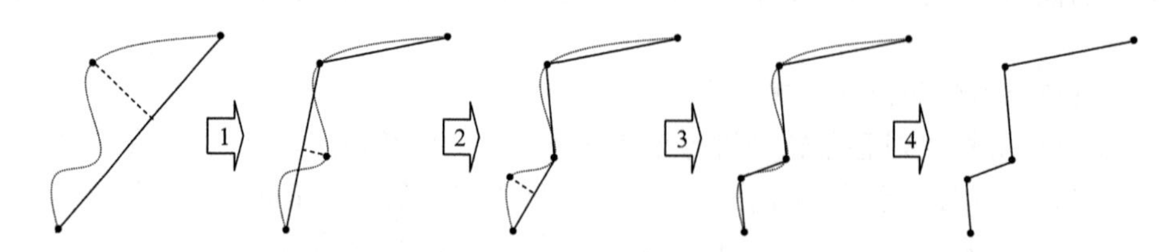

图 4-28　预选曲线的骨架提取流程图

(2)待匹配曲线分段。对待匹配曲线中的每个点 q_j 按照以下分段准则 S（司毅博等, 2010)进行计算，分段准则 S 的数值越小表明该点周围预选曲线拓扑关系越简单，该情况下的误匹配概率也相对较低，反之误匹配概率相对较高。

$$S = \frac{\theta}{\pi} + \frac{\tilde{d}}{\rho} + \frac{n}{\delta_2} + \frac{\theta'}{\pi} \tag{4-51}$$

式中，θ 表示点 q_j 与预选曲线 P_k 线段 s_i 的夹角；n 表示点 q_j 周围候选线段的数量；$\tilde{d}$ 表示点 q_j 到预选曲线 P_k 线段 s_i 的距离；δ_2 表示偏移距离阈值；θ' 表示点 q_j 航线的变化率，在拐弯处取值最大。

找出连续四个在给定阈值 δ_1（设置为 0.9）范围内的点，将其并为一组。将每组作为分段界限，算法将在一定的限制下尽可能地形成最长的段，其中分段准则 S 最小的点设为分段点，称为一个分段，长度记为 l_s。

2）分段 Hausdorff 距离相似性测度匹配

待匹配曲线的分段处理不仅能够减小匹配计算时的搜索空间，还较好保留了分段曲线与周围预选曲线的拓扑关系。在待匹配曲线分段之后，将分段后的 n 个连续子段视为一个匹配单元，这样可以尽可能地保留待匹配点一段时间内的拓扑关系；然后按照匹配单元在预选曲线上遍历计算其修正后的 Hausdorff 距离，并累计遍历过程中的待匹配曲线与预选曲线的修正 Hausdorff 距离；最后选取最小修正 Hausdorff 距离对应的预选曲线作为最终匹配曲线，使用垂直投影方式获取最终匹配点。

（1）Hausdorff 距离。Hausdorff 距离是指一种极大极小距离，利用其可以描述两个点集之间的相似程度和对应关系。相对于其他的形状匹配算法，基于 Hausdorff 距离的形状匹配不需要建立两个点集中点的一一对应关系，并具有较好的鲁棒性，因此引起了人们的广泛关注。

不妨假设两个有限点集 $A\{a_1,a_2,\cdots,a_m\}$，$B\{b_1,b_2,\cdots,b_n\}$，则这两个点集的 Hausdorff 距离 $H(A,B)$ 定义为

$$H(A,B)=\max\{h(A,B),h(B,A)\} \tag{4-52}$$

$$h(A,B)=\max_{a\in A}\min_{b\in B}\|a-b\| \tag{4-53}$$

$$h(B,A)=\max_{b\in B}\min_{a\in A}\|b-a\| \tag{4-54}$$

式中，$\|\bullet\|$ 表示定义在点集 A 和 B 上的距离范数。

若定义：

$$d_B(a)=\min_{b\in B}\|a-b\| \tag{4-55}$$

$$d_A(b)=\min_{a\in A}\|b-a\| \tag{4-56}$$

则式（4-52）可以修改为

$$H(A,B)=\max\left\{\max_{a\in A}d_B(a),\max_{b\in B}d_A(b)\right\} \tag{4-57}$$

（2）修正 Hausdorff 距离。Hausdorff 距离中的 $\|\bullet\|$ 表示点集 A 和 B 上的距离范数，以此为匹配相似性测度在平行道路等复杂路网情况下会得到模糊或错误的匹配结果。因此，该算法结合应用中浮动车的位置数据和航向数据对传统的 Hausdorff 距离进行了修正，具体思想如下：

假设待匹配曲线点 q_j 的航向角为 θ_j^q，预选曲线路段的方向角为 θ_r，定义待匹配曲线点航向与预选曲线路段的相似度值 θ_q 为以曲线路段数字化方向为起始的顺时针夹角。

$$\theta_q = \begin{cases} w_1\left|\theta_j^q - \theta_r\right| & \left|\theta_j^q - \theta_r\right| \leqslant 180° \\ w_2\left(360° - \left|\theta_j^q - \theta_r\right|\right) & \left|\theta_j^q - \theta_r\right| > 180° \end{cases} \tag{4-58}$$

式中，权值 w_1, w_2 的确定依据夹角 $\theta_j^q - \theta_r$ 的方向和预选曲线路段的交通管制信息而定。例如，如果预选曲线路段的交通管制属性为单向行驶，且待匹配曲线点 q_j 的航向角与预选路段禁行方向一致，则设定权值 w_1, w_2 为较大的值，反之设定其为默认值 1。

利用式(4-58)获取航向夹角 θ_q 的单位为度或弧度，其与式(4-31)对应待匹配点到预选曲线点距离 d_q 的度量衡不一样，因此需对二者进行归一化处理，即

$$\hat{\theta}_q = \frac{\theta_q}{1 + \theta_{\max}} \tag{4-59}$$

$$\hat{d}_q = \frac{d_q}{1 + d_{\max}} \tag{4-60}$$

式中，$\theta_{\max}$ 和 $d_{\max}$ 分别表示航向测度和距离测度的最大值。其中，$\theta_{\max} = 360°$；$d_{\max}$ 值选择待匹配轨迹的误差圆区域的直径大小。

由此即可重新定义 Hausdorff 距离中 $\|\bullet\|$ 的含义，即

$$\|\bullet\| = w_1\hat{\theta}_q + w_2\hat{d}_q \tag{4-61}$$

式中，w_1 和 w_2 表示航向测度和距离测度的权值，且满足 $w_1 + w_2 = 1$。

综上所述，基于 Hausdorff 距离相似性测度的地图匹配算法利用航向测度和距离测度修正了待匹配和预选曲线之间的 Hausdorff 距离，结合实际应用中预选曲线的交通管制信息可在一定程度上解决待匹配点在平行道路间的错误匹配现象；航向测度的引入在没有交通管制信息的情况下会产生模糊解，因此该算法在此基础上使用分段后 n 个连续子段作为匹配单元，将浮动车行驶连通性引入地图匹配算法，进一步提高离线匹配算法的精度。

4. 仿真试验与结论

仿真试验所用计算机配置为 CPU 2.4GHz，内存 1.5G，软件平台为 VC++6.0，矢量地图及浮动车行驶轨迹数据来自 YouTrace 服务器平台(YouTrace 网站为用户提供大量的共享行驶轨迹以及免费的高精度矢量数据)。仿真试验采用的矢量地图数据共有道路节点 577 个，道路连线 585 条。行驶轨迹是通过记录浮动车的定位信号而获得的，基本格式遵循 NMEA 数据格式。此外，该地区矢量地图数据存在不完整的情况，因此为了使数据不完整情况能够比较直观地显示，可将矢量

地图数据转换为 KML 文件格式导入 Google Earth，从而通过遥感影像的对比得到哪条道路是新修的。

为了保证仿真试验结果的准确性，采用 5 组数据对 Marchal 算法、遗传算法和基于 Hausdorff 距离相似性测度的地图匹配算法进行了匹配验证，结果如表 4-8 所示。其中，YouTrace 数据中的矢量地图以及行驶轨迹在影像上的显示如图 4-29 所示。其中，实线表示矢量地图，箭头表示轨迹的行驶方向，箭头连线表示用户原始行驶轨迹。

表 4-8　基于 YouTrace 数据的轨迹匹配结果参数表

匹配算法		轨迹序号					平均值
		1	2	3	4	5	
Hausdorff 距离相似性测度算法	错误匹配个数/个	67	79	56	69	49	64
	匹配精度/%	88.3	86.5	90.5	88.7	92.0	89.2
	计算时间/s	45	66	57	77	69	62.8
Marchal 算法	错误匹配个数/个	113	138	122	100	98	114
	匹配精度/%	80.4	76.4	79.3	83.7	83.8	80.7
	计算时间/s	26	30	32	41	39	33.6
遗传算法	错误匹配个数/个	60	74	54	56	40	57
	匹配精度/%	89.6	87.3	90.7	90.8	93.3	90.3
	计算时间/s	148	155	178	245	234	192
定位测试点个数		577	585	588	612	604	593

(a) 矢量地图

(b) 第 1 条行驶轨迹

图 4-29　矢量地图及原始行驶轨迹示意图

(c) 第 2 条行驶轨迹

(d) 第 3 条行驶轨迹

(e) 第 4 条行驶轨迹

(f) 第 5 条行驶轨迹

图 4-29(续)

由表 4-8 可得：在匹配精度方面，基于 Hausdorff 距离相似性测度的地图匹配算法比 Marchal 算法提高了约 10%；与遗传算法相当，仅降低了 1%。在时间效率方面，耗时约为 Marchal 算法的 2 倍，约为遗传算法的 1/3。

考虑离线地图匹配的应用领域对时效性的要求不高，因此可以牺牲时间来提高匹配精度。基于 Hausdorff 距离相似性测度的地图匹配算法和遗传算法均可以弥补 Marchal 算法的不足，如在路网复杂地区、弯道、交叉路口和 U 形转弯等情况下、轨迹与道路近似垂直情况下的匹配问题；同时与遗传算法的匹配精度相当情况下，其计算量也大大降低，充分说明了该算法的有效性和可用性。

由于基于 Hausdorff 距离相似性测度的地图匹配算法与遗传算法匹配精度相当，可以给出该算法与 Marchal 算法在路网复杂情况下的对比效果，如图 4-30 所示。

(a-1) Marchal 算法匹配结果

(a-2) Hausdorff 距离算法匹配结果

(b-1) Marchal 算法匹配结果

(b-2) Hausdorff 距离算法匹配结果

(c-1) Marchal 算法匹配结果

(c-2) Hausdorff 距离算法匹配结果

图 4-30　Marchal 算法和 Hausdorff 距离算法匹配结果对比示意图

(d-1) Marchal 算法匹配结果

(d-2) Hausdorff 距离算法匹配结果

(e-1) Marchal 算法匹配结果

(e-2) Hausdorff 距离算法匹配结果

图 4-30(续)

4.6 基于时空数据的城市交通信息分析

4.6.1 基于浮动车数据的交通拥挤度量标准

通常城市道路交通状态的评价和评估可以使用道路通行能力、道路服务水平、交通拥挤进行衡量，而交通拥挤反映的是交通状态的拥挤与否，是一个非常直观的衡量标准。不同国家根据自有人口、社会、文化等因素的差异分别对交通拥挤进行了量化定义，显然各国应根据自有特性进行定义描述。

美国交通管理部门根据实际车流量与道路路段通行能力的比值将道路服务水平划分为 A、B、C、D、E、F 六级，服务水平按照从 A 到 F 逐次降低，交通流运行状况逐步恶化。

我国的《城市道路交通管理评价指标体系》中根据主干道路上机动车的平均行程速度将城市交通拥堵分为畅通、轻度拥挤、拥挤和严重拥挤，并对每类状态进行了详细的量化定义(姜桂艳, 2004)。与美国六级服务水平可进行对应，即畅通相当于美国的 A 级和 B 级；轻度拥挤相当于美国的 C 级；拥挤相当于美国的 D 级；严重拥挤相当于美国的 E 级和 F 级。

(1) 畅通：城市主干道路上机动车的平均行程速度高于 30km/h。

(2) 轻度拥挤：城市主干道路上机动车的平均行程速度高于 20km/h 并低于 30km/h。

(3) 拥挤：城市主干道路上机动车的平均行程速度高于 10km/h 并低于 20km/h。

(4) 严重拥挤：城市主干道路上机动车的平均行程速度低于 10km/h。

不同的国家和地区对交通拥挤的定量描述是不一样的，如我国认为道路上的车辆行驶速度达到 30km/h 该道路即处于畅通状态，但日本则认为 40km/h 以下就为拥挤。这种对交通拥挤认知差异巨大的原因在于国家、地区、人群、时间以及出行目的等的不同。人们对交通拥挤的定性认知是基本一致的，定量的描述则存在不同。如何制定科学的、合理的定量划分标准是人们研究的热点，但因其涉及人们对不确定性的理解和认知而无法得到统一。

4.6.2　基于浮动车数据的交通拥挤判别依据

人们通常认为交通拥挤的表现有车辆行驶速度下降或行驶缓慢，单位道路路段长度上车辆数目增多、交通流量增大以及车辆排队等，由此衍生出判别道路交通是否拥挤的定性指标：交通流的流量、速度和密度。使用浮动车估计交通流流量和密度通常取决于浮动车的样本总数，但目前的应用中浮动车样本数都相对匮乏，因此一些研究更侧重于通过浮动车估计交通流速度和密度而判别交通拥挤程度。

浮动车动态信息包含位置数据、航向数据、瞬时速度数据和时态数据，其中位置数据和航向数据可用于地图匹配获取浮动车在道路路段上的实际位置。瞬时速度数据则反映了浮动车在其行驶道路路段的通行状态。如果道路网络中的每条道路在一定时段内有多辆浮动车存在，则可根据这些浮动车的瞬时速度获取道路的行程时间和平均行程速度，然后根据各国交通拥挤衡量标准判断道路路段的畅通拥挤状态。在得到道路网络中每条道路的拥挤状态后，可为每条道路的交通拥挤状态赋予不同的颜色，显示在电子地图背景或情报板上，为交通出行者和管理者提供实时交通路况信息。

不妨假设 t 时刻下长度为 L_i 的道路 R_i 上行驶的浮动车的数量为 $n(t)$，则交通流密度 $D_i(t)$ 可定义为

$$D_i(t)=\frac{n(t)}{L_i} \tag{4-62}$$

目前基于浮动车的道路路段行程速度方法主要有基于算术平均的道路平均行程

速度估计方法、基于距离加权的道路平均行程速度估计方法和基于交通延误的道路行程速度变化率估计方法。

基于算术平均的道路平均行程速度估计方法(Zhang et al., 2008)为

$$\overline{v_i}^m(t)=\frac{1}{n}\sum_{j=1}^{n}v_j^i(t) \tag{4-63}$$

式中，$\overline{v_i}^m(t)$表示道路R_i在t时刻的算术平均速度；$v_j^i(t)$表示浮动车o_j在t时刻的瞬时速度；n表示在道路R_i上行驶的浮动车o_j的数量。

基于距离加权的道路平均行程速度估计方法(Zhang et al., 2008)为

$$\overline{v_i}^w(t)=\frac{v_1^i(t)d_1^i(t)+v_2^i(t)d_2^i(t)+\cdots+v_n^i(t)d_n^i(t)}{d_1^i(t)+d_2^i(t)+\cdots+d_n^i(t)} \tag{4-64}$$

式中，$\overline{v_i}^w(t)$表示道路R_i在t时刻的距离加权平均速度；$v_j^i(t)$表示浮动车o_j在t时刻的瞬时速度；$d_j^i(t)$表示t时刻浮动车o_j在道路R_i路段上行驶的距离。

交通延误是指道路R_i路段上的平均行程时间与理想行程时间之间的差值，是度量交通拥挤程度的公认成熟的指标①。交通延误的采集是比较困难的，假设道路R_i路段上的平均行程时间和理想行程时间是路段长度与平均行程速度和限制速度之比，则可将延误转换为与行程速度相关的拥挤度量指标，即基于交通延误的道路行程速度变化率$\Delta v_i(t)$：

$$\Delta v_i(t)=\frac{v_i^l-\overline{v}_i(t)}{\overline{v}_i(t)v_i^l} \tag{4-65}$$

式中，$\overline{v}_i(t)$表示道路R_i在t时刻的平均行程速度，可以是算术平均速度和距离加权平均速度的任意一个；v_i^l表示道路R_i的限制速度。

4.6.3　基于浮动车数据的交通拥挤判别算法

目前基于浮动车数据的交通拥挤判别算法的基本思想是：通过浮动车动态数据的分析得到道路交通网络中每条道路的行程速度和密度判别参数，然后根据两个交通状态判别参数设计最终的判别准则$J_c(t)$，最后对判别准则进行阈值$\delta_k(k=1,2,3)$判别，得到道路网络的交通拥挤状态，如图4-31所示。在此过程中，还可根据前后两时段判别准则的差值或比值获取道路网络交通拥挤的类型：偶发性拥挤和常发性拥挤。

---

① Hong J, Zhang X D, Wei Z Y, et al. 2007. Spatial and temporal analysis of probe vehicle-based sampling for real-time traffic information system. Istanbul: 2007 IEEE intelligent vehicles symposium.

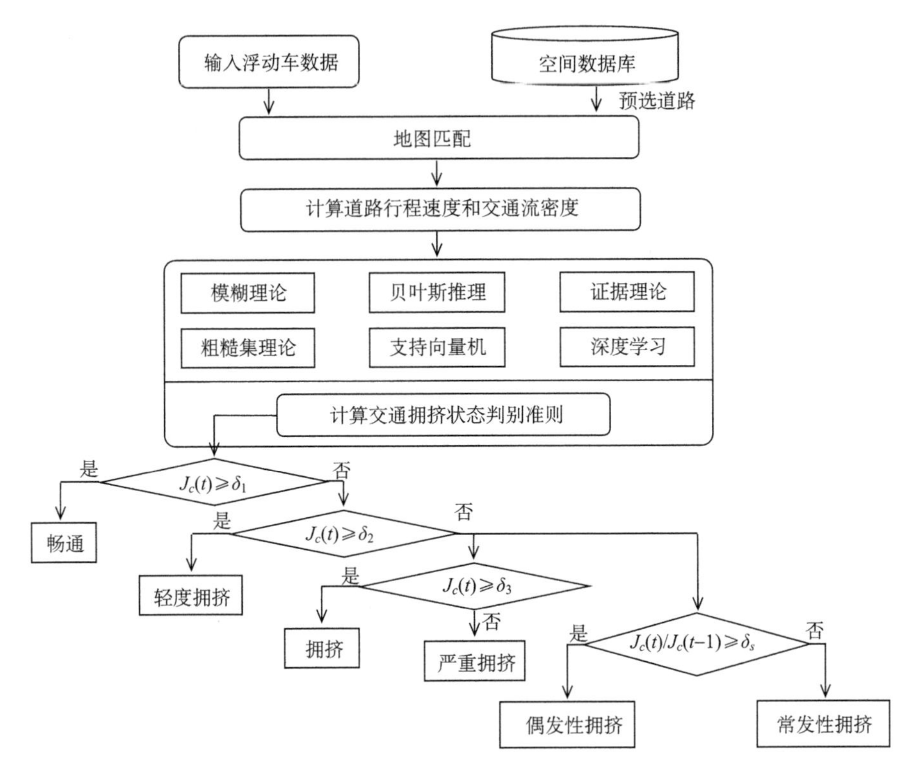

图 4-31　现有基于浮动车数据的交通拥挤判别算法流程图

4.6.4　面向动态导航的浮动车交通拥挤判别算法

1. 浮动车交通拥挤判别算法基本思想

众所周知，不同城市的道路交通网络中的道路等级、路网拓扑关系、路面材质、地形坡度、交通设施等因素都与交通拥挤息息相关，而目前基于浮动车数据的交通拥挤判别算法中用于交通拥挤程度的判别依据均未考虑这些因素，从而模糊化了不同属性道路和复杂拓扑关系对实际交通拥挤状态的影响，其所得结果也自然不合理。考虑不同级别道路的差异化，可根据大量浮动车的动态数据对交通拥挤程度进行判别和更新，即首先综合道路属性信息以及道路网络几何关系和拓扑关系定义用于反映复杂道路网络的交通拥挤判别特征；其次通过交通拥挤判别分类器对道路网络交通状态分别判别，然后得出交通拥挤状态及道路网络中每条道路的拥堵系数；最后通过通信设备或因特网进行实时路况信息发布、交通诱导或动态导航，如图 4-32 所示。

2. 交通拥挤判别依据参数

参考我国《城市道路交通管理评价指标体系》可将城市道路交通拥挤程度分为畅通、轻度拥挤、拥挤和严重拥挤四种类别或者根据用户需求自定义拥挤程度类别，这样就需要从浮动车采样信息中定义交通拥挤程度评价依据。浮动车采样信息中包

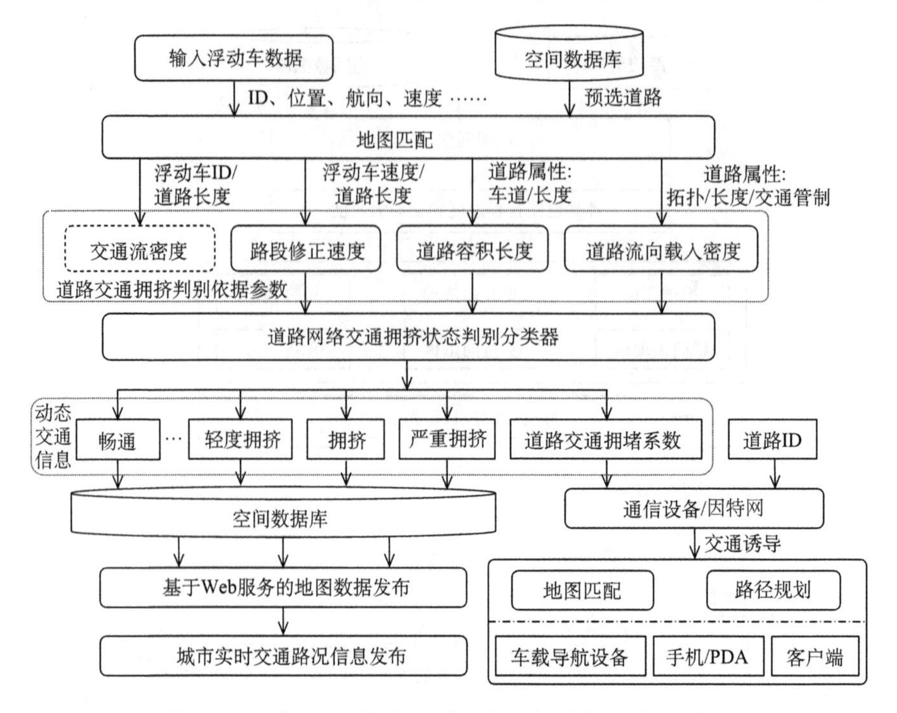

图 4-32　面向动态导航的浮动车交通拥挤判别算法流程图

括车辆 ID 号、位置信息、行驶方向、行驶速度、时间等，可使用基于浮动车的动态交通信息和静态交通信息(如道路网络属性)定义用于交通拥挤程度分类计算的输入矢量 $\boldsymbol{P}_i$：

$$\boldsymbol{P}_i=\left\{\overline{v}_i^s(t),\overline{v}_i^c(t),\overline{v}_i^\rho(t)\right\} \tag{4-66}$$

式中，$\overline{v}_i^s(t)$、$\overline{v}_i^c(t)$、$\overline{v}_i^\rho(t)$分别表示路段修正速度、道路容积平均速度、流向载入速度。

1)路段修正速度

考虑同一道路路段不同位置会对交通状态产生不同的影响，因此可以依据道路网络复杂度模型定义基于道路路段位置差异的行程平均速度，简称路段修正速度。

如图 4-9 所示，不妨假设经过地图匹配后浮动车落在道路子路段 $N_1N_{12}^1$、$N_{12}^2N_2$、$N_{12}^1N_{12}^2$ 的车辆数目和瞬时速度分别为 n_1、n_2、n_3 和 $v_{ij}^1(t)$、$v_{ij}^2(t)$、$v_{ij}^3(t)$，则路段修正速度 $\overline{v}_i^s(t)$定义为

$$\overline{v}_i^s(t)=\lambda_i^1\frac{\sum_{j=1}^{n_1}d_{ij}^1(t)v_{ij}^1(t)}{\sum_{j=1}^{n_1}d_{ij}^1(t)}+\lambda_i^2\frac{\sum_{j=1}^{n_2}d_{ij}^2(t)v_{ij}^2(t)}{\sum_{j=1}^{n_2}d_{ij}^2(t)}+\lambda_i^3\frac{\sum_{j=1}^{n_3}d_{ij}^3(t)v_{ij}^3(t)}{\sum_{j=1}^{n_3}d_{ij}^3(t)} \tag{4-67}$$

式中，$d_{ij}^1(t)$、$d_{ij}^2(t)$、$d_{ij}^3(t)$ 表示 t 时刻浮动车 o_j 在道路 R_i 子路段上行驶的距离；λ_i^1、λ_i^2、λ_i^3 表示道路路段位置差异权值，满足 $\lambda_i^1+\lambda_i^2+\lambda_i^3=1$。其中，如果浮动车的行驶方向是由节点 N_1 到节点 N_2，则道路路段位置差异权值满足 $\lambda_i^2 \geqslant \lambda_i^1 \geqslant \lambda_i^3$；反之，$\lambda_i^1 \geqslant \lambda_i^2 \geqslant \lambda_i^3$。

路段修正速度 $\overline{v}_i^s(t)$ 表达了行驶在同一道路 R_i 不同位置上浮动车对该道路的交通流平均速度的综合评价，区分了同一道路上不同路段对道路交通状态的不同影响。这里需要说明的是式(4-62)对应的交通流密度通常是目前交通拥堵判别算法的重要依据，但是该指标和道路路段的行程速度存在着一定的冲突性，因此会对交通拥堵的判别引入不确定因素。例如，在同一道路上平均行程速度均为 40km/h 的情况下，10 辆和 100 辆浮动车的交通状态如何判别？如从道路车辆流量方面看，10 辆势必要比 100 辆浮动车交通状态要通畅；但从行程速度方面看，10 辆显然比 100 辆浮动车更为拥堵，但行程速度一样，说明 100 辆浮动车代表的交通状态更通畅。显然从不同方面考虑，交通密度和行程速度是不适于一起参与交通拥堵判别的。

2) 道路容积速度

车道数目是道路固有属性之一，属于静态交通信息。道路车道数目的不同与道路网络交通拥挤有着内在的联系，在基于浮动车数据实时路况信息提取方法中应考虑道路的综合属性。例如，一条双向 8 车道道路上的行程平均速度为 40km/h，而另一条双向 4 车道道路上的行程平均速度也为 40km/h，如果直接采用现有基于浮动车的交通拥挤判别算法进行判别，则认为两条道路的拥挤程度是相同的。通常，8 车道道路应该比 4 车道道路的交通通行能力更强，即此时 4 车道道路的通行状态应该比 8 车道道路的通行状态更为畅通。因此，该算法定义道路 R_i 上平均瞬时速度与车道数目 C_i 的比值为道路容积速度 $\overline{v}_i^c(t)$，并将其作为判别道路交通拥堵程度的特征依据之一。

$$\overline{v}_i^c(t)=\frac{1}{nC_i}\sum_{j=1}^{n}v_j^i(t) \tag{4-68}$$

3) 流向载入速度

地理位置、历史文化、经济结构等因素是城市道路交通规划的重点考虑因素，其影响差异直接反映在城市道路网络的几何关系和拓扑关系上。道路网络的几何关系和拓扑关系也直接影响着其交通拥挤程度，该算法根据隐马尔可夫统计建模所得到的道路路口行驶转移概率定义了道路流向 $\vec{R}_i$ 的载入密度 $\rho_i\left(R_i\middle|\vec{R}_i\right)$，然后通过定义流向载入速度 $\overline{v}_i^\rho(t)$ 表征道路网络拓扑关系对交通拥挤状态的影响。

$$\overline{v}_i^\rho(t)=\frac{1+\mathrm{e}^\rho}{n}\sum_{j=1}^{n}v_j^i(t) \tag{4-69}$$

式中，ρ 表示道路流向 $\vec{R}_i$ 的载入密度 $\rho_i\left(R_i\middle|\vec{R}_i,t\right)$ 或 $\rho_i\left(R_i\middle|\bar{R}_i,t\right)$。

假设道路 R_i 关联的道路集合为 $\left\{R_i^1, R_i^2, \cdots, R_i^{n_r}\right\}$，关联道路 R_i^k 通行至道路 R_i 行驶方向 $\vec{R}_i$（图 4-33 中浮动车所在行驶方向为 $\vec{R}_i$）的左转、直行、右转车道的个数分别为 $n_{\mathrm{L}}\left(R_i^k\right)$、$n_{\mathrm{S}}\left(R_i^k\right)$、$n_{\mathrm{R}}\left(R_i^k\right)$，关联道路 R_i^k 通行至道路 R_i 行驶方向 $\vec{R}_i$ 的左转、直行、右转车道的状态转移概率为 $P_{\mathrm{L}}\left(R_i^k, t\right)$、$P_{\mathrm{S}}\left(R_i^k, t\right)$、$P_{\mathrm{R}}\left(R_i^k, t\right)$，则道路 R_i 流向 $\vec{R}_i$ 的载入密度 $\rho_i\left(R_i \middle| \vec{R}_i, t\right)$ 为

$$\rho_i\left(R_i \middle| \vec{R}_i, t\right) = \sum_{k=1}^{n_r}\left[P_{\mathrm{L}}\left(R_i^k, t\right) n_{\mathrm{L}}\left(R_i^k\right) + P_{\mathrm{S}}\left(R_i^k, t\right) n_{\mathrm{S}}\left(R_i^k\right) + P_{\mathrm{R}}\left(R_i^k, t\right) n_{\mathrm{R}}\left(R_i^k\right)\right] \tag{4-70}$$

式中，$n_{\mathrm{L}}\left(R_i^k\right)$、$n_{\mathrm{S}}\left(R_i^k\right)$、$n_{\mathrm{R}}\left(R_i^k\right)$ 表示需在交通基础地理信息道路属性中制定相应的字段。

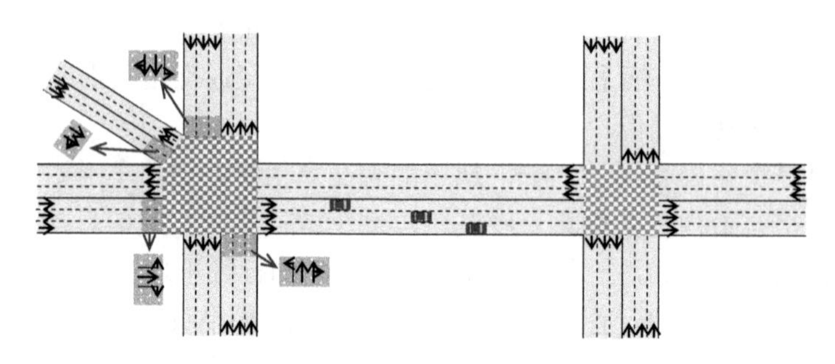

图 4-33　道路交叉口流向载入浮动车密度示意图

如果道路 R_i 是双向行驶道路，则同理可求道路 R_i 行驶方向 $\vec{R}_i$ 的逆方向 $\bar{R}_i$ 的载入密度 $\rho_i\left(R_i \middle| \bar{R}_i, t\right)$。在道路拥挤程度判别应用中，需要根据浮动车行驶方向判断其实际所处道路的行驶方向选择 $\rho_i\left(R_i \middle| \vec{R}_i, t\right)$ 或 $\rho_i\left(R_i \middle| \bar{R}_i, t\right)$。

为了获取衡量标准一致的道路交通拥挤程度判别依据，需要对依据参数做统一的标准化处理。不妨假设道路交通拥挤程度依据参数序列为 $x(t)$，其中最大值和最小值分别为 $x_{\max}(t)$ 和 $x_{\min}(t)$，则其标准化值 $\bar{x}(t)$ 为

$$\bar{x}(t) = \frac{x(t) - x_{\min}(t)}{x_{\max}(t) - x_{\min}(t)} \times V_{\mathrm{s}} \tag{4-71}$$

式中，V_{s} 表示标准化的值域范围大小。

3. 道路网络交通拥挤状态判别分类器

根据静态交通信息和基于浮动车的动态交通信息提取的交通拥挤判别参数所代表的含义不同，其内在关系通常为非线性的，因此可以通过神经网络、模糊推理、支持向量机（support vector machines，SVM）等数学方法对这些参数进行聚类分析。支持向量机以其清晰的几何表达意义和良好的非线性处理能力（Vapnik, 1995）已经

在计算机视觉、模式识别、图像处理、信号分析等领域(彭新俊, 2008; 陈海林, 2009)得到了广泛应用,因此可采用支持向量机构建道路网络交通拥挤状态判别的分类器。

支持向量机的基本思想是：对于线性可分样本数据，直接在原始空间内确定样本数据的最优分类超平面，从而确定样本数据的类别；对于线性不可分样本数据，通过特定核函数 $K(x,y)$ 将原始样本空间映射到一个高维特征空间,并在此高维特征空间中构造相应的最优分类面，然后根据最优分类面确定样本的类别。

1) 线性支持向量机

SVM 是从样本数据线性可分情况下寻找最优分类面发展起来的,其中分类面在二维平面情况下演化为最优分类线。以二维两类线性可分为例，不妨假设样本数据集为 $(x_i,y_i),i\in[1,n]$，其中，$x\in R^D$ 表示样本点，$y\in\{+1,-1\}$ 表示样本类别号。对分类面进行归一化，则 D 维空间中的样本数据集 (x_i,y_i) 应满足：

$$y_i\left[(w\cdot x)+b\right]-1\geqslant 0\quad i=1,2,\cdots,n \tag{4-72}$$

由此，最优分类面即为满足式(4-72)和 $\|w\|^2$ 最小的分类面。最优分类面的求解通常为对式(4-73)所定义的 Lagrange 函数求取极小值问题。

$$L(w,b,\alpha)=\frac{1}{2}(w\cdot w)-\sum\alpha_i\left\{y_i\left[(w\cdot x)+b\right]-1\right\} \tag{4-73}$$

式中，$\alpha_i>0$，为 Lagrange 系数。

经过对 w、b 求取 Lagrange 函数极小值可得到最优分类函数 $f(x)$：

$$f(x)=\operatorname{sign}\left\{\sum_{i=1}^{n}\alpha_i y_i(x_i,x)+b\right\} \tag{4-74}$$

式中，$\operatorname{sign}(\cdot)$ 为符号函数。

2) 非线性支持向量机

非线性支持向量机是通过构造一个函数 $K(\cdot,\cdot)$ 将线性不可分样本数据映射到一个高维特征空间内，依次将非线性问题转化为线性问题，同理可得到线性不可分情况下的最优分类函数 $f(x)$：

$$f(x)=\operatorname{sign}\left\{\sum_{i=1}^{n}\alpha_i y_i K(x_i,x)+b\right\} \tag{4-75}$$

式中，$K(x,y)$ 称为核函数，其应满足 Mereer 条件(Vapnik, 1995)。

核函数 $K(x,y)$ 的选取对支持向量机泛化型性能有着直接的影响。常用的核函数有线性核、多项式核、高斯径向核和 Sigmoid 核。

(1) 线性核：

$$K(x,y)=x\cdot y \tag{4-76}$$

(2) 多项式核：

$$K(x,y)=(x\cdot y+1)^{d} \quad d\in[1,N] \tag{4-77}$$

(3) 高斯径向核：

$$K(x,y)=\mathrm{e}^{-\|x-y\|^{2}/2\sigma^{2}} \tag{4-78}$$

(4) Sigmoid 核：

$$K(x,y)=\tanh\left(\gamma\langle x,y\rangle+\delta\right) \tag{4-79}$$

4. 仿真试验与结论

为了说明交通拥挤判别依据参数能够充分利用动态交通信息和静态交通信息更好地区分道路网络的交通状态，以路段修正速度和道路容积速度为例，使用道路网络交通拥挤状态判别分类器对其进行分类，具体分类参数见表 4-9。其中，聚类类别数为 5，从小到大分别代表严重拥挤、拥挤、轻度拥挤、一般畅通和畅通。

表 4-9　交通拥挤判别依据参数有效性试验

路段修正速度 /(km/h)	现有交通拥挤判别算法	道路车道数(单向)			
		2	3	4	5
4.95	严重拥挤	严重拥挤	严重拥挤	严重拥挤	严重拥挤
10.02	拥挤	拥挤	严重拥挤	严重拥挤	严重拥挤
14.41	拥挤	拥挤	严重拥挤	严重拥挤	严重拥挤
20.46	轻度拥挤	轻度拥挤	拥挤	拥挤	拥挤
25.55	轻度拥挤	轻度拥挤	轻度拥挤	拥挤	拥挤
31.07	畅通	一般畅通	轻度拥挤	轻度拥挤	轻度拥挤
39.64	畅通	一般畅通	一般畅通	轻度拥挤	轻度拥挤
46.05	畅通	畅通	一般畅通	一般畅通	轻度拥挤
53.28	畅通	畅通	一般畅通	一般畅通	一般畅通
61.44	畅通	畅通	畅通	一般畅通	一般畅通
73.08	畅通	畅通	畅通	一般畅通	一般畅通
⩾80.0	畅通	畅通	畅通	畅通	畅通

现有交通拥挤判别算法基本上参考我国《城市道路交通管理评价指标体系》的规定，忽略了道路路段车道数量等固有属性对交通状态的影响。从表 4-9 可以看出，依据如上所定义的交通拥挤状态判别依据参数，可最大限度上利用道路属性等静态交通信息，使得交通拥挤状态的判别更趋于合理。综合动态对象时空数据模型、交通信息采集算法、地图匹配算法和交通拥挤判别算法构建的实时交通路况原型系统，可通过 Web 服务进行交通信息发布或动态导航，如图 4-34 所示。

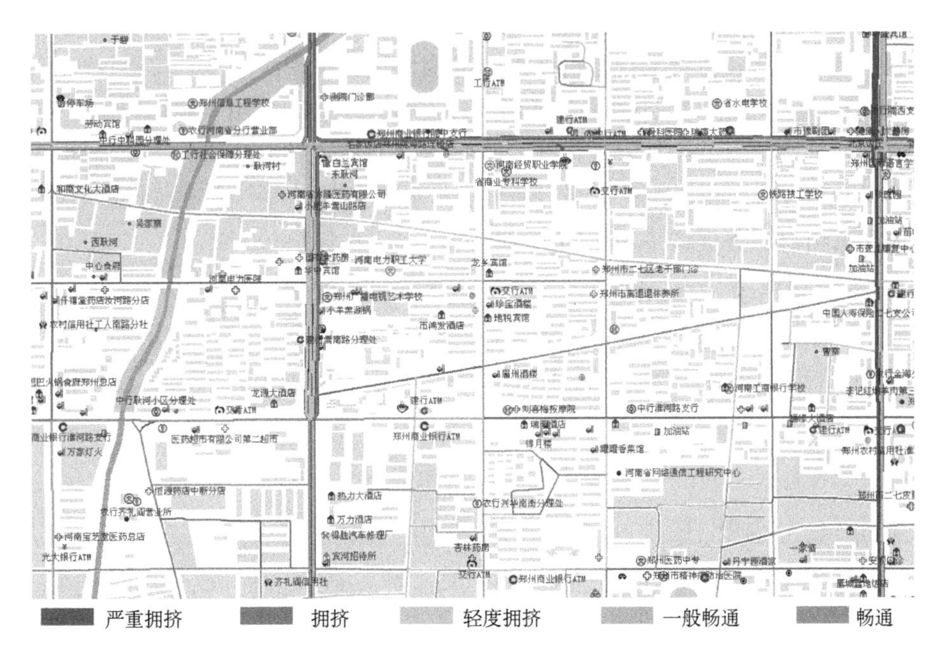

图 4-34　郑州市局部地区的道路交通拥堵程度示意图

4.7　小　　结

智能交通系统是解决当前社会出行效率低、交通拥堵、交通事故率高、大气污染严重等问题的有效途径，而动态交通信息的采集和应用是智能交通系统的核心研究内容。基于浮动车的交通信息采集具有成本低、范围广、全天候、便捷等优点，以浮动车数据为基础的智能交通系统也成为目前的研究热点。浮动车数据具有空间性和时态性，因此本章针对面向城市智能交通的时空数据建模和方法进行了详细探讨和阐述，具体内容如下：

(1) 针对浮动车时空数据的特点，结合马尔可夫时空数据建模思想构建了相应的运动对象时空数据模型，为交通信息基础数据提供了数据存储和管理方案。

(2) 详细描述了利用浮动车提取动态交通信息的基本方法，进而详细介绍了用于描述浮动车时空演变的固定粒度和自适应粒度采样方法，其中自适应粒度采样方法能够根据道路网络的几何特性、拓扑关系、道路属性特征以及浮动车自身速度变化自适应调整采样间隔，既保证了采样数据精度又降低了数据量，为基于浮动车的交通信息采集技术提供了有效的解决方案。

（3）针对浮动车时空数据在智能交通系统中的应用需求，详细介绍了运动目标与地理空间数据之间的在线和离线匹配技术，为运动目标时空数据结合地理空间数据进行时空演变描述和时空数据分析及挖掘提供了技术保障。

（4）结合运动目标时空数据模型的组织、管理和处理，介绍了利用浮动车时空数据提取交通拥挤信息的方法，突出了交通拥挤信息提取技术应充分利用道路网络的属性信息、几何关系和拓扑关系等附加信息，使所获交通拥挤状态结果更具合理性，为交通动态信息服务提供了可靠的信息保障。

第5章　地理时空数据综合服务平台技术

传统的地理空间数据组织和管理是基于空间信息中空间和属性两个维度的，其核心思想是将实际动态变化的世界视为静态世界，将描述地理环境对象的数据看作一个瞬时快照，然后以地图投影作为数学基础，以比例尺和经纬度来组织数据，以图幅为单位进行组织管理。显然，传统的地理空间数据组织和管理是不支持对时间维度处理和分析的，随着多源空间数据获取技术的发展和成熟，传统的地理空间信息模式已经无法满足对全球范围内海量地理空间数据有效组织和管理的要求，因此需要构建合理的时空数据模型对这些多源、异构、多分辨率、多时相的地理时空数据进行统一管理、动态处理、精确分析和快速查询。本章采用基于马尔可夫链的时空数据模型，对遥感影像、数字地图及 DEM 等地理时空数据进行组织和管理，并重点阐述了模型应用中时空粒度、空间索引和时空信息交互技术，以此验证基于马尔可夫链的时空数据模型的有效性、可用性和通用性。

5.1　地理时空数据

众所周知，人类基本行动是在地球上进行的，如何表述人类活动的客观世界和活动特征，成为科研机构和学者研究的热点和重点。地理空间信息是描述人类活动环境最基本的时空参考框架，其中遥感影像和数字地图是地理空间信息最重要的两个组成部分。

早期，由于缺乏卫星遥感图像快速获取手段，加上传统的用图习惯，地形研究、军事情报准备、指挥与控制规划、导航定位等人类诸多行动都是在数字地图上进行的。遥感影像具有信息量丰富、直观性强、可读性好、获取周期相对较短等优点，在保障上述各项人类活动完成的过程中，有着数字地图无法比拟的优势。具体相对数字地图而言，遥感影像优势主要反映在空间表达形式的形象性和直观性以及时空特征的现势性上。

1）空间表达形式的形象性和直观性

在表示方法上，遥感影像是用色调特性和几何特性都与实际景物相一致或相近的影像来表示地形环境的，而数字地图是用规定的图式符号来表示地形环境的，因此遥感影像比数字地图更形象、更逼真、更直观，也更易读易用。

2）时空特征的现势性

由于生产周期很长，数字地图内容的“现势性”一直难以保证，在遥感动态监测、近景摄影变形监测、导航定位等领域存在较大的缺陷，而卫星遥感影像获取周期相对较短，其“现势性”较好，即能够客观地反映地表的现实情况。因此，遥感影像的准备需要长期的工作，即使在基础影像设施建设完成后，还必须高度重视遥感影像的更新工作，即按照一定的时间间隔，有步骤和秩序地更新遥感影像，以确保人们对遥感影像的“现势性”要求，为保障人们各项行为的完成提供数据支撑。

同时也应当看到：原始的遥感影像还不是人们期望的“影像”，地形环境是连续无缝的，而一幅幅的原始遥感影像只是局部地表的反映，并且还存在着各种误差，无法直接拼接成大范围的影像，更缺少地名、目标名称、境界、地面高程点、控制点位等信息。由此可见，遥感影像、数字地图、数字高程、特定标注等形式的地理信息之间的关系是相辅相成的，这就需要建立统一的数据模型对这些多源、多分辨率、多时相、异构的地理时空数据进行规范化处理和无缝管理，以此综合各种形式地理信息的优势，取长补短，从而从真正意义上满足人们实际应用的需求。

5.2 地理时空数据综合服务平台架构

地理时空数据综合服务平台架构主要分为硬件和软件两个层次。

5.2.1 硬件结构

考虑需要综合、统一地组织管理海量的遥感影像、数字地图、DEM 和运动目标等数据，地理时空数据综合应用系统中的数据存储采用磁盘阵列+磁带库组成的“在线-近线”两级存储体系，硬件结构部署如图 5-1 所示。数据多级存储管理软件部署在遥感影像数据服务器和数字地图/DEM/目标数据服务器，以实现对数据的分级存储管理与迁移；数据库管理分系统部署于数据库管理服务器；提供计算机网络的数据收发；遥感影像地形服务端软件则部署于应用服务器和 Web 服务器，服务器之间采用千兆光纤网络进行物理链接，同时配置网络防火墙与负载均衡器，以保障系统安全与网络并发访问效率。

硬件设备层具体包括：

(1)数据存储设备。采用 SAN 存储模式(即磁盘阵列通过光纤交换机与服务器连接)和“在线-近线”两级存储管理体制(即以光纤 RAID 磁盘阵列作为在线存储设备，以 IP 磁盘库作为近线存储设备)，两级存储设备间通过分级存储管理技术实现地理空间数据的准实时调度。

(2)服务器。服务器包括遥感影像数据服务器、数字地图/DEM/目标服务器、Web 服务器，所有地理空间数据的存储、管理等对计算能力和存储空间要求较高的操作均在服务器上完成，这里需要说明服务器可以是单个服务器或多个服务器群，也可以是云计算和云存储技术支撑下的虚拟服务。

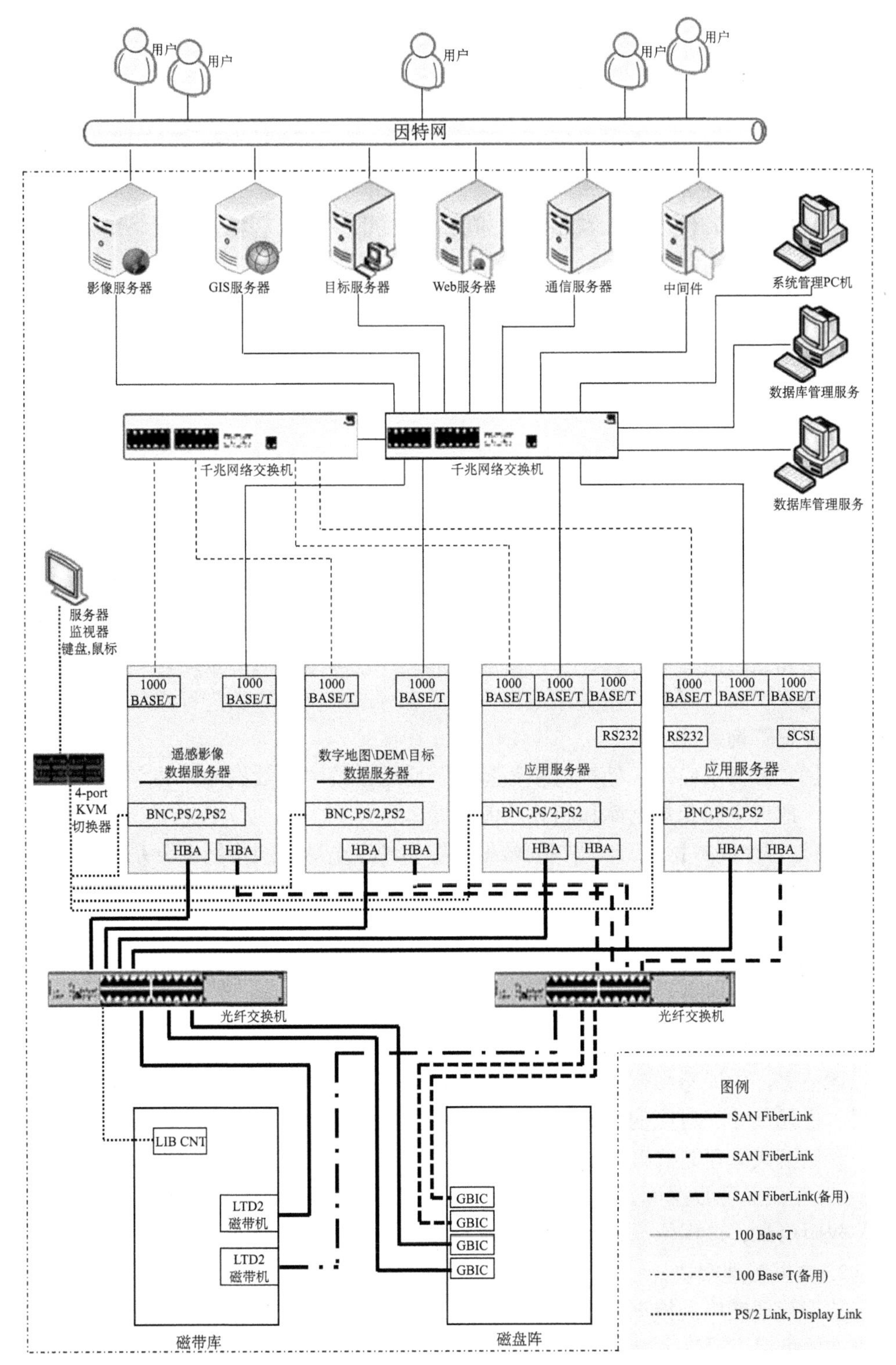

图 5-1　地理时空数据综合应用系统硬件结构部署图

(3) 工作站。工作站则作为地理空间数据入库预处理、数据管理、数据分发的作业终端平台使用。

(4) 网络设备。网络设备包括光纤网络和以太网络两部分。光纤网络主要连接SAN 存储设备、数据服务器和应用服务器，以实现大规模数据的准实时传输。以太网主要负责核心存储管理设备与各应用子系统之间的通信。光纤交换机和以太网交换机均采用双路备份，保证数据访问和信息传输的可靠性。此外，网络设备还包括防火墙、负载均衡器等。

5.2.2 软件结构

软件部分主要包括数据库管理模块、数据管理模块和查询显示模块三部分，是系统的内部核心，大部分为服务器功能。

1. 数据库管理模块

数据库管理模块采用“文件系统+关系数据库”的混合方式来存储和管理遥感影像、数字地图、DEM 等地理空间数据及其他专题数据，即地理空间数据采用文件系统进行存储管理，元数据及相关专题业务数据采用关系数据库进行存储管理。

采用混合方式存储管理地理空间数据及相关专题业务数据，充分考虑了地理空间数据海量的特点和关系数据库对二进制大对象管理性能的欠缺，使地理空间数据的存储与元数据的存储分离开来，既能发挥文件管理方式对海量地理空间数据存储管理的效率优势，又能利用关系数据库的优势对地理空间数据进行系统组织、版本控制及并发查询管理。

根据实际需求应用，地理时空数据综合应用系统中的数据库主要包含地理空间数据库、地理空间元数据库和相关业务数据库。

(1) 地理空间数据库。地理空间数据库存储经过全球多级格网剖分系统生成的遥感影像瓦片数据、以景或图幅为单位的遥感影像、数字地图数据、DEM 数据和运动目标轨迹数据等地理空间数据。

(2) 地理空间元数据库。地理空间元数据库存储地理空间数据库和地理空间数据的描述信息。地理空间数据库元数据主要包括版本号、父版本、创建日期、创建人、地理空间数据库类型、描述信息等。地理空间数据元数据主要是不同地理空间数据的描述信息，如遥感影像的类型、分辨率、精度、时相、地理编码、空间范围、比例尺、像元尺寸、对应的传感器类型、来源等影像属性信息，瓦片数据文件生成时间、存储格式、存储位置等信息。

(3) 相关业务数据库。主要存储系统运行管理过程中的相关辅助数据，如用户信息、权限信息、过程信息、状态信息等。

2. 数据管理模块

数据管理模块是根据基于马尔可夫链的时空数据模型对地理时空数据进行空间和时态的多尺度管理，其中为了达到遥感影像、数字地图和 DEM 等地理时空数据的无缝衔接，对用于地理空间数据发布的空间数据构建基于等间隔经纬差的全球多级格网索引，以景或图幅为单位的原始遥感影像则构建多尺度整数编码空间索引，时态信息则通过 B-树建立时空索引。

数据管理模块主要包括地理空间数据及其元数据的入库、管理和维护、查询和检索、备份和恢复等子模块。

3. 查询显示模块

查询显示模块采用近年来应用较为广泛的客户/服务器(client/server, C/S)体系结构进行地理空间数据的查询、检索和可视化。在 C/S 体系结构下，客户端根据自有需求通过网络通信系统向服务器端发送数据申请命令，服务器端根据客户端的申请命令将不同申请转化到不同类型数据服务器，再由服务器上的时空数据模型进行查询检索将最终数据传输给用户端。对于地理空间数据在网络传输过程中的安全措施(如信源扰乱、数字水印等)，这里不再进行详细的介绍。

5.3　地理时空数据模型的建立

时空数据模型的重点在于如何表征、存储、管理和查询现实世界中随时间变化的实体及其行为，模型采用的组织和存储机制的优劣直接影响时空数据的查询检索效率。因此，多源、多分辨率、多时相、异构的地理时空数据的组织和管理重点在于如何构建合理、科学、高效的时空数据模型。

地理时空数据主要包含遥感影像、数字地图、数字高程、特定标注等形式的地理信息。由此，本节利用基于马尔可夫链的时空数据模型面向应用的通用性对这些地理时空数据进行组织和管理，如图 5-2 所示。以用于地理空间数据 Web 浏览服务的地理空间数据为例，基于马尔可夫链的时空数据模型的基本思想为：首先按照全球多极格网剖分模型进行空间分块，按照其显示比例尺系数与剖分层次进行一一对应，从而形成不同剖分层次下的数据“瓦片”；然后根据基于马尔可夫链的时空数据模型所具备面向应用的通用性，对数据“瓦片”的空间数据和时态数据构建各自相应

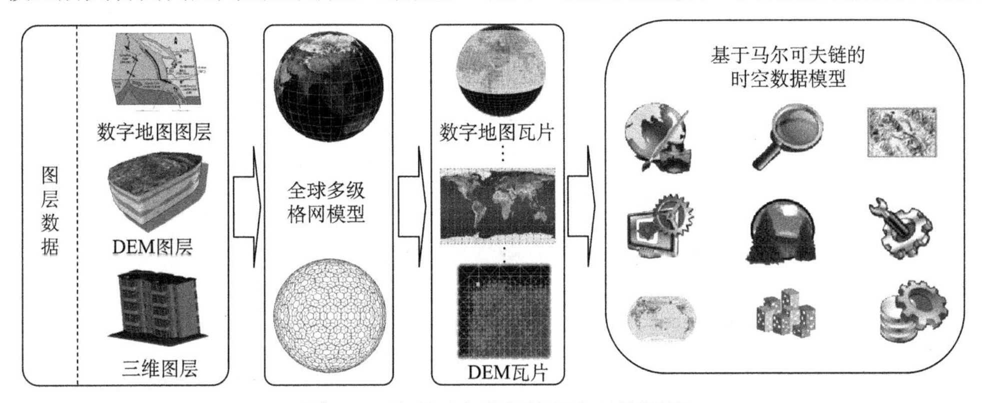

图 5-2　地理时空数据模型构建流程图

的时空数据模型，此时时空粒度为剖分层次对应的等间隔经纬差，而剖分的“瓦片”数据区域可视为一个“点”，其时空序列则可看成空间位置不随时间变化的属性集合。

在对遥感影像进行组织和管理时，基于马尔可夫链的时空数据模型退化为序列快照模型；对数字地图进行组织和管理时，时空数据模型退化为基态修正模型；对基于规则格网的 DEM 数据进行组织和管理时，时空数据模型根据应用需求退化为序列快照模型或基态修正模型；对运动目标时空数据进行组织和管理时，时空数据模型根据应用需求退化为面向对象的时空数据模型与立方体时空数据模型相结合的时空数据模型。

考虑地理时空数据的多源、多分辨率、多时相及异构等特点，本节主要介绍使用基于马尔可夫链的时空数据模型对地理时空数据进行组织管理时涉及的时空粒度和空间索引技术。针对地理时空数据综合应用主要分为面向 Web 浏览服务和面向 Web 区域调阅服务两类，考虑地理空间数据均涉及多分辨率的应用，因此需要制定时空粒度和空间索引一致的技术：全球多级格网技术和多尺度整数编码技术。

5.3.1 全球多级格网

传统的地理空间数据通常是以地图投影作为数学基础、以比例尺和经纬度来组织数据、以图幅为单位进行组织管理的。随着摄影测量、卫星遥感、导航等空间数据获取技术的发展和成熟，传统的地理空间数据的组织和管理方式已经无法满足对现有全球范围内海量地理空间数据有效组织和管理的要求，由此全球多级格网技术应运而生，并成为目前组织和管理全球范围内海量地理空间数据的重要手段。

全球多级格网技术是指在统一的地心参考坐标系下，通过对地球表面进行规则化剖分构建精确的地球三维模型和统一的球面空间基准。全球多级格网技术突破了地图投影对传统地理信息研究带来的限制，是实现全球范围的数字地图、遥感影像、数字高程等地理空间数据一体化组织和管理的理论基础。目前，全球多级格网技术已经在 Google Earth、Google Map、World Wind、TerraServer、Bing Map、ArcGIS、Cesium 和天地图等应用系统中得到广泛应用，具有较高的实用性。

全球多级格网技术的研究可分为基于正多面体和基于地理坐标系的全球格网剖分模型(图 5-3)。基于正多面体的全球格网模型主要有正八面体上的三角剖分、基于立方体的四边形剖分、基于正二十面体的菱形剖分(White, 2000)和正二十面体上的六边形剖分(Sahr et al., 2003; Vince, 2006; 童晓冲, 2010)的全球格网等；基于地理坐标系全球格网剖分模型主要有等间隔经纬度全球格网、变经纬度全球格网(Ottoson and Hauska, 2002; 龚健雅, 2007)和自适应全球格网(Lukatela, 1987)等。其中，基于地理坐标系全球格网剖分模型是最常用的球面坐标系，以此为基础建立的球面格网系统也最早应用于实践。

全球多级格网技术的特点是突破了传统地图投影的束缚，有效地保留了地理空间数据的连续性和一致性，实现了基于全球的、面向网络用户的、海量地理空间数据的高效组织和管理。虽然目前各种全球多级格网在不同的研究和应用领域得到了

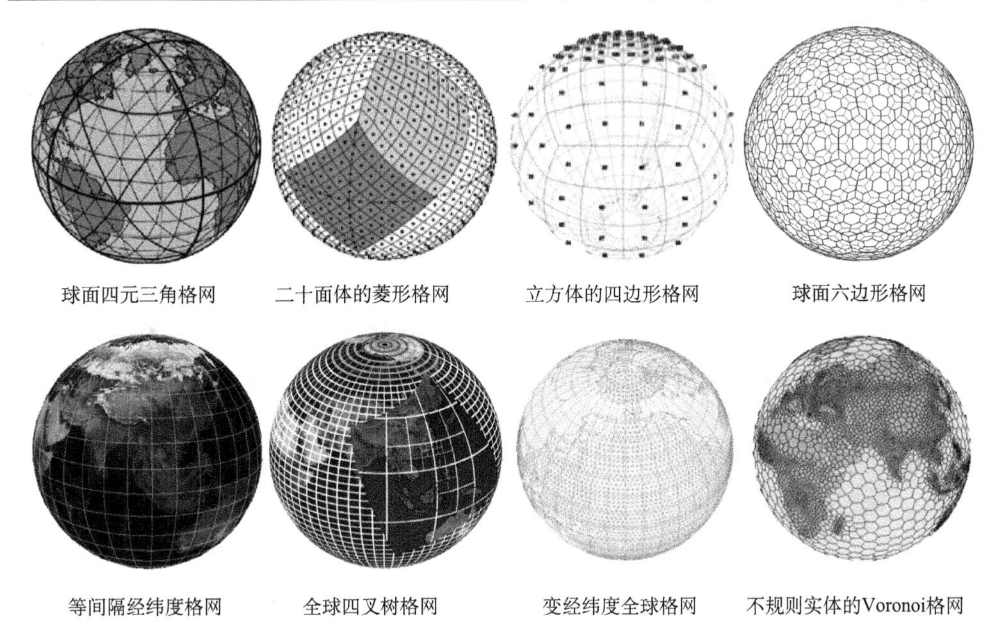

图 5-3　典型全球多级格网剖分结果示意图

广泛应用，但对多种全球多级格网模型的互用转换的研究较少，更缺乏统一的全球格网系统对地理空间数据进行一体化组织和管理。同时，伴随着地球多圈层空间探测的发展，建立在地球表面基础上的全球多级格网模型已经无法满足对地球各个圈层的体空间数据的有效组织管理和表达需求。

5.3.2　基于多分辨率金字塔时空瓦片组织方式

由基于正多面体的全球格网剖分模型原理可知，该类模型将地理空间数据剖分为不规则形状的瓦片，由此会降低基于 Web 浏览服务空间数据发布体系中的数据存储效率和网络传输效率。基于等间隔经纬度的全球格网剖分模型符合人们的习惯，数据的显示和表达都非常方便，而且经纬度与其他坐标系统之间的转换较简单，相关算法也很成熟。因此，用于对外发布服务的时空数据采用等距圆柱投影的基于等间隔经纬度的全球格网剖分模型作为地理空间数据的组织和管理的空间数据模型基础。

基于等间隔经纬度的全球格网剖分模型是指采用等间隔的经纬度增量将地球交织分割成若干格网单元，按照这些格网单元关联所有的数据，其是地学界最早建立、也是目前应用最广泛的一类全球格网模型。

基于等间隔经纬度的全球格网构建时空数据组织和管理方式主要是利用一系列规则的、无缝的、具有多尺度层级结构的网格瓦片完整连续覆盖地球表面空间，继而通过瓦片的空间标识符和时间标识符来建立时空数据的时空索引，其核心是构建多分辨率金字塔时空数据瓦片，以空间换时间的思路。

基于等间隔经纬度的全球格网剖分模型的基本思想如下：

(1) 根据“地球表面等经纬度划分”的原则建立全球基本格网系统，使用等距圆柱投影将地球影像展开到二维平面，如图 5-4 所示。二维平面坐标体系的坐标原点在赤道上，经纬度坐标为(E0°, N0°)。X 轴正方向 0°～180°对应东经 0°～180°，负方向 0°～−180°对应西经 0°～180°；Y 轴正方向 0°～90°对应北纬 0°～90°，负方向 0°～−90°对应南纬 0°～90°。

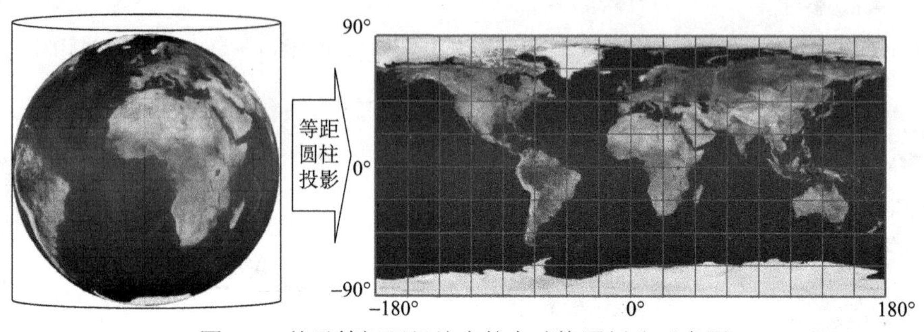

图 5-4　基于等间隔经纬度的全球格网剖分示意图

(2) 以全球基本格网为初始格网，对其进行逐级四叉树划分，形成全球多级子格网，如图 5-5 所示；再以地球表面多级格网系统为基础建立空间四叉树索引，如图 5-6 所示。

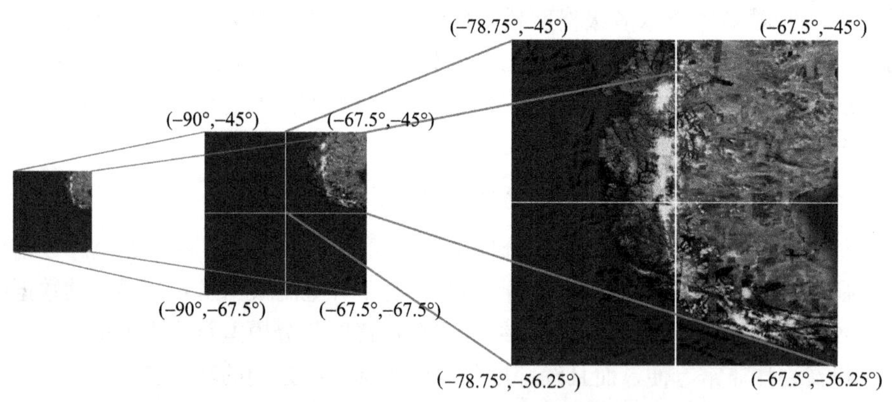

图 5-5　局部地区遥感影像多级格网层次剖分图

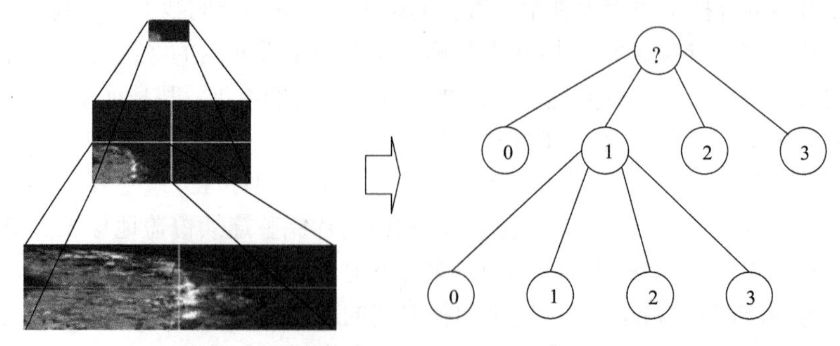

图 5-6　局部地区遥感影像多级格网区域分割符与空间四叉树的关系

(3)将遥感影像按其几何位置、范围、分辨率等属性与“地球表面多级格网系统”中的某剖分层次某子格网对应起来，并按照“地球表面多级格网系统”的划分规则对该影像进行标准化处理和统一编码后，采用文件系统对遥感影像进行存储管理，采用关系数据库对遥感影像元数据进行存储管理。

这种“地球表面多级格网系统”不仅建立了严格、高效的遥感影像空间四叉树索引机制，保证了遥感影像无缝管理和高效检索访问的需要，而且能够与系列比例尺矢量地图的划分体系保持一致，从而确保了遥感影像与矢量地图在几何性能方面的无缝衔接。

1. 瓦片空间分辨率

瓦片空间分辨率是指经过基于等间隔经纬度的全球格网剖分后，相应剖分层次的瓦片图像上每个像素实际对应拍摄地物的长度。由等间隔经纬度剖分全球所用的圆柱地图投影可知，瓦片图像在剖分层次 L_i 下的像素宽度等于 2^{L_i} 等分地球赤道长度，则瓦片空间分辨率 R_i 可定义为

$$R_i = \frac{L_e}{w2^{L_i}} \tag{5-1}$$

式中，w 表示瓦片图像的像素宽度，通常 $w = 256$； L_e 表示地球赤道长度(单位为 m)：

$$L_e = 2\pi R_e \tag{5-2}$$

式中，R_e 表示地球半径，R_e=6378245.0m。

由上可知，全球多级格网剖分模型中不同剖分层次瓦片图像的空间分辨率是不同的，据此可分析剖分层次对应瓦片图像的数据来源和数据量大小。

1)剖分层次的数据来源

结合遥感图像的多源性可确定多级格网剖分层次瓦片图像的数据来源，如表 5-1 所示。例如，第 17 层的瓦片空间分辨率 R_{17} 为 1.194m，则可对 IKONOS 卫星高分辨图像重采样而得到第 17 层的瓦片图像。

表 5-1　多级格网层次瓦片分辨率与数据来源参考表

多级格网层次	瓦片分辨率/m	数据来源	多级格网层次	瓦片分辨率/m	数据来源
第 1 层	78272.842	—	第 2 层	39136.421	—
第 3 层	19568.2105	—	第 4 层	9784.105	—
第 5 层	4892.052	—	第 6 层	2446.026	—
第 7 层	1223.013	MODIS	第 8 层	611.506	MODIS
第 9 层	305.753	MODIS	第 10 层	152.876	Landsat
第 11 层	76.438	Landsat	第 12 层	38.219	SPOT-4
第 13 层	19.109	SPOT-4	第 14 层	9.554	SPOT-5
第 15 层	4.777	SPOT-5	第 16 层	2.388	IKONOS
第 17 层	1.194	IKONOS	第 18 层	0.597	WorldView
第 19 层	0.298	航空影像	第 20 层	0.149	航空影像
第 21 层	0.0745	航空影像	第 22 层	0.03725	航空影像

2)剖分层次的数据容量

根据多级格网剖分层次下瓦片图像分辨率即可粗略确定剖分层次下的图像数据量。以中国武汉市和美国纽约州为例，采用 ArcGIS 的“缓冲区分析”功能得到两个地区区域基础上外扩 10～100km 后的范围和面积，按照 RGB 三通道、8 比特量化级、第 15 层(相当于 5m 空间分辨率)和第 17 层(相当于 1m 空间分辨率)两种分辨率来计算不同覆盖范围内彩色影像及经过“JPEG 标准”压缩后的大概数据量。

图 5-7 给出了中国武汉市和美国纽约州外扩 10～100km 后的覆盖范围缓冲图。表 5-2 给出了中国武汉市和美国纽约州外扩 10～100km 后的面积以及全球陆地的面积和影像数据量，其中的影像为 24 比特彩色影像。

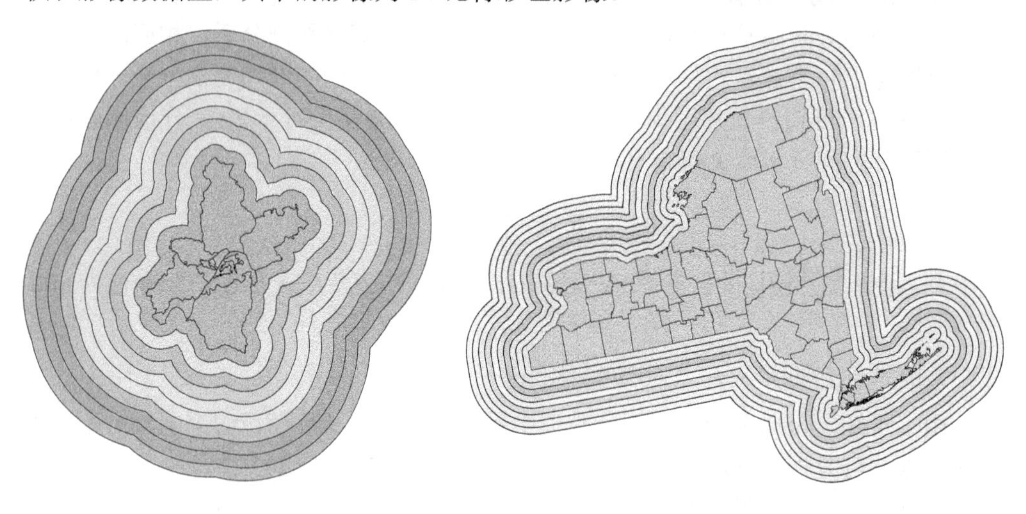

(a) 中国武汉市　　(b) 美国纽约州

图 5-7　中国武汉市和美国纽约州外扩 10～100km 后的覆盖范围

表 5-2　不同范围内影像无缝覆盖时的数据量

地区	外扩距离/km	覆盖面积/km^2	第 15 层数据量/GB		第 17 层数据量/GB	
			原始大小	JPEG 压缩	原始大小	JPEG 压缩
中国武汉市	0	8575.36	1.0499	0.0981	16.8060	1.5707
	10	14515.29	1.7772	0.1661	28.4471	2.6587
	20	20350.16	2.4916	0.2329	39.8823	3.7274
	30	26638.69	3.2615	0.3048	52.2066	4.8792
	40	33436.57	4.0939	0.3826	65.5291	6.1243
	50	40774.42	4.9923	0.4666	79.9099	7.4683
	60	48694.10	5.9619	0.5572	95.4309	8.9188
	70	57207.72	7.0043	0.6546	112.1159	10.4781
	80	66328.73	8.1211	0.7590	129.9913	12.1487
	90	76060.79	9.3126	0.8703	149.0643	13.9312
	100	86402.41	10.5788	0.9887	169.3318	15.8254

续表

地区	外扩距离/km	覆盖面积/km^2	第 15 层数据量/GB		第 17 层数据量/GB	
			原始大小	JPEG 压缩	原始大小	JPEG 压缩
美国纽约州	0	125819.90	15.4049	1.4397	246.5824	23.0451
	10	151512.74	18.5507	1.7337	296.9353	27.7510
	20	174991.18	21.4253	2.0024	342.9485	32.0513
	30	198441.59	24.2965	2.2707	388.9067	36.3464
	40	222192.42	27.2045	2.5425	435.4537	40.6966
	50	246399.06	30.1682	2.8195	482.8940	45.1303
	60	271029.07	33.1839	3.1013	531.1640	49.6415
	70	295973.77	36.2380	3.3867	580.0507	54.2103
	80	321295.88	39.3383	3.6765	629.6771	58.8483
	90	346972.52	42.4821	3.9703	679.9983	63.5512
	100	373056.08	45.6757	4.2688	731.1170	68.3287
全球陆地		14832.2566 万	17.7291 TB	1.6535 TB	283.8704 TB	26.4750 TB

从表 5-2 可以看出：仅 1 次覆盖全球陆地第 17 层级下的 24 比特彩色遥感影像数据量约为 283.8704TB，而全球多级格网剖分模型可涉及 22 个层级，其数据总量是相当庞大的，因此需对遥感影像进行数据压缩。如果以 256 像素×256 像素大小和 JPEG 图像格式为存储格式，覆盖全球的遥感影像数据量总计大于 100TB。

通常内存、文件系统和关系数据库读取数据的速度呈递增关系。海量地理时空数据采用内存装载数据是不现实的，而关系数据库效率又随数据量的增加而降低，因此地理时空数据综合服务系统通常采用文件系统存储方式保存这些海量的“瓦片”地理时空数据。

用于 Web 浏览服务的地理空间瓦片数据可以采用树状目录结构的文件系统方式进行管理：首先将存储管理的时空数据存储区分为遥感影像存储区、数字地图存储区、DEM 存储区、三维模型存储区等；然后按照全球多极格网剖分层次分辨率设置不同存储区，即存储不同分辨率下的相应时空数据；最后按照时空数据的范围、分辨率、时相等信息制定瓦片符号系统，从而为后续的统一建模、集成管理和快速查询检索奠定基础，如图 5-8 所示。

综上所述，对于全球多级格网剖分产生的庞大数据量以及随着时空数据时间分辨率的不断提高，对海量、多分辨率、多时相的时空数据进行统一建模、集成管理、高效检索是时空数据模型的关键所在。

2. 地理时空数据的时空索引

基于多分辨率金字塔瓦片方式对时空数据进行组织和管理显然会产生大量的瓦片文件，通常会造成约 1/3 左右的数据增量，从而导致数据存储空间急剧增大，如果使用 B 树、Q 树或 R 树等空间索引构建映射文件和日志文件去支持分布式文件

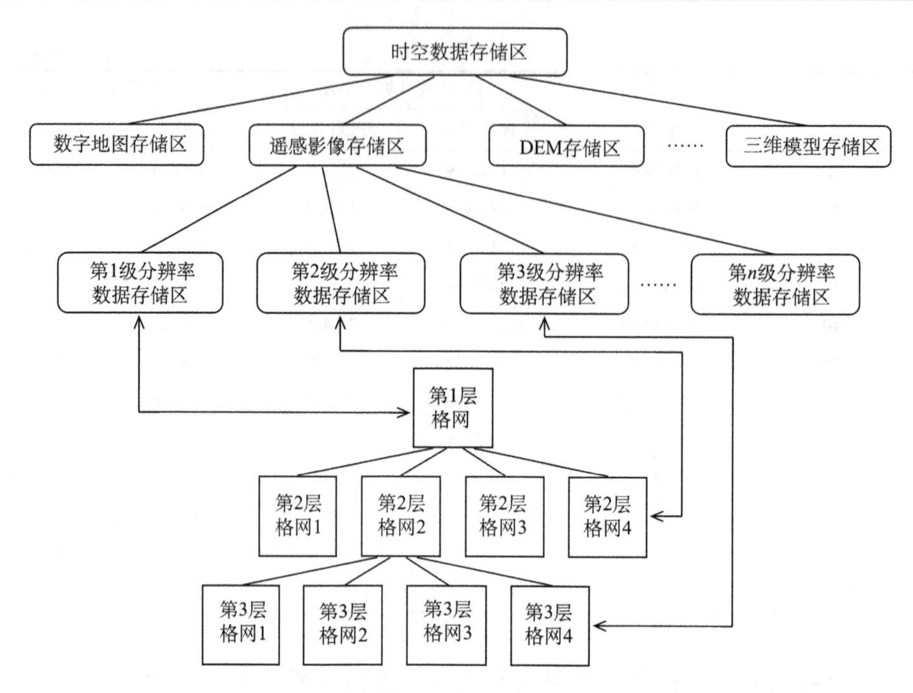

图 5-8　树状目录结构与全球多级格网的对应关系示意图

系统存储或云存储，一旦某些节点出现单点故障，就会出现无法实时发布数据的严重错误。因此，Google Earth、World Wind、TerraServer、Bing Map 等基于 Web 浏览服务的地理空间数据浏览系统通过制定瓦片符号系统与空间坐标系和时相版本相映射完成对瓦片的哈希时空索引构建，即通过瓦片符号系统高效地定位地球上任何一点的瓦片。

1) 哈希索引

哈希索引（Hash index）通常是对样本点 x 通过哈希函数 $h(x)=\left[h_1(x),h_2(x),\cdots,h_k(x)\right]^{\mathrm{T}}$ 将样本点映射成一组编码 $y=\left[y_1,y_2,\cdots,y_k\right]^{\mathrm{T}}$，并将相同的编码存入一个哈希桶中，继而使用这个编码的二进制码作为该哈希桶的索引。

哈希函数 $h(x)$ 是一个将原始数据转换成哈希码的不可逆函数，在保持原始数据唯一性和不可更改性的基础之上，可实现原始数据和哈希码之间的压缩映射，又称为散列函数。

基于 Web 浏览服务的地理空间数据浏览系统的时空瓦片数据通常不会经常性产生新的数据，因此不需要担心哈希索引对动态时空数据更新代价过大的问题。同时用户仅是将地理空间数据视为“一张图”，也不存在匹配和比较检索问题，因此哈希索引在查询速度方面的天然优势使其成为构建该类地理空间数据服务系统最为合适的时空索引。

基于多分辨率金字塔瓦片方式可根据基于等间隔经纬度的全球格网剖分方法制

定每一个时空瓦片的编码值或字符串，即瓦片时空符号。

2) 瓦片时空符号

瓦片时空符号是一个包含空间语义符号和时间语义符号的字符串，其描述了经纬度坐标、空间分辨率和时态信息的关系。瓦片时空符号不仅可以表示瓦片空间语义中的经纬度坐标位置和空间分辨率，而且可以表示瓦片时间语义中的事务时间。

时间语义符号包括数据更新符号和时间元素符号两部分。

(1) 数据更新符号。对于多时相的地理数据而言，通常以查询调阅最新时刻的数据为主，以历史数据为辅，因此在瓦片时间语义符号中设置特定符号代表该瓦片是否为最新，即“C”表示最新数据；“H”表示历史数据。当获取到最新时相的数据时，服务器端更新相应瓦片的数据更新符号及时空探测索引。当用户客户端申请地理数据时，服务器端在接收到客户端时空探测信息后，仅需要根据数据更新符号索引向客户端发送客户端申请区域范围内的图层时空信息即可。

(2) 时间元素符号。随着科学技术的发展，人们对时间稳定性的要求也在不断提高。目前常用的时间系统有世界时系统、原子时、协调世界时和GPS时间系统。地理空间数据的获取时间通常使用的是协调世界时，协调世界时采用闰秒的办法使其与世界时在时刻上接近。因此，基于Web浏览服务的地理空间数据服务系统通常采用协调世界时作为瓦片时间元素符号的时间系统。

不同分辨率地理数据的获取周期是不同的，因此系统支持的时间粒度也是混合粒度的。考虑地理数据的最小获取周期通常以“日”为单位，因此系统所支持的混合时间粒度应为“年”“月”“日”，相应地理数据的瓦片时间元素符号最多可用两个字节来表示，如图5-9所示。时间元素符号共包括两个字节，从低到高分别存储地理数据获取时间的“年”“月”“日”的数值。其中，“年”占用7位(0～6)，值为0～199，此值加上“1980”就可以代表1980～2099年的年份；“月”占用4位(7～10)，值为1～12，代表月份；“日”占用5位(11～15)，值为1～31，代表当月天数。

时间粒度在地理时空数据综合应用中不是单一的，因此需要解决多时间粒度之间的表征和操作。系统采用多粒度符号标识在瓦片时间元素符号中表示不同的时间粒度，而多时间粒度之间的转换则采用图2-14表达的转换关系实现。这样，经过客户端和服务器端的交互探测，即可达到查询检索特定历史时间段地理数据的目的。

<table>
<tr><td>位</td><td>15</td><td>14</td><td>13</td><td>12</td><td>11</td><td>10</td><td>9</td><td>8</td><td>7</td><td>6</td><td>5</td><td>4</td><td>3</td><td>2</td><td>1</td><td>0</td></tr>
<tr><td>内容</td><td colspan="5">日(1~31)</td><td colspan="4">月(1~12)</td><td colspan="7">年(1980~2099)</td></tr>
<tr><td rowspan="3">符号标识</td><td colspan="9"></td><td colspan="7">7 bit(标识符: Y)</td></tr>
<tr><td colspan="5"></td><td colspan="11">11 bit(标识符: M)</td></tr>
<tr><td colspan="16">16 bit(标识符: D)</td></tr>
</table>

图5-9 瓦片时间语义符号与时间元素的映射关系

空间语义符号字符长度为 L_i+1，空间语义字符串中的每个字符称为区域分割符。区域分割符有数字(0、1、2 和 3)和字母(t、s、r 和 u)两种形式，如图 5-10 所示。

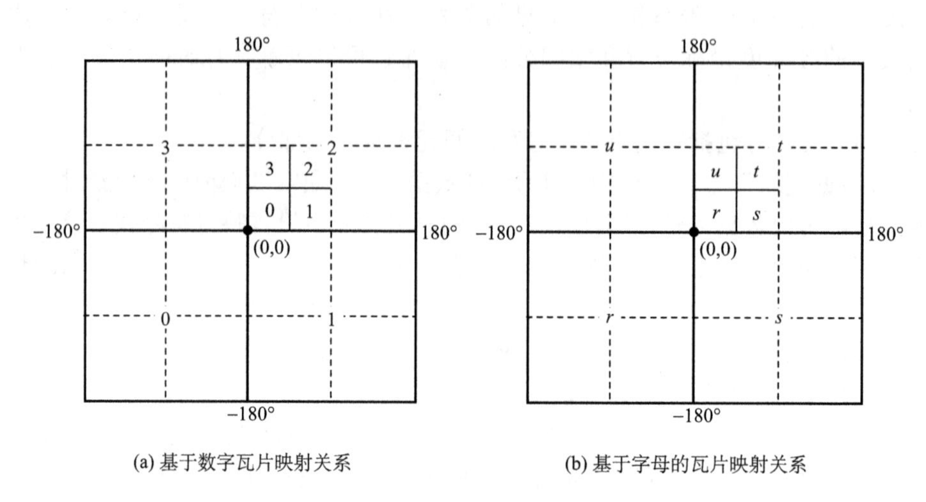

(a) 基于数字瓦片映射关系　　(b) 基于字母的瓦片映射关系

图 5-10　瓦片空间语义符号与坐标系的映射关系

基于等间隔经纬度的全球格网剖分模型是通过正圆柱投影将全球映射到一个平面图内，每个瓦片对应的区域分割图符首字符为 0 或 r，表示为分辨率最低的瓦片。当剖分层次或空间分辨率增高时，依次在原有区域的基础上进行四等剖分，一直剖分到所需的空间分辨率为止。在此过程中，每次格网剖分所对应的瓦片符号为区域分割符的累加，区域分割符的位置和分割过程如图 5-10 所示。

假设地理坐标 (φ,λ)，则多级格网剖分层次 L_i 下瓦片所对应的符号映射坐标 $(\tilde{\varphi},\tilde{\lambda})$ 为

$$\begin{cases} \tilde{\varphi} = \left| \dfrac{\varphi+180}{360\times 2^{L_i}} \right| \\ \tilde{\lambda} = \left| \dfrac{\lambda+180}{360\times 2^{L_i}} \right| \end{cases} \tag{5-3}$$

式中，$|\cdot|$ 表示取整。

例如，给定空间坐标点(116.3902°, 39.9915°),多级格网剖分层次 L_i= 16，则该空间坐标点所处瓦片的空间语义符号为：02102331012330100；若时间为 2010 年 10 月 27 日，则该空间坐标点所处瓦片的时间语义符号为 D.56606，如图 5-11 所示。

(a) 2002年9月5日　　(b) 2010年10月27日

图 5-11　北京鸟巢体育馆局部多时相遥感影像瓦片发布示意图

5.3.3　基于时空记录体系的时空数据组织方式

基于时空记录体系的时空数据组织方式是按照时空数据的原始组织模式对其进行组织和管理，如按照条带或分景对遥感影像进行组织。该种方式的元数据常采用商业数据库进行管理，并利用时空数据的时空信息构建其时空索引，从而管理所接收的原始时空数据或数据产品。基于时空记录体系的时空数据组织典型应用系统有NASAEOS、欧洲航天局数据中心、中国资源卫星应用中心、国家卫星气象中心、国家卫星海洋应用中心等。

众所周知，通过遥感卫星所接收到的遥感影像具有不同幅宽、不同位置、不同尺度的覆盖范围，采用网格的方式进行索引与查询的时候，需要针对不同类型的遥感数据设定不同的索引策略。目前，遥感数据的规格普遍存在如下问题。

1) 数据规格不一致

随着遥感卫星的蓬勃发展，所获取的遥感数据大多按照卫星载荷的幅宽进行分景，显然不同的卫星和不同载荷所获取的遥感数据景大小不一致，在相同区域内不同来源遥感数据景的大小也不统一。例如，IKONOS 卫星幅宽 11.3km，单景遥感影像面积为 11.3km×11.3km；QuickBird 卫星幅宽 16.5km，单景遥感影像面积为 16.5km×16.5km，条带 16.5km×225km。如果仍采用传统分而治之的组织参考框架，必将给遥感信息的综合应用带来更多的复杂性。

2) 数据组织样式多样

遥感数据产品的不同通常会使得遥感应用系统中的数据标识不统一，在组织和管理方面面对着较为严重的挑战。以单星为例，从原始数据、0 级产品到 5 级产品，其信息组织方法都不尽相同。0～2 级标准产品，大多以景为单位进行组织，采用全球参考系统(world wide reference system, WRS)或全球空间网格参考系统(grid reference system, GRS)，该系统是针对不同传感器设计的数据记录与划分方法，不同传感器获取的数据采用的是完全不同的划分方案，划分方法与数据本身紧密相关，以轨道号、行号和时间等生成数据标识。3～5 级产品则根据应用区域不同，通常自定义标识，如采用地图图幅方式进行组织。

遥感数据规格和组织样式多样的问题，归结到最后的问题就是：对于任意一幅遥感影像，寻找最少的地球剖分网格或网格集与其对应，并且遥感影像的范围与网格(集)的区域尽可能接近。利用网格空间填充索引管理遥感影像的重点在于寻找遥感影像的覆盖范围与网格(集)的区域尽可能接近的平衡问题：覆盖范围与网格(集)的区域越接近越会产生大量的关联网格，关联网格数量的增加直接会带来索引的增大和负担，从而导致遥感影像最终的查询效率下降；反之，如果使用较为简单的单一网格对应一幅影像，虽然索引的数据量和查询量下降了，但是后期精确查询解析工作量会大幅度提升。

采用网格方法建立遥感数据的索引方法，其核心是使用最少且最接近影像范围的网格及其编码对遥感影像进行关联，使得遥感影像的查询与统计工作变成对空间网格的查询与统计。经过系统的研究和实验，通过多尺度整数编码构建对这些不规则形状时空数据构建空间索引的关键在于自动发现使用不超过四个网格的剖分层次，这样就可以较为平衡的照顾到索引效率和查询精度两个方面。以图 5-12 中 a～f 代表的遥感影像为例，每幅遥感影像的空间索引就是与第 n 层(黑色网格)、$n-1$ 层(灰色网格)、$n-2$ 层(灰色虚线网格)地球剖分网格之间对应的情况。显然，遥感影像 a 和 b 仅需使用第 $n-1$ 层剖分网格进行构建空间索引即可，遥感影像 e 则需使用第 $n-2$ 层剖分网格进行构建空间索引，而其他 3 幅遥感影像综合使用多层剖分网格构建空间索引更为合理。

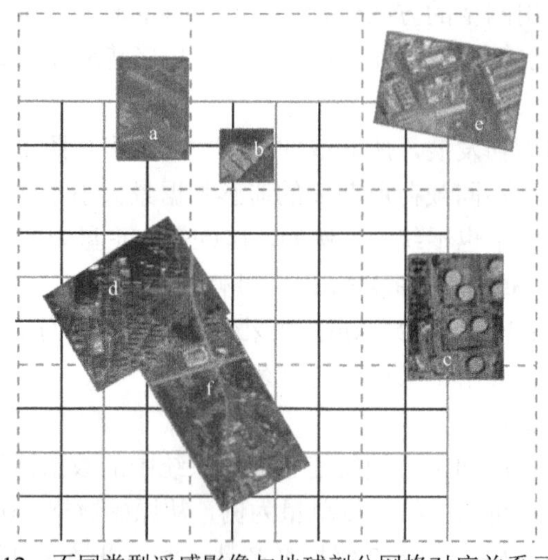

图 5-12　不同类型遥感影像与地球剖分网格对应关系示意图

综上所述，基于时空记录体系的时空数据组织方式的核心是利用多尺度整数编码对时空对象构建时空索引，其中空间索引的设计流程如下：

(1) 假设输入的任意一幅遥感影像的四个角点的经纬度坐标为 $G1$ 、$G2$ 、$G3$ 和 $G4$ 。

(2) 计算四个角点坐标所对应的第 31 层多尺度整数编码 C_1^{31} 、C_2^{31} 、C_3^{31} 和 C_4^{31} ，继而可以根据多尺度整数编码的特性计算任意第 n 层父单元的编码 C_1^n 、C_2^n 、C_3^n 和 C_4^n ，其中 $n<31$ 。当第 n 层的四个父单元满足 $\{C_1^n$ 与 C_2^n 相邻$\}\cup\{C_1^n$ 与 C_4^n 相邻$\}$时，则停止计算第 n 层之下的父单元编码，并保留层级 n 。

(3) 以第 n 层为基础向上再计算第 $n-1$ 层的父单元的编码 C_1^{n-1} 、C_2^{n-1} 、C_3^{n-1} 和 C_4^{n-1} ，如果满足 $C_1^{n-1}=C_2^{n-1}=C_3^{n-1}=C_4^{n-1}$ ，则更新 $n=n-1$ ；否则，n 保持不变。

(4) 当第 n 层父单元编码 C_1^n 、C_2^n 、C_3^n 和 C_4^n 相等时，则将其合并为一个编码，最终将得到 1～4 个不同的整型数，分别代表 1～4 个不同尺度的地球剖分网格。

其中，以两个整数编码值的差值是否为 1 来判断两个编码是不是相邻，即判断 $C_1^n-C_2^n$ 是否等于 1。

利用多尺度整数编码构建不规则形状时空数据的空间索引，可有效地提升时空数据的空间管理能力和效率，但在时空数据对象形状特别狭长情况下，即时空数据对象的长宽比例太小或者太大时，会导致 1～4 个网格对其进行索引时带来冗余度的增加。这种情况并不影响利用网格建立时空数据的空间索引，其问题主要在于后期精确查询和分析的时候，存在计算量大和效率降低的问题。在传统 R 树空间索引中同样存在该问题，但这种情况通常是针对特定的数据区域而言的，对全局产生的影响不大。经过实验统计，基于多尺度整数编码的多源影像数据查询时间至少可以达到传统 R 树空间索引的 1/10 以上。

5.3.4　地理时空数据的时空信息探测

时空信息探测是指用户客户端探测相关区域和时态区间内的瓦片存于服务器的相关动态信息，如瓦片版本(瓦片的时态信息)以及依附于该瓦片上的相关图层信息(如相关区域的数字地图、DEM、标注等)，是影响地理时空数据综合应用系统高效运作的核心。

系统以遥感影像作为主要数据，辅以数字地图、DEM 和运动目标轨迹等数据为用户提供地形定位、导航、可视化等功能。这些空间数据和时态数据均存放在服务器端，用户需向服务器端申请才能得到相关信息。

1. 图层数据分类

图层数据主要包括数字地图图层数据和三维图层数据。数字地图图层数据主要包括道路、铁路、航线、海岸线、境界、地标等图层信息，其中地标类型数据主要包括地理位置、建筑物、旅游和服务设施等标注信息(可包含文本、语音、图像和视频等信息)，是数字地图图层中相对比较特殊的图层；三维图层信息包括 DEM(规则格网数字高程模型)和三维地物模型等图层信息。

2. 时空信息探测

用户客户端所需的地理空间数据和图层数据均存放在服务器端，因此用户需要和服务器交互才能准确地获取满足用户申请条件的相关数据。用户申请数据的条件由客户端区域和时间区间两部分组成，由此服务器端的地理数据及其相关信息应包含的内容有：探测区域内是否存在遥感影像、存在哪些影像、存在影像的瓦片时空符号或不规则区域多尺度证书编码，以及是否存在图层信息、存在哪些图层和图层数据“瓦片”符号等。同时，服务器端的地理数据也必须按照空间区域和时间区间创建相应的调阅索引，以达到对海量地理空间数据的高效管理和快速查询的目的。

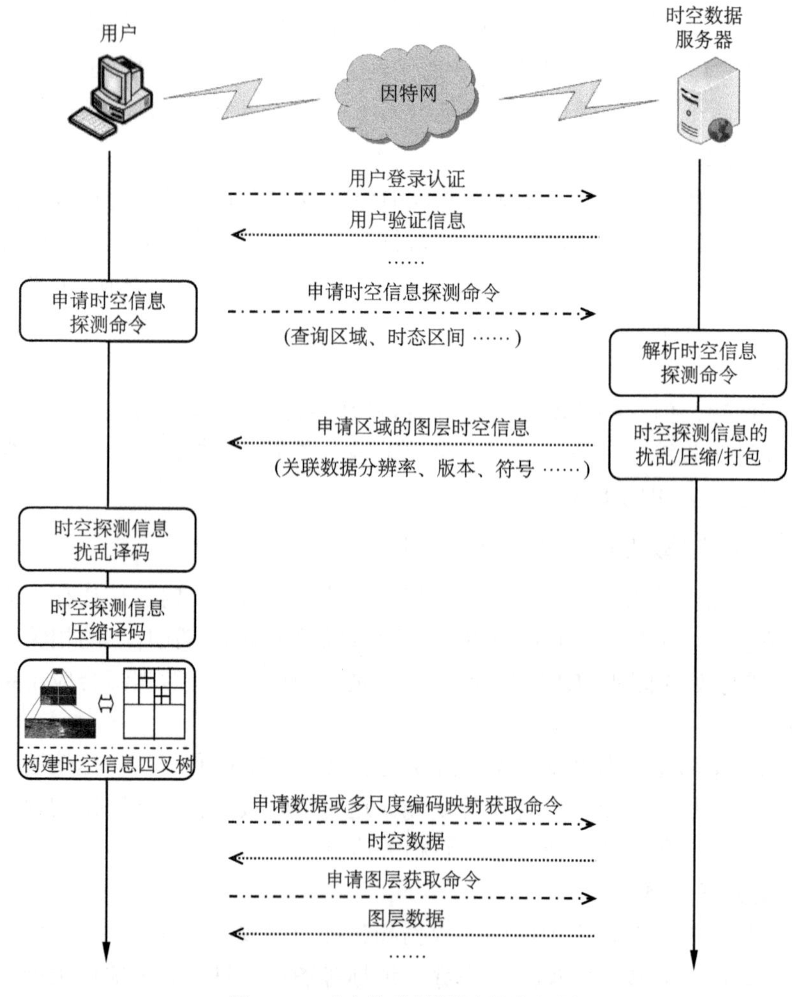

图 5-13　时空信息探测过程流程图

服务器端存放着不同时间获取的多个版本的遥感影像和其他的时空数据，如果仅利用地址和符号是无法区分同区域不同版本的时空数据的，因此通过时态版本信息才能准确定位所需的瓦片或其他时空数据。与地址和瓦片符号不同，用户客户端是无法预先知道服务器时空数据的时态版本信息的，因此必须经过与服务器的交互才能准确确定时空数据的存在信息和版本信息。同样，用户客户端显示不同图层信息时也需要获取存于服务器上的图层相关信息。用户客户端与服务器端申请时空数据的过程称为时空信息探测过程，如图 5-13 所示。

以多分辨率金字塔时空瓦片组织方式为例，经过全球多级格网剖分后的瓦片分辨率有 22 层，如果用户客户端每次申请探测均需要不停地试探服务器上有没有相应的信息，显然会很大程度上增加服务器的压力和降低数据管理系统的效率。因此，为了提升时空信息探测的高效性，服务器端需对不同探测区域制定分区域分层次的探测索引，即在指定区域内仅能探测有限剖分层次的瓦片数据。当用户客户端向服务器发送一个时空信息探测请求时，服务器按照其申请探测区域返回 3～4 层的层次信息数据。例如，用户客户端想申请某个地区有没有第 18 剖分层次的高清影像，只需发送第“15”层次的时空探测申请，服务器则将第 16、17、18、19 四个剖分层次的详细时空信息反馈至用户客户端，如表 5-3 所示。这样申请探测仅在少数剖分层级进行发送数据，减少了服务器响应时间，其中探测区域瓦片符号长度为申请探测区域所在层次加 1。

表 5-3　申请探测区域层次与探测层次对应表

申请探测区域所在层次	探测层次
0	1、2、3
3	4、5、6、7
7	8、9、10、11
11	12、13、14、15
15	16、17、18、19
19	20、21、22

服务器在接收到用户客户端时空信息探测请求之后，利用深度优先搜索算法遍历服务器所存储数据的四叉树，生成节点标识并向用户客户端返回该信息数据；用户客户端在接收到返回数据后首先对数据进行扰乱译码和压缩译码(扰乱译码和压缩译码这里不再介绍)；然后使用深度优先搜索算法(李文超和严洪森, 2009; 邹兆年等, 2009)重构四叉树从而得到待下载数据的瓦片符号及其他依附时空数据。

基于等间隔经纬度多级格网剖分模型的理论基础可以用四叉树进行概括，由此遵循四叉树的概念，时空信息探测的过程也就是重建四叉树的过程，其中所构建四叉树中每一个节点存放着遥感影像的瓦片符号及相应的图层信息。根据瓦片空间语义符号的原理，如果选择基于数字的瓦片映射关系，那么四叉树中的节点从左至右的区域分割符依次为“0”、“1”、“2”和“3”。因此，用户客户端和服务器端采用深度优先搜索算法交互解析时空信息的过程可以描述如下：将用户客户端申请协议中的瓦片符号作为根节点，节点性质标识为 1 时，为该节点构建一个字节点；当节点性质标识为 0 时，则为该节点构建一个兄弟节点。当兄弟节点构建完毕时，则回溯到父节点为父节点构建一个兄弟节点，以此递归下去直至协议数据搜寻完毕，这样就构成一个四叉树。在构建四叉树的过程中为每个节点分配一个区域分割符，当整个四叉树构建完毕后，从根节点搜索到每个节点所得到区域分割符串便是该节点所对应的瓦片空间语义符号。同理，在构建四叉树的过程中保存每个节点的所有版本信息，这样搜索某个节点时比对用户客户端申请的时间条件就可以得到相应的时相版本信息。经过如上的四叉树重构过程，就可组成完整的待下载瓦片符号，客户端即可设置瓦片下载申请协议到服务器端完成瓦片数据的下载。

3. 数据下载

1)时空数据下载

为了确保地理时空数据下载的安全和效率，时空数据下载过程相对比较复杂。用户客户端与服务器的通信交互过程主要包括用户登录认证、申请乱源序列、时空信息探测和申请数据获取等环节，如图 5-14 所示。

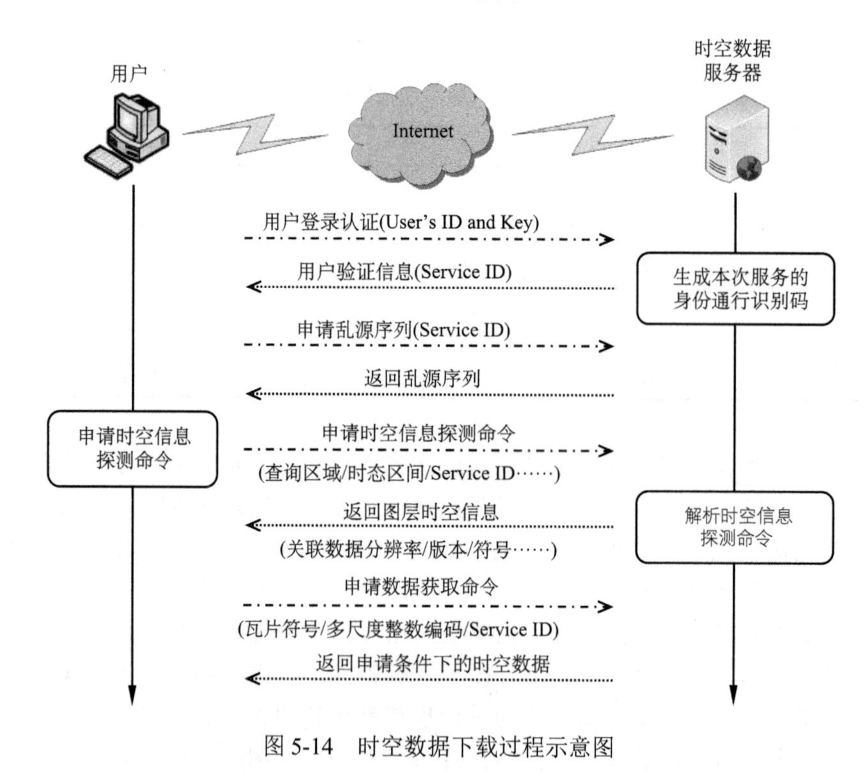

图 5-14　时空数据下载过程示意图

在这四个通信过程中还涉及瓦片符号与坐标系和时相版本的映射(多尺度整数编码)、乱源数据的宽字符准矩阵交织、时空信息探测数据的分析和时空数据的扰乱译码等处理过程。

2) 图层信息下载

图层信息的下载过程与遥感影像瓦片的下载过程相似，经过用户登录认证、申请乱源序列、时空信息探测以及申请图层信息获取四个过程，如图 5-15 所示。图层信息下载的关键在于客户端设置相应的图层定位符，图层定位符由瓦片空间语义符号、多尺度整数编码、图层类型和图层版本组成。瓦片空间语义符号表示待下载图层信息所处的空间位置，是图层信息的空间索引；多尺度整数编码标识不规则区域时空数据的空间位置和时间点；图层类型表示图层数据的类型，即分别定义数字地图、地标图层数据和三维图层类型编码；图层版本表示图层信息的时态信息，其生成方式参照瓦片语义符号。

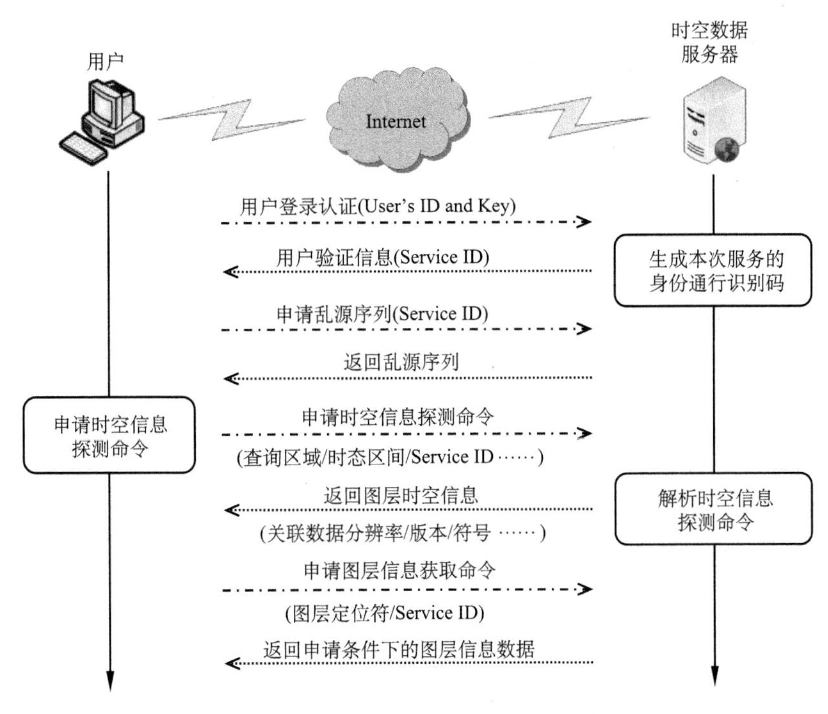

图 5-15　图层信息下载过程示意图

3) 多线程下载技术

为了提高用户查询数据下载的高效性，可采用多线程技术对用户客户端申请区域进行分块下载，即根据用户申请的数据下载区域、全球多极格网剖分层次、时态区间等确定多线程的线程数目 N，然后将数据下载区域或任务分为 N 块或 N 个，每个子区域或任务的数据下载由一个线程单独负责，这样就相当于多个任务并行运行，从而大大提高了用户数据下载的速度，如图 5-16 所示。

查询区域

线程1	线程2	线程3	线程4	…	线程 N

图 5-16　下载任务分配的多线程技术原理图

用户客户端接收到多线程时空数据下载的数据时间是有一定差异的，可充分利用用户不能容忍长期无新信息的特点，利用数据的渐进式显示模式从视觉上提高用户地理空间信息的显示刷新速度，如图 5-17 所示。数据的渐进式显示模式是暂时保留先前的内容，对时间差异化的数据进行即到即刷新页面操作，以使用户感到数据在不断地加载，从视觉感官上减少网络数据传输迟缓带来的不适感应。

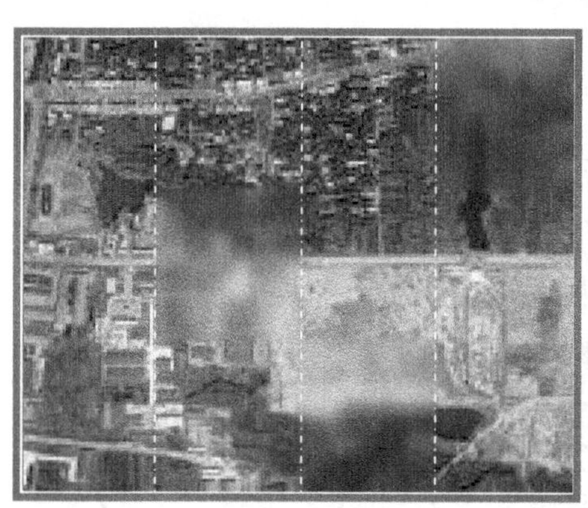

(a) 数据动态加载及刷新

(b) 数据加载完成及显示

图 5-17　地理空间信息渐进式显示模式原理图

线程数 N 的选择要综合考虑系统负荷以及数据下载速度两方面：如果线程数 N 过大则会增加系统负荷，反而降低了用户客户端程序的运行效率；如果线程数 N 太小，则没有完全发挥多线程技术的优点，无法提高用户客户端的数据下载速度。因此，线程数 N 的选择要折中考虑系统负荷和下载速度。同时，线程数 N 还要根据全球多极格网剖分层次进行确定，如剖分层次较小，即用户客户端区域待下载瓦片较少时，线程数 N 可选择较小一些。根据大量的数据下载测试，线程数 N 的取值在 8～10 时效率最高。

5.4 小　结

本章论述了海量遥感影像、数字矢量地图、DEM 等地理时空数据的组织和管理方法，通过基于马尔可夫链的时空数据模型实现了以多源遥感影像为主的地理时空数据的高效组织、统一管理和综合应用。其中，全球多级格网模型保证了地理时空数据的无缝管理和快速查询，确保了地理时空数据在几何性能方面的无缝衔接；针对基于多分辨率金字塔时空瓦片数据组织应用，以格网剖分“瓦片”为数据单元构建空间索引，并通过构建相应的时相版本标记实现时态信息的快速查询和分析；针对基于时空记录体系的时空数据组织应用，以多尺度整数编码构建时态索引和空间索引实现了用户定制需求的快速查询与调阅，由此说明了基于马尔可夫链的时空数据模型的可用性、有效性和通用性。

主要参考文献

毕军, 付梦印, 张宇河. 2002. 基于 D-S 证据推理的车辆导航系统地图匹配算法. 北京理工大学学报, 22(3): 393-396.

蔡先华. 2005. GIS-T 空间数据库管理与应用关键技术研究. 测绘学报, 36(4): 476.

曹凯, 唐进军, 刘汝成. 2007. 基于 Fréchet 距离准则的智能地图匹配算法. 计算机工程与应用, 43(28): 223-226.

曹闻. 2011. 时空数据模型及其应用研究. 郑州: 解放军信息工程大学博士学位论文.

曹闻, 刘浩, 李润生. 2013. 一种改进的 Hausdorff 距离地图匹配方法. 计算机工程与应用, 49(6): 159-162, 204.

曹闻, 彭煊. 2014. 面向实际道路网络的浮动车采样间隔优化方法. 数据采集与处理, 29(5): 770-776.

曹闻, 彭煊, 孟伟灿. 2012. 城市道路复杂度的浮动车自适应采样算法. 测绘科学, 37(4): 87-89, 97.

曹闻, 朱述龙, 彭煊, 等. 2010. 基于短时预测的地图匹配算法. 计算机应用, 30(11): 2910-2913, 3018.

曹洋洋, 张丰, 杜震洪, 等. 2014. 一种基态修正模型下的时空拓扑关系表达. 浙江大学学报(理学版), 41(6): 709-714.

曹志月, 刘岳. 2002. 一种面向对象的时空数据模型. 测绘学报, 31(1): 87-92.

陈海林. 2009. 基于判别学习的图像目标分类研究. 合肥: 中国科学技术大学博士学位论文.

陈军, 赵仁亮. 1999. GIS 空间关系的基本问题与研究进展. 测绘学报, 28(2): 4-11.

陈新保, Li S N, 朱建军. 2009. 时空数据模型的相关概念及分类. 海洋测绘, 29(5): 74-76, 81.

陈秀万, 吴欢, 李小娟, 等. 2003. 基于事件的土地利用时空数据模型研究. 中国图象图形学报, 8A(8): 957-963.

陈旭, 张富, 曹东霞. 2018. 基于 UML 的时空建模. 东北大学学报(自然科学版), 39(9): 1221-1225.

陈占龙, 周林, 龚希, 等. 2015. 基于方向关系矩阵的空间方向相似性定量计算方法. 测绘学报, 44(7): 813-821.

程海涛, 马宗民, 严丽, 等. 2019. 一种模糊时空描述逻辑 F-ALCT(Dfst). 东北大学学报(自然科学版), 37(9): 1259-1263.

党齐民, 孙黎明. 2008. 一种 N1NF 的时态模型的研究. 计算机与数字工程, 36(10): 35-38.

邓立国, 马宗民, 张刚. 2007. 基于模糊集的不精确时态关系建模. 东北大学学报(自然科学版), 28(10): 1462-1464.

邓立国, 杨殊, 边丽英. 2008. 1NF 模糊时态数据库数据模型. 沈阳建筑大学学报(自然科学版), 24(3): 503-507.

付仲良, 胡玉龙, 翁宝凤, 等. 2016. M-Quadtree索引: 一种基于改进四叉树编码方法的云存储环境下空间索引方法. 测绘学报, 45(11): 1342-1351.

江龙晖. 2007. 城市道路交通状态判断及拥挤扩散范围估计方法研究. 吉林: 吉林大学博士学位论文.

高俊, 龚建华, 鲁学军, 等. 2008. 地理信息科学的空间认知研究(专栏引言). 遥感学报, 12(2): 338.

高勇, 张晶, 朱晓禧, 等. 2007. 移动对象的时空拓扑关系模型. 北京大学学报(自然科学版), 43(4): 468-473.

龚勃文. 2010. 大规模路网下中心式动态交通诱导系统关键技术研究. 吉林: 吉林大学博士学位论文.

龚健雅. 1997. GIS中面向对象时空数据模型. 测绘学报, 26(4): 289-298.

龚健雅. 2007. 对地观测数据处理与分析. 武汉: 武汉大学出版社.

龚俊, 朱庆, 张叶廷, 等. 2011. 顾及多细节层次的三维R树索引扩展方法. 测绘学报, 40(2): 249-255.

谷正气, 胡林, 黄晶, 等. 2008. 基于改进D-S证据推理的车辆导航地图匹配. 汽车工程, 30(2): 141-145.

郭丽梅. 2010. 基于蜂窝无线定位的交通信息采集技术研究. 长沙: 中南大学博士学位论文.

洪安东. 2017. 基于时空立方体的交通拥堵点时空模式挖掘与分析. 成都: 西南交通大学硕士学位论文.

黄明智, 张祖勋. 1996. N1NF时空数据库及其更新操作. 武汉测绘科技大学学报, 21(2): 139-144.

黄明智, 张祖勋. 1997. 时空数据模型的N1NF关系基础. 测绘学报, 26(1): 1-5.

黄永忠. 2003. 导入Open GIS模组实例研究——以自由软件架构地政地籍资料.

戢晓峰. 2009. 基于交通信息提取的区域路网拥挤管理方法. 成都: 西南交通大学博士学位论文.

姜桂艳. 2004. 道路交通状态判别技术与应用. 北京: 人民交通出版社.

姜桂艳, 常安德, 张玮. 2010. 基于GPS浮动车采集交通信息的路段划分方法. 武汉大学学报(信息科学版), 35(1): 42-45.

姜晓轶. 2006. 基于Open GIS简单要素规范的面向对象时空数据模型研究. 上海: 华东师范大学博士学位论文.

蒋海富. 2004. 基于ORM的时空数据模型构建方法研究. 南京: 南京师范大学博士学位论文.

蒋捷, 陈军. 2000. 基于事件的土地划拨时空数据库若干思考. 测绘学报, 29(1): 64-70.

赖广陵, 童晓冲, 丁璐, 等. 2018. 三维空间格网的多尺度整数编码与数据索引方法. 测绘学报, 47(7): 1007-1017.

李弼程, 王波, 魏俊, 等. 2002. 一种有效的证据理论合成公式. 数据采集与处理, 17(1): 33-36.

李德仁. 2018. 脑认知与空间认知——论空间大数据与人工智能的集成. 武汉大学学报(信息科学版), 43(12): 1761-1767.

李德仁, 郭丙轩, 王密, 等. 2000. 基于GPS与GIS集成的车辆导航系统设计与实现. 武汉测绘科技大学学报, 25(3): 209-211.

李晖, 肖鹏峰, 佘江峰. 2008. 时空数据模型分类及特点分析. GIS技术, (6): 90-95.

李敬民. 2005. 时空数据模型的研究与应用. 南京: 南京大学硕士学位论文.

李文超, 严洪森. 2009. 一种基于 PFSP 性质的深度优先搜索算法. 控制与决策, 24(8): 1203-1208.
李小龙. 2017. 支持动态数据管理与时空过程模拟的实时 GIS 数据模型研究. 测绘学报, 46(3): 402-405.
李寅超, 李建松. 2017. 一种面向 LUCC 的时空数据存储管理模型. 吉林大学学报(地球科学版), 47(1): 294-304.
李玉兰. 2007. 时空数据模型的研究进展. 湖南工业职业技术学院学报, 7(1): 21-23.
刘春, 孙伟伟, 吴杭彬. 2009. DEM 地形复杂因子的确定及与地形描绘精度的关系. 武汉大学学报(信息科学版), 34(9): 1014-1019.
刘大有, 胡鹤, 王生生, 等. 2004. 时空推理研究进展. 软件学报, 15(8): 1141-1149.
刘仁义, 刘南. 2001. 基态修正时空数据模型的扩展及在土地产权产籍系统的实现. 测绘学报, 30(2): 168-172.
刘睿, 周晓光, 李晓蕾. 2009. 基于动态基态方法的基态修正时空数据模型. 测绘科学, 34(1): 130-132.
刘校妍, 蒋晓敏, 楼燕敏, 等. 2014. 基于事件和版本管理的逆基态修正模型. 浙江大学学报(理学版), 41(4): 481-488.
卢炎生, 查智勇, 潘鹏. 2006. 一种改进的移动对象时空数据模型. 华中科技大学学报(自然科学版), 34(8): 32-35.
罗静, 崔伟宏, 牛振国. 2007. 面向对象的超图时空推理模型的研究与应用. 武汉大学学报(信息科学版), 32(1): 90-93.
马林兵, 张新长. 2008. 面向全时段查询的移动对象时空数据模型研究. 测绘学报, 37(2): 207-211, 222.
马维军, 刘德钦, 刘宇, 等. 2007. 基于基态修正模型的人口普查时空数据库的设计和实现. 测绘科学, 32(1): 79-81.
牛方曲, 朱德海, 程昌秀. 2006. 改进基于事件的时空数据模型. 地球信息科学, 8(3): 104-108.
欧阳继红, 霍林林, 刘大有, 等. 2009. 能表达带洞区域拓扑关系的扩展 9-交集模型. 吉林大学学报(工学版), 39(6): 1595-1600.
彭飞, 柳重堪, 张其善. 2001. 基于模糊逻辑的 GPS/DR 组合导航系统地图匹配算法. 遥测遥控, 22(1): 32-36.
彭新俊. 2008. 支持向量机若干问题及应用研究. 上海: 上海大学博士学位论文.
阙华斐, 谭三清, 周璀, 等. 2018. 基于卫星监测的湖南省林火时空分布规律研究. 中南林业科技大学学报, 38(6): 61-65.
沙宗尧, 王安, 汪辛夷. 2019. 利用道路网眼实现路网的增量式更新. 武汉大学学报(信息科学版), 44(8): 1107-1114.
舒红. 1998. 概念、形式化和逻辑时空数据建模原理初探. 武汉: 武汉测绘科技大学博士学位论文.
司毅博, 李润生, 孟伟灿. 2010. 一种改进的道路匹配算法. 测绘科学技术学报, 27(6): 438-442.
孙棣华, 张星霞, 张志良. 2005. 地图匹配技术及其在智能交通系统中的应用. 计算机工程与应用, 41(20): 225-228.
唐进军, 曹凯. 2008. 一种自适应轨迹曲线地图匹配算法. 测绘学报, 37(3): 308-315.
唐新明, 吴岚. 1999. 时空数据库模型和时间地理信息系统框架. 遥感信息, (1): 4.

童晓冲. 2010. 空间信息剖分组织的全球离散格网理论与方法. 郑州: 信息工程大学测绘学院博士学位论文.

童晓冲, 贲进. 2016. 空间信息剖分组织的全球离散格网理论与方法. 北京: 测绘出版社.

童晓冲, 王嵘, 王林, 等. 2016. 一种有效的多尺度时间段剖分方法与整数编码计算. 测绘学报, 45(S1): 66-76.

王丙锡, 屈丹, 彭煊. 2005. 实用语音识别基础. 北京: 国防工业出版社.

王长缨. 2006. 时态 GIS 若干关键技术的研究. 西安: 西北大学博士学位论文.

王宏勇. 2005. 空间运动对象时空数据模型的研究. 郑州: 中国人民解放军信息工程大学博士学位论文.

王家耀, 魏海平, 成毅, 等. 2004. 时空 GIS 的研究与进展. 海洋测绘, 24(5): 1-4.

王金芳. 2009. 隐马尔可夫模型平滑估计理论及其在压制地震资料随机噪声中的应用. 长春: 吉林大学博士学位论文.

王卫京, 翁敬农, 樊珂. 2006. 车辆监控系统中时空数据模型设计与实现. 计算机工程与设计, 27(6): 1042-1044, 1051.

王晓栋. 2000. TGIS 数据模型和土地利用动态监测数据库的实现. 清华大学学报(自然科学版), 40(51): 15-18.

王晏民. 2002. 多比例尺 GIS 矢量空间数据组织研究. 武汉: 武汉大学博士学位论文.

王英杰, 袁堪省, 余卓渊. 2003. 多维动态地学信息可视化. 北京: 科学出版社.

王永会, 孙焕良, 朱云龙. 2011. 基于操作数序的基态修正时空数据模型. 计算机研究与发展, 48(z2): 147-154.

王占刚, 屈红刚, 王想红. 2018. 基于 25 交模型实现带洞面域拓扑关系描述模型间的转换. 测绘学报, 47(9): 1270-1279.

王中辉, 杨艳春. 2014. 描述定性方向关系的复合表达模型. 中国图象图形学报, 19(6): 979-984.

魏海平. 2007. 时空 GIS 建模研究与实践. 郑州: 解放军信息工程大学博士学位论文.

吴长彬, 闾国年. 2008. 一种改进的基于事件-过程的时态模型研究. 武汉大学学报(信息科学版), 33(12): 1250-1253.

吴政, 武鹏达, 李成名. 2019. 对等网络下自适应层级的矢量数据时空索引构建方法. 测绘学报, 48(11): 1369-1379.

徐志红. 2005. 基于事件语义的时空数据模型的研究. 武汉: 武汉大学博士学位论文.

闫浩文, 郭仁忠. 2003. 基于 Voronoi 图的空间方向关系形式化描述模型. 武汉大学学报(信息科学版), 28(4): 468-471, 479.

严蔚敏, 吴伟民. 1997. 数据结构(C 语言版). 北京: 清华大学出版社.

杨晓光. 2000. 中国交通信息系统基本框架体系研究. 公路交通科技, 17(5): 50-55.

易善桢, 张勇, 周立柱. 2002. 一种平面移动对象的时空数据模型. 软件学报, 13(8): 1658-1665.

余志文, 张利田, 邬永宏. 2003. 基态修正时空数据模型的进一步扩展. 中山大学学报(自然科学版), 42(1): 100-103.

詹平, 郭菁, 郭薇. 2007. 基于时空索引结构的移动对象将来时刻位置预测. 武汉大学学报(工学版), 40(3): 103-108.

张保钢, 朱重光, 王闰生. 2005. 改进的时空数据基态修正方法. 测绘学报, 34(3): 87-92.

张传明, 潘懋, 徐绘宏. 2007. 基于分块混合八叉树编码的海量体视化研究. 计算机工程, 33(14): 33-35, 78.

张存保, 杨晓光, 严新平. 2007. 浮动车采样周期优化方法研究. 交通运输系统工程与信息, 7(3): 100-104.

张丰, 刘仁义, 刘南. 2004. 基于动态多级基态的修正模型的 TGIS 研究. 中国图象图形学报, 9(11): 1369-1375.

张骥祥. 2007. 小波变换和马尔可夫随机场在图像处理中的应用研究. 天津: 天津大学博士学位论文.

张军. 2002. 时态 GIS 中对象关系时空数据模型和时空数据仓库的研究. 北京: 北京林业大学博士学位论文.

张芩, 王振民. 2004. QR-树: 一种基于 R-树与四叉树的空间索引结构. 计算机工程与应用, 9: 100-103.

张山山. 2001. 地理信息系统时空数据建模研究及应用. 成都: 西南交通大学博士学位论文.

张小虎, 钟耳顺, 王少华, 等. 2014. 多尺度空间格网数据的索引编码研究. 测绘通报, (7): 35-38.

张祖勋, 黄明智. 1995. 时态 GIS 的概念、功能和应用. 测绘通报, (2): 12-14.

张祖勋, 黄明智. 1996. 时态 GIS 数据结构的探讨. 测绘通报, (1): 19-22.

章威. 2007. 广州市 ITS 公共信息平台系统结构与关键算法研究. 广州: 华南理工大学博士学位论文.

周明, 孙树栋. 1999. 遗传算法原理及应用. 北京: 北京国防工业出版社.

周扬. 2009. 深空测绘时空数据建模与可视化技术研究. 郑州: 解放军信息工程大学博士学位论文.

周勇, 何建农, 涂平. 2006. 一种改进的自适应层次网格空间索引查询算法. 计算机工程与应用, 42(7): 159-161, 165.

朱杰, 游雄, 夏青. 2018. 基于任务过程的战场环境对象时空数据组织模型. 武汉大学学报(信息科学版), 43(11): 1739-1745.

朱艳丽, 靖常峰, 伏家云, 等. 2019. 时空立方体的抢劫案件时空特征挖掘与分析. 测绘科学, 44(9): 132-138, 145.

邹兆年, 李建中, 高宏, 等. 2009. 从不确定图中挖掘频繁子图模式. 软件学报, 20(11): 2965-2976.

Allen J F. 1983. Maintaining knowledge about temporal intervals. Communications of the ACM, 26(11): 361-372.

Alt H, Efrat A, Rote G. et al. 2003. Matching planar map. Journal of Algorithms, 49(2): 262-283.

Alt H, Godau M. 1995. Computing the Fréchet distance between two polygonal curves. Computational Geometry, 5(1): 75-91.

Baum L E, Petrie T. 1966. Statistical inference for probabilistic functions of finite state Markov chain. Ann. Math. Stat., 37: 1554-1563.

Baum L E, Petrie T, Soules G, et al. 1970. A maximization technique occuring in the statistical analysis of probabilistic function of Markov chains. Ann. Math. Stat., 41: 164-171.

Beckmann N, Kriegel H, Schneider R, et al. 1990. The R-tree: An efficient and robust access method for points and rectangles. ACM Sigmod Record, 19(2): 322-331.

Bettini C, Dyreson C E, Evans W S, et al. 1998. A glossary of time granularity concepts. Temporal

Databases: Research and Practice, 1399 : 406-413.

Chen J, Jiang J. 2000. An event-based approach to spatio-temporal data modeling in land subdivision systems. Geoinformatica, 4 (4) : 387-402.

Chen J, Li C M, Li Z L, et al. 2001. A voronoi-based 9-intersection model for spatial relations. International Journal of Geographical Information Science, 15 (3) : 201-220.

Clifford J, Warren D S. 1983. Formal semantics for time in database. ACM Transactions on Database Systems, 8 (2) : 214-254.

Cormack G V, Horspool R N S. 1987. Data compression using dynamic markov modeling. The Computer Journal, 30 (6) : 541-550.

Dyreson C E, Evans W S, Lin H, et al. 2000. Efficiently supporting temporal granularities. IEEE Transactions on Knowledge and Data Engineering, 12 (4) : 568-587.

Egenhofer M J. 1993. A model for detailed binary topological relationships. Geomatica, 47 (3) : 261-273.

Egenhofer M J , Clementini E , Felice P D. 1994. Topological relations between regions with holes. International Journal of Geographical Information Science, 8 (8) : 129-142.

Erwig M, Güting R H , Schneider M, et al. 1999. Spatio-temporal data types: an approach to modeling and querying moving objects in databases. Geoinformatica, 3 (3) : 265-291.

Fontaine M D, Smith B L, Hendricks A R, et al. 2007. Wireless location technology-based Traffic monitoring: Preliminary recommendations to transportation agencies based on synthesis of experience and simulation result. Journal of the Transportation Research Board, 1993 (1) : 51-58.

Gaede V, Günther O. 1998. Multidimensional access methods. ACM Computing Survey, 30 (2) : 170-231.

Goldberg D. 1989. Genetic Algorithms in Search, Optimization, and Machine Learning. Boston : Kluwer Academic.

Güting R H, Bölhen M H, Erwig M, et al. 2000. A foundation for representing and querying moving objects. ACM Transactions on Database Systems, 25 (1) : 1-42.

Guttman A. 1984. R-Tree: A dynamic index structure for spatial searching. ACM Sigmod Record, 14 (2) : 47-57.

Hägerstrand T. 1970. What about people in regional science. Papers of the Regional Science Association, 24 : 7-21.

Heo J. 2001. Development and implementation of a spatio-temporal data model for parcel-based land information systems. Madison: University of Wisconsin-Madison.

Huang J X, Wang J F, Li Z J. 2015. Visualized exploratory spatiotemporal analysis of hand-foot-mouth disease in Southern China. PLoS One, 10 (11) : e0143411.

Kellaris G, Pelekis N, Theodoridis Y. 2013. Map-matched trajectory compression. Journal of Systems and Software, 86 (6) : 1566-1579.

Kim M, Park J, Oh J, et al. 2008. Study on network architecture for traffic information collection systems based on RFID technology. Yilan: Asia-Pacific Services Computing Conference.

Kristofer D, Andy K M, Li Y G. 2011. Rapid gravity and gravity gradiometry terrain corrections via an adaptive quadtree mesh discretization. Exploration Geophysics, 42 (1) : 88-97.

Lai G L, Tong X C, Zhang Y S, et al. 2020. spatial multi-scale integer coding method and its application to three-dimensional model organization. International Journal of Digital Earth, 13(10) : 1151-1171.

Langran G. 1988. A framework for temporal geographic information systems. The International Journal for Geographic Information and Geovisualization, 25(3): 1-14.

Langran G. 1989. A review of temporal database research and its use in GIS applications. International Journal of Geographical Information Science, 3(3): 215-232.

Langran G. 1992. Time in Geographical Information Systems. London: Taylor and Francis.

Lei Y, Tong X C, Zhang Y S, et al. 2020. Global multi-scale grid integer coding and spatial indexing: A novel approach for big earth observation data. ISPRS Journal of Photogrammetry and Remote Sensing, 163 : 202-213.

Lema J A C, Forlizzi L, Güting R H, et al. 2003. Algorithms for moving objects databases. The Computer Journal, 46(6): 680-712.

Li X. 2004. Modeling and accessing trajectory data of moving vehicles in a road network. Hong Kong: The Chinese University of Hong Kong.

Lin Y, Liu W Z, Chen J. 2009. Modeling spatial database incremental updating based on base state with amendments. Xuzhou: The 6th International Conference on Mining Science & Technology.

Liu J, Zhang X, Li K. 2009. Study on dynamical visualization of marine current data field based on base state with amendments spatio-temporal model. Sydney: the 2009 2nd International Congress on Image and Signal Processing.

Liu X S, Ren X S. 2010. The research on double-base state model with amendments. Wuhan: 2nd Conference on Environmental Science and Information Application Technology (ESIAT 2010).

Lukatela H. 1987. Hipparchus geopositioning model: An overview. Baltimore: The Eighth International Symposium on Computer-Assisted Cartography, Baltimore.

Ma D, Ma Z M, Meng L M, et al. 2009. Visualization analysis of multivariate spatial-temporal data of the Red Army Long March in China. The International Society for Optical Engineering.

Ma W J, Liu D Q. 2009. Design and implementation of census spatio-temporal database based on models of base state with amendments. Chile: The 24th International Cartographic Conference.

Marchal F, Hackney J, Axhausen K W. 2005. Efficient map-matching of large global positioning system data set: Tests on speed monitoring experiment in Zurich. Transportation Research Record, 1935(1): 93-100.

Merlo I, Giovanna G, Ferrari E, et al. 2003. T-ODMG: an ODMG compliant temporal object model supporting multiple granularity management. Information Systems, 28(8): 885-927.

Nguyen V H , Parent C , Spaccapietra S. 1997. Composite regions in topological queries. LNCS, 1329: 175-192.

Ottoson P, Hauska H. 2002. Ellipsoidal quadtrees for indexing of global geographical data. Journal of Geographical Information Science, 6(3): 213-226.

Pelekis N, Theodoulidis B, Kopanakis I, et al. 2004. Literature review of spatio-temporal database models. The Knowledge Engineering Review, 19(3): 235-274.

Pereira F C, Costa H, Pereira N M. 2009. An off-line map-matching algorithm for incomplete map databascs. Europcan Transportation Rcscarch Rcvicw, 1(3): 107-124.

Peuquet D J. 2001. Making space for times: issues in space-time data representation. Geoinformatica, 5(1): 11-32.

Peuquet D J, Duan N. 1995. An event-based spatio-temporal data model (ESTDM) for temporal analysis of geographical data. International Journal of Geographical Information Systems, 9(1): 7-24.

Quddus M A, Noland R B, Ochieng W Y. 2009. The effects of navigation sensors and spatial road network data quality on the performance of map matching algorithms. Geoinformatica, 13(1): 85-108.

Quddus M A, Ochieng W Y, Noland R B. 2007. Current map-matching algorithms for transport applications: state-of-the art and future research directions. Transportation Research: Part C Emergency Technology, 15(5): 312-328.

Rabiner L. 1989. A tutorial on hidden Markov models and selected applications in speech recognition. Proceedings of the IEEE, 77(2): 257-286.

Rabiner L, Juang B H. 1986. An introduction to hidden markov models. IEEE ASSP Magazine, 3(1): 4-16.

Rabiner L, Juang B H. 1993. Fundamentals of Speech Recognition. Englewood Cliffs: Prentice Hall PTR.

Rahim M S M, Shariff A R M, Mansor S, et al. 2005. A review on spatiotemporal data model for managing data movement in geographical information systems (GIS). Jurnal Teknologi (Sciences and Engineering), 17: 91-100.

Robinson J T. 1981. The K-D-B-tree: A search structure for large multidimensional dynamic indexes. Proc Acm Sigmod, 81: 10-18.

Sagen H. 1994. Space-Filling Curves. New York: Springer-Verlag.

Sahr K, White D, Kimerling A J. 2003. Geodesic discrete global grid systems. Cartography and Geographic Information Science, 30(2): 121-134.

Sellis T, Roussopoulos N, Faloutsos C. 1987. The R+Tree: A Dynamic Index for Multi-dimensional Objects. Proceedings of the 13th International Conference on Very Large Data Bases. San Francisco: Morgan Kaufmann Publishers.

Singh J, Singh S, Singh S, et al. 2019. Evaluating the performance of map matching algorithms for navigation systems: An empirical study. Spatial Information Research, 27: 63-74.

Snodgrass R. 1987. The temporal query language TQuel. ACM Transactions on Database Systems, 12(2): 247-298.

Snodgrass R, Ahn I, Ariav G, et al. 1994. TSQ2 language specification. SIGMOD Record, 23(1): 65-86.

Studer R, Benjamins V, Fensel D. 1998. Knowledge engineering: Principles and methods. Data Knowledge Engineering, 25(1-2): 161-197.

Tong X C, Cheng C Q, Wang R, et al. 2019. An efficient integer coding index algorithm for multi-scale time information management. Data & Knowledge Engineering, 119 : 123-138.

Tong X, Ben J, Wang Y, et al. 2013. Efficient encoding and spatial operation scheme for aperture 4 hexagonal discrete global grid system. International Journal of Geographical Information Science, 27(5-6) : 898-921.

Vanajakshi L, Rilett L R. 2004. Loop detector data diagnostics based on conservation-of-vehicle principle. Transportation Research Record: Journal of the Transportation Research Board, 1870(1): 162-169.

Vapnik N V. 1995. The Nature of Statistical Learning Theory. New York: Springer-verlag.

Vince A. 2006. Indexing the aperture 3 hexagonal discrete global grid. Journal of Visual Communication and Image Representation, 17(6): 1227-1236.

Wang K. 2014. A computational model for direction relations between spatial objects in GIS. Optik-International Journal for Light and Electron Optics, 125(23) : 6981-6986.

White C E, Bernstein D, Kornhauser A L. 2000. Some map matching algorithms for personal navigation assistants. Transportation Research Part C, 8(1-6): 91-108.

White D. 2000. Global grids from recursive diamond subdivisions of the surface of an octahedron or icosahedrons. Environmental Monitoring and Assessment, 64(1): 93-103.

Wolfson O, Sistala A P, Chamberlain S, et al. 1999. Updating and querying databases that track mobile units. Distributed and Parallel Databases, 7: 257-387.

Worboys M F, Hearnshaw H M, Maguire D J. 1990. Object-oriented data modelling for spatial databases. International Journal of Geographical Information Systems, 4: 369-383.

Yan H W, Li Z L, Guo R Z, et al. 2006. A quantitative description model for direction relations based on direction groups. Geoinformation, 10(2): 177-196.

Yang J, Kang S, Chon K. 2005. The map matching algorithm of GPS data with relatively long polling time intervals. Journal of the Eastern Asia Society for Transportation studies, 6: 2561-2573.

Yu H B. 2006. Spatio-temporal GIS design for exploring interactions of human activities. Cartography and Geographic Information Science, 33(1) : 3-19.

Yu H L, Yang S J, Yen H J, et al. 2011. A spatio-temporal climate-based model of early dengue fever warning in southern Taiwan. Stochastic Environmental Research and Risk Assessment, 25(4): 485-494.

Zhang G H, Avery P R, Wang Y H. 2008. Video-based vehicle detection and classification system for real-time traffic data collection using uncalibrated video cameras. Transportation Research Record Journal of the Transportation Research Board, 1993(1): 138-147.